中国矿业大学智能采矿工程专业系列教材

智能矿山建设

主编　崔铁军　王超杰　罗宏森　李晓伟

中国矿业大学出版社
·徐州·

内 容 提 要

本书是介绍智能矿山建设的一部教材，包括智能矿山的发展、智能矿山建设概况、智能矿山建设内容、智能矿山应急系统建设、智能煤矿机器人、智能储装系统等内容。全书内容丰富、层次清晰、图文并茂、论述得当，理论性和实用性强。

本书适合高校教师、智能矿山研究者及建设者作为参考用书，可作为矿业类院校智能矿山方向的本科生教材。

图书在版编目(CIP)数据

智能矿山建设 / 崔铁军等主编. —徐州：中国矿业大学出版社，2023.12

ISBN 978-7-5646-6119-9

Ⅰ. ①智… Ⅱ. ①崔… Ⅲ. ①智能技术—应用—矿山建设—高等学校—教材 Ⅳ. ①TD2-39

中国国家版本馆 CIP 数据核字(2023)第 242077 号

书　　名 智能矿山建设
主　　编 崔铁军　王超杰　罗宏森　李晓伟
责任编辑 王美柱
出版发行 中国矿业大学出版社有限责任公司
(江苏省徐州市解放南路　邮编 221008)
营销热线 (0516)83885370　83884103
出版服务 (0516)83995789　83884920
网　　址 http://www.cumtp.com　**E-mail**:cumtpvip@cumtp.com
印　　刷 江苏淮阴新华印务有限公司
开　　本 787 mm×1092 mm　1/16　**印张** 13.5　**字数** 345 千字
版次印次 2023 年 12 月第 1 版　2023 年 12 月第 1 次印刷
定　　价 38.00 元

《智能矿山建设》
编　委　会

主　编　崔铁军　王超杰　罗宏森　李晓伟

副主编　王　雷　李　磊　张　新　吴文臻　陈朝辉

参　编　赵墨波　孙文斌　顾清华　贾进章　李喜林
　　　　温廷新　王洪德

前　言

智能矿山建设是提高矿山生产效率、降低人力成本、优化矿山管理和适应环保要求的必要手段，对于推动矿山行业的可持续发展具有重要意义。

目前我国智能矿山建设有如下一些特点。智能化采掘工作面数量快速增长：2022 年 3 月，国家矿山安全监察局公布的数据显示，全国智能化采掘工作面数量已达到 813 个，比 2020 年增加了 65%，其中采煤工作面 477 个，增加了 43%，掘进工作面 336 个，增加了 109%。多种煤矿机器人已在现场应用：截至 2022 年 3 月，已有 29 种煤矿机器人在 370 余处矿井现场应用，其中包括井下巡检机器人、掘进机器人、采煤机器人、运输机器人等。智能设备正在矿山生产的关键环节加速推广，如遥控电铲、智能铲运机、智能自卸车等设备已经得到广泛应用。大数据、工业互联网、数字孪生等信息技术与采矿行业融合：这些技术正在与采矿行业融合，赋能矿山的管理运营，如三维激光扫描仪可以快速精准地测算出堆场库存量，机器人通过红外线热成像系统监控整个矿区的设备运行状态，将数据呈现在智慧中心的大屏幕上。可见，我国智能矿山建设在数量、智能化程度和信息技术应用等方面取得了显著进展，但仍然需要进一步的技术创新和管理优化来推动智能矿山建设的全面发展。

对于矿山行业，智能矿山仍然是新领域，并未在学术界形成统一认知，仍在快速地不断发展变化。智能理论、方法、设备等的不断涌现使得智能矿山的理念、体系、系统和装备等不断更新，导致智能矿山建设的内容也不断变化，这给教材编撰带来了较大困难。尽管如此，智能矿山的建设仍然需要大量人才来实现其最终目标。所以本书以现有智能矿山建设概况和已应用或接近应用的技术方案作为主要内容来撰写，以让学生在本科阶段了解智能矿山的理念、方法和装备系统。

本书得到了广泛支持，由沈阳理工大学崔铁军、中国石油大学王超杰、四川师范大学罗宏森、中国矿业大学李晓伟担任主编；由中煤科工机器人科技有限公司王雷、中煤科工能源科技发展有限公司李磊、中煤科工智能储装技术有限公司张新、煤炭科学技术研究院有限公司吴文臻、中煤科工智能储装技术有限公司陈朝辉担任副主编；参编人员有煤炭科学技术研究院有限公司赵墨波，山东科技大学孙文斌，西安建筑科技大学顾清华，辽宁工程技术大学贾进章、李喜林、温廷新，大连交通大学王洪德。感谢煤炭科学技术研究院有限公司齐庆新研究员、北京科技大学金龙哲教授，以及博士生邢万里和硕士生李伟等。

在编写本书过程中，参阅了大量文献资料，涉及许多专家学者，出版之际编委会一并致以衷心感谢。

由于智能矿山建设内容较多且在迅速地不断更新，同时受编委会水平所限，书中若出现不妥之处，恳请广大读者批评指正，以便再版时予以更正。

编委会

2023 年 9 月

目　　录

第1章 绪　　论

智能矿山以数字矿山和矿山物联网为基础，实现物理矿山的虚拟化、生产环节的可视化、运营环节的高效化，是在数字矿山和矿山物联网基础上对生产和经营的流程再造，是在感知和数字化基础上将信息提炼为决策智慧、将决策智慧转化为执行能力的过程。

我国智能矿山建设在数量、智能化程度和信息技术应用等方面取得了显著进展，其中智能化采掘工作面数量快速增长，多种煤矿机器人已在现场应用，智能化设备在关键环节加速推广，同时大数据、工业互联网、数字孪生等信息技术与采矿行业融合。智能矿山建设的加速推进，不仅提高了矿山生产效率、降低了人力成本、优化了矿山管理，还适应了环保要求。然而，智能矿山建设仍存在诸多挑战，未来需要进一步推动技术创新和管理优化，以实现智能矿山建设的全面发展。

1.1 矿山发展史

中国的采矿历史悠久，从湖北大冶铜绿山古铜矿遗址出土有用于采掘、装载、提升、排水、照明等的铜、铁、木、竹、石制的多种生产工具及陶器、铜锭、铜兵器等物，证实春秋时期已经使用了立井、斜井、平巷联合开拓，初步形成了地下开采系统。至西汉时期，开采系统已相当完善。此时在河北、山东、湖北等地，铁、铜、煤、砂金等矿都已开始开采。战国末期秦国蜀太守李冰在今四川省双流区境内开凿盐井，汲卤煮盐。明代以前主要有铁、铜、锡、铅、银、金、汞、锌的生产。我国公元809年发明的黑火药，何时用在采矿上，没有考据。

17世纪初，欧洲人将由中国传入的黑火药用于采矿，用凿岩爆破落矿代替人工挖掘，这是采矿技术发展的一个里程碑。德国最早用黑火药采矿，随后英国用黑火药凿井。1763年苏格兰工程师瓦特(J. Watt)发明了蒸汽绞车。之后，采矿方法中出现了长壁法，开采效率得以提高。1846年意大利人索布雷罗(M. Sobrero)发明了硝化甘油。之后，又出现了方框支架法，从而加快了矿山的发展。19世纪末20世纪初，矿用炸药、雷管、导爆索和活塞式冲击凿岩机、空心钎杆、火钻等凿岩设备的相继发明，形成了近代爆破技术；电动机械铲、电机车和电力提升、通信、排水等设备的使用，形成了近代装运技术；矿块崩落法、分段法等方法的使用，形成了近代采矿理论方法体系。20世纪上半叶开始，采矿技术迅速发展，硝酸铵炸药被发明，强制崩落法和地下深孔爆破技术被使用，各种矿山设备不断完善和向大型化发展，逐步形成了适用于不同矿床条件的机械化采矿工艺。矿山设计、矿床评价和矿山计划管理的科学方法被提出，使采矿从技艺向工程科学发展。20世纪50年代后，潜孔钻机、牙轮钻机、自行凿岩台车等新型设备相继出现，采掘设备、运输提升设备实现了大型化、自动化，同时出现了无人驾驶机车。电子计算机技术用于矿山生产管理、规划设计和科学计算，用系统科学研究采矿问题，诞生了系统采矿工程学。矿山生产开始建立自动控制系统，利用现代试验设备、测试技术和电子计算机技术,预测和解算某些实际问题。

1.2 矿山智能技术发展

1.2.1 智能技术基本概念

智能技术是为了有效地达到某种预期的目的,利用知识所采用的各种方法和手段。智能技术在应用中主要体现为计算机技术、精密传感技术、GPS(global positioning system,全球定位系统)定位技术的综合应用。随着产品市场竞争的日趋激烈,产品智能化优势在实际操作和应用中得到非常好的运用,其主要表现:大大改善操作者作业环境,减轻了工作强度;提高了作业质量和工作效率;一些危险场合或重点施工应用得到解决;环保、节能;提高了机器的自动化程度及智能化水平;提高了设备的可靠性,降低了维护成本;故障诊断实现了智能化;等等。

1.2.2 智能矿山简介

智能矿山是指将以工业物联网为核心,包括人工智能、大数据等在内的新一代信息技术与矿山开发技术、装备进行深度融合,形成全面自主感知、实时高效互联、自主学习、智能分析决策、动态预测预警、精准协同控制的矿山智能系统,能够实现矿山生产的全流程智能化运行,最终实现矿山生产的安全提升、减员增效、节能降耗。其作为煤矿安全生产运营全过程的支撑平台,是两化深度融合的产物,承载着煤矿可靠远程控制、安全生产精细化管控、穿透式全息可视化查询等日常安全生产运营调度业务。

1.2.3 智能矿山的发展过程

煤矿信息化建设是煤矿智能化建设的主线与基础,从20世纪80年代中期至今,我国煤矿信息化建设主要经历了单机(系统)自动化、综合自动化及矿山物联网阶段,且随着工业物联网、云计算、人工智能等技术的快速发展,我国煤矿信息化的发展趋势将向煤矿智慧化方向演化。

(1) 单机(系统)自动化

单机(系统)自动化指使采矿生产过程实现自动的检测、控制、调节和保护的技术设施或方法。它对提高劳动生产率、改善产品质量、有效利用资源和减少能耗、提高矿井生产安全水平、改善劳动条件有重要作用。采矿生产包括开采、掘进、运输、提升等基本过程,以及通风、排水、人员与材料运输等辅助过程。生产过程复杂、场所分散、移动频繁,决定了矿井自动化的特点。

20世纪40年代人们开始研究矿井固定设备如提升机、水泵、空气压缩机等的自动化,这是最初的生产机械的单机自动化。之后电子学和计算技术的广泛应用加速了单机自动化的发展,这一点主要体现在矿井集中监控、计算机技术在采矿工业的应用之中。60年代国外矿井排水设备和空气压缩机站已广泛实现遥控或自动化,取得了节省人员、减少事故等效果。

中国于1952年实现第一台水泵自动化,1958年完成第一台主井提升机自动化。这也是我国煤矿自动化系统的起源。

20世纪60年代，根据国家综合部署，集中全国煤炭行业的电子、电控方面的技术骨干，成立了煤炭行业唯一的一家专业自动化研究所。但当时条件艰苦，器件短缺，煤矿自动化只停留在简单的开停和闭锁控制阶段，而且控制器体积庞大、可行性和安全性都差。20世纪70年代，老式继电器退出，取而代之的是晶体管和逻辑电路，从而使控制器体积大幅度缩小，控制功能得以改善，且更加安全可靠。1980年开始，煤炭行业的科研单位不断增多，我国自主开发了KJ90型、KJ95型、KJ4/KJ2000型与KJG2000型等监控系统，还借鉴引进了美国、澳大利亚等发达国家的先进技术。至此煤矿的自动化控制和检测系统才真正应用到实践中。

20世纪90年代至21世纪初期，我国煤矿生产的综采机械化和自动化程度有了很大的提高，如以计算机(技术)为核心的电牵引采煤机、电液控制的液压支架和掘进机、综采工作面自动化控制系统、煤巷掘进自动化控制系统、主煤流运输带式输送机自动化控制系统、矿井供电自动化监控系统、井下辅助运输系统、主副井提升自动化控制系统、束管监测系统、核子秤计量系统、井下涌水量监测系统、煤与瓦斯突出电磁辐射监测系统、下井人员考勤系统、通风监控系统、压风机监控系统、井下人员监测系统、井下安全与生产检测系统、地面设备监控系统等已在部分煤矿使用。这些系统独立运行，以单机或单系统自动化为主，在调度室集中监视，在煤炭安全生产中发挥了一定的作用。并且中国矿业大学等单位开展了采矿机器人等技术的研究。

在煤矿地理信息方面，中国矿业大学、北京龙软科技股份有限公司、山东蓝光软件有限公司等单位相继开展了矿山地理信息系统、三维地学模拟、矿山虚拟现实、矿山GPS定位等方面的技术开发与应用研究。

在煤矿企业经营管理方面，煤炭从业人员经过多年努力，建立了煤矿计算机网络和数据库系统，并在煤炭生产经营管理过程中建立了一些围绕部门职能管理的计算机应用系统，包括生产管理系统、人事劳资管理系统、财务管理系统、运销管理系统，以及地质CAD(computer-aided design，计算机辅助设计)、采煤工程CAD、通风安全CAD、煤矿地理信息系统、火灾早期预报预测和预防系统、顶板动态与支护质量监测数据处理系统、顶板控制专家设计系统、地质状况仿真系统、作业规程自动生成系统等各种专用应用软件系统，有些矿业集团还应用了ERP(enterprise resource planning，企业资源计划)系统。

从实际运行情况看，上述各个系统在生产经营管理、工程设计、生产仿真与控制等方面发挥了一定的作用。由于这些系统是独立开发建设、独立运行的，缺乏必要的手段进行信息交流，因此，整体效益得不到充分发挥。从系统的建设情况看，系统呈现出异构、分布和独立的特点。

从信息物理融合的角度来说，该阶段的煤矿自动化系统基本是信息与物理分离的系统，各种矿用设备基本是一个纯物理系统，在设计制造过程中基本不考虑其信息采集与自动控制的需要。对这些设备的监测控制都是由矿山根据需要事后附加在物理系统上的。因此，该阶段煤矿自动化要解决的问题主要是如何在单机系统上附加上信息采集与控制系统，实现单机或单系统自动化。

在当时，许多煤矿采用的方式是以煤矿安全监测系统为主，井下各生产系统只能就地控制、监测其开停，不能实现井上集中控制和监测各种参数。少数煤矿实现了井下水泵房集中监控、供电系统集中监控、主煤流集中监控，但各系统是相对独立的。

(2) 综合自动化

在工业生产、管理、经营过程中，通过信息基础设施，在集成平台上实现信息的采集、信息的传输、信息的处理以及信息的综合利用等；将自动控制、通信、信息技术与现代管理技术结合，将企业的生产过程控制、运行与管理作为一个整体进行控制与管理，提供整体解决方案，以实现企业的优化运行、控制和管理，从而对矿井进行总体综合控制，以实现整个矿井的最佳运行，这就是矿井综合自动化。

进入 21 世纪以后，随着通信、工业总线及工业以太网技术的普及，用统一的网络来实现煤矿众多子系统集成的呼声越来越高。之后计算机技术进一步发展，形成了专用的独立的监控系统，以单片机为核心控制单元，内部的信息输入以模拟形式、FSK（frequency-shift keying，频移键控）形式、基带形式等简单的调制方式为主，传输电缆为矿用屏蔽电缆，传输速率在 600～9 600 bit/s 之间。这些系统大部分还是独立工作，很少有系统间信息的交换，每个系统的维护使用部门也不都一样。

与此同时，以工业以太网为代表的信息网络技术迅速发展，煤矿各个专用的独立监控系统间的信息可以通过高速信息网实现快速传输，两两之间的传输逐渐转变为总线传输方式，比如 CAN 总线、RS485、RS232 等，并被广泛应用。随着技术的不断进步，绝大部分矿井应用了煤矿生产、煤矿安全、矿用电力等监控系统，并通过高速监控网络整合形成综合的监控系统，由局部生产环节的自动化系统迈向矿井综合自动化的新方向。

2000 年，力拓集团开始研究 MAS（muti-agent system，多智能体系统）矿井自动化系统，该系统是一个复杂的人工智能和机器学习平台，有助于提供实时的操作意见与建议。

2004 年，山东能源龙口矿业集团有限公司北皂煤矿首先采用 100 M 的工业以太网环网实现煤矿综合自动化，但由于煤矿井下网络属于流量非均匀分布的网络，存在传输瓶颈，100 M 的工业以太网难以实现三网合一，与工业总线环网的综合自动化系统相比优势不明显。2005 年，兖矿集团兴隆庄煤矿采用 1 000 M 工业以太网环网，实现了将各种监测监控系统、语音、工业电视等集成在一起的三网合一综合自动化系统。

应该说，矿山综合自动化系统彻底改变了传统矿山各个生产与监控子系统相互独立的格局，实现了子系统集成和网络化监控，有效提高了矿山的运行和管理的效率，这给矿山物联网的实施打下了良好的基础。但是 10 多年的实践中也逐步暴露出矿山综合自动化系统建设与运行过程中的一些问题，这些问题严重阻碍了矿山信息化的进一步提升。

(3) 矿山物联网

在矿山综合自动化系统发展过程中，出现了感知手段传统单一、缺乏泛在感知网络、多学科交叉不够等问题。对上述不足的思考让人们逐步认识到信息物理系统融合的需要，并出现一些这样的系统，如采煤机监控、电液阀支架监控等系统，也就进入信息系统嵌入物理系统的阶段，特别是明确要求对设备控制必须具有接入网络的能力，这就是物体联网的要求。这样，矿山物联网的概念就应运而生了。

根据工业和信息化部对物联网的定义可知：矿山物联网是通信网和互联网的拓展应用和网络延伸，它利用感知技术与智能装置对矿山物理世界进行感知识别，通过网络传输互联进行计算、处理和知识挖掘，实现矿山人与物、物与物信息交互和无缝链接，达到对矿山物理世界实时控制、精确管理和科学决策的目的。矿山物联网的定义直接表明了信息世界与物理世界的关系，实际就是包含了CPS(cyber-physical system，信息物理系统)的概念。

矿山物联网的核心内容是利用物联网的三层架构对煤矿构建一种开放的平台，包括泛在的感知层平台、高速传输平台、应用基础平台。这样一种平台真正的作用是为矿山各个不同专业提供一个协同工作的平台，同时有利于将各种不同的应用服务集成到矿山物联网中，有助于推动矿山安全生产所需的各种服务的专业化发展，以便解决综合自动化系统在实施过程中所暴露出来的问题。

总的来说，矿山综合自动化为建设矿山物联网打下了基础，所以可以说感知矿山物联网是在矿山综合自动化基础上的进一步提升。

(4) 智慧矿山

信息化是现代化矿井的实质。现代化矿井实质上是依赖对矿井地理、生产、安全、设备、管理和市场等方面的信息进行采集、传输、处理、应用和提升，达到信息增值的目的。其主要内容包括信息的采集(传感器与检测)、信息的传输、信息的处理(计算机)、信息的应用与集成(自动化)等。信息是未来煤矿企业的重要战略资源，拥有全面、完整、准确的信息是企业提高生产能力，保证安全，提高管理水平、市场应变能力和竞争能力的重要保障。在这方面美国和澳大利亚的煤炭企业做出了榜样。自20世纪80年代以来，它们在工作面采用计算机(技术)控制的大功率电牵引采煤机、电液控制的液压支架和具有软启动功能的刮板输送机；而在主煤流运输系统、矿井供电系统、通风系统、排水系统、矿井提升系统等方面，均采用计算机(技术)实现工况监测、故障诊断与自动控制，对井下环境安全的各种信息进行实时监测。而这些生产、安全、地理和设备的信息通过网络(通信线路)实时传送到地面调度中心，从而使得煤矿的安全、生产管理决策更便于优化。为减少设备及其零配件的库存量，进一步降低吨煤成本，它们注重供应链的管理，大力推进以计算机、网络和数据库为基础的电子供应链。面对日益严峻的市场竞争，它们转为以市场的客户为中心，重视客户关系管理，实现自动配煤，满足用户对各种不同煤质的需要，推动电子商务发展。

数字化是信息的表达形式之一，而且是信息最高级、最先进的表达形式。由于计算机技术、微电子技术，尤其是网络技术的飞速发展，许多煤矿的地理信息、生产信息、安全信息、设备工况信息从采集开始，就实现了数字化、网络化。传感器在采集信息的同时，可以对信息进行处理、自校正等，采集的信息更准确，而且可以在一根总线上挂许多传感器，信息传输系统更简便，采集的信息精度不会因传输距离和环境的变化而受到影响。由于信息是以数字的形式进行采集、处理、传输和应用的，因此，生产、安全、管理、市场等信息可以在一个统一的平台上进行传输和交流，从而使所有的信息得到更充分的利用，使所采集到的信息得到更大的增值。

智慧矿山以矿山数字化、信息化为前提和基础，对矿山生产、职业健康与安全、技术支持与后勤保障等进行主动感知、自动分析、快速处理。建设智慧矿山，最终要实现安全矿山、无人矿山、高效矿山、清洁矿山的建设。智慧矿山建设主要包括智慧生产系统、智慧职业健康与安全系统、智慧技术支持与后勤保障系统建设。

煤矿智能化开采和煤矿物联网技术目前已取得重要进展，已建成一批以工作面智能化开采和数字化、信息化管理系统为标志的先进煤矿。但是，由于煤矿开采条件的复杂性和多样性，大多数智能化工作面还远没有达到理想效果，智慧煤矿建设还处于初级起步阶段。

1.3 智能矿山设计总体思路

智慧煤矿的总体目标是形成煤矿完整智慧系统，全面智能运行，科学绿色开发的全产业链运行新模式。智慧煤矿应基于一套标准体系、构建一张全面感知网络、建设一条高速数据传输通道、形成一个大数据应用中心、开发一个业务云服务平台，面向不同业务部门实现按需服务。

在智能矿山总体建设过程中，智慧煤矿顶层设计是保证智慧煤矿建设沿着正确方向的首要条件。而在智慧煤矿顶层设计和建设中，应遵循"打通信息壁垒"、铲除"信息烟囱"、消除"信息孤岛"、避免"重复建设"的技术方法，要遵循采矿规律，实现人工智能与采矿工艺技术深度融合。

智能开采是智慧煤矿的核心，智能感知、智能决策和自动控制是智能开采的三要素。

智能开采区别于一般自动化开采的显著特点是设备具有自主学习和自主决策功能，具备自感知、自控制、自修正的能力。具备这样能力的智能化综采系统才能充分响应生产环境变化，实现真正意义上的智能化开采，实现有限条件下的无人开采目标。

智慧煤矿智能系统设计建设要以网络融合安全、信息互联互通、数据共享交换、功能协同联动为智慧煤矿实现物联网全部功能的总原则。

智慧煤矿总体技术架构具体包括以下 8 大智能系统，如图 1-1 所示。

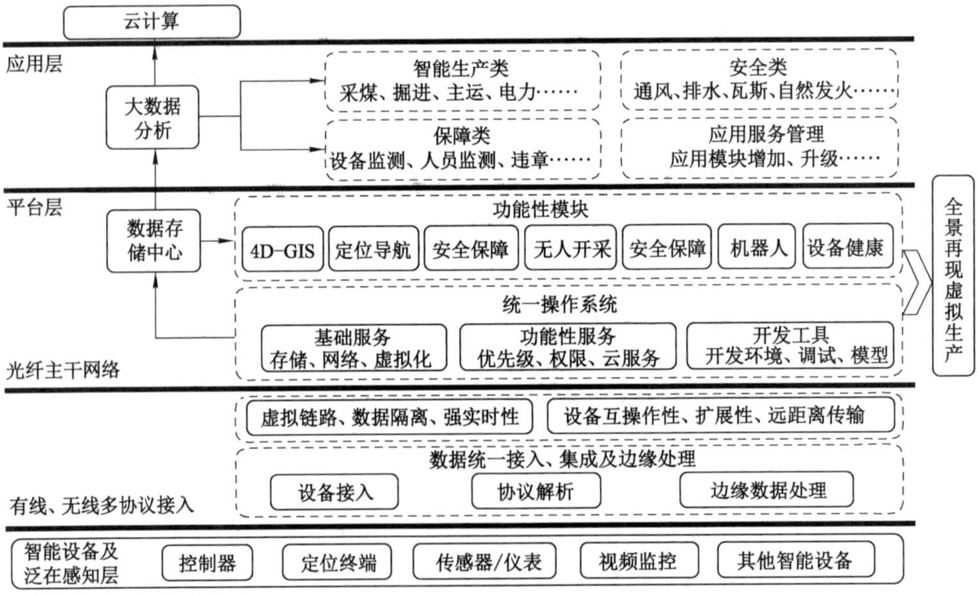

图 1-1 智慧煤矿总体技术架构

① 地下精准定位导航系统；

② 随掘随采精准探测地质信息系统；

③ 智能快速掘进和采准系统，矿井通风、供排水、主副运智能系统；

④ 工作面智能开采系统；

⑤ 危险源智能预警与灾害防控系统；

⑥ 矿井全工位设备设施健康智能管理系统；

⑦ 煤矿地面分选运销与生态建设智能系统；

⑧ 煤矿物联网综合智能管理系统。

1.3.1 感知与控制层

感知与控制，是通过各种传感器监测矿山安全生产的各类信息（包括井下环境信息、设备工况信息、矿山灾害安全信息等），用机器和计算机来替代生产过程中的基础性的体力劳动和脑力劳动，使人们尽量摆脱紧张繁重的劳动，也使生产和管理过程尽量摆脱人为的介入，以提高生产的效率与稳定性。该层的建设为信息集成与 MES(manufacturing execution system，制造执行系统)层、管理决策与应用层奠定了基础。

物与物相连主要是在感知层实现的，当然也不排斥通过传输层或应用层来实现。显然，智能矿山的关键是在感知层。感知网功能与要求决定了这样的网络必须是无线网络。这是因为矿山地质、矿山建设、矿山生产与安全管理、产品加工与运销、矿山生态等综合信息均需要移动的感知。而且由于灾害事故的发生具有突发性，地层具有不确定性，因此需要移动的无限分布式感知手段。无线网安装便捷，具有灵活性和可移动性，易于进行网络规划和调整，故障定位容易，易于扩展。

控制层的核心是矿山过程控制系统，属于基础自动化范畴，由煤矿各个生产监控子系统、环境监测子系统、辅助生产子系统等构成，完成煤炭生产各个环节的过程监测、自动化控制及安全监测。生产过程控制层是煤矿综合自动化系统的核心部分，各子系统自动化是实现煤矿综合自动化的基础。同时，安全、可靠、高效的传输网络是实现感知矿山物联网系统的基础。

1.3.2 信息集成与 MES 层

信息集成与 MES 层由两大部分组成：一部分是信息集成网络系统，包括调度指挥控制中心以太网、互为冗余的 I/O 服务器组和数据服务器集群。服务器集群通过 1 000 M 工业以太网骨干传输，采集全矿生产、安全等全部信息，将信息集成到控制中心，进行各种智能信息处理，如信息融合、信息挖掘等。服务器上的重要信息能够保留一年或更长时间。另一部分是在信息集成基础上的 MES，包括在调度指挥控制中心以太网上设计多台操作员站，操作员站完成对子系统的监控，如综采工作面监控子系统、主运输集控子系统、地面供电监控子系统、井下供电监控子系统、主要通风机在线监控子系统、选煤厂自动化监控子系统、安全监控子系统等各种子系统的监控，以及煤矿生产过程的优化管理。根据煤矿生产流程，当某个实时事件发生时，MES 对此及时作出反应、报告，并用当前的准确数据对它们进行指导和处理，减少煤矿企业内部没有附加值的活动，有效地指导生产运作过程，提高生产力、生产安全性，改善物料的流通性能，提高生产回报率。MES 需要与计划层和控制层进行信息交互，通过企业的连续信息流来实现企业信息全集成，实现实时动态反映生产、安全、管理的信息获取，实现安全生产优化调度和决策支持，实现矿山计划层和控制层的紧密连接，即建立适合煤矿特点的安全生产执行系统。

安全生产执行系统建立在安全生产调度中心的基础上，以统一的网络为传输平台，围绕关系数据库的多组功能构建。安全生产执行系统属于半间歇性流程的煤矿，生产具有独特的行业特色。根据订单、地质条件、开采条件、安全条件以及生产和储运能力制订合理的生产计划，对设备、人力、资金等进行资源配置和作业调度。安全生产执行系统在整个感知矿山系统中起到承上启下的作用，是建立在煤矿物联网平台基础之上的一种系统。为了达成煤矿安全生产协调控制、优化调度的目的，需要通过互联网平台实现更多信息的传输与共享。

各种系统的数据应有统一的数据描述形式、统一的数据处理格式和统一的数据管理方式，以便于信息的挖掘和融合。这便要求有统一的数据仓库平台。由于矿山子系统众多，信息化要管理海量的数据，信息的挖掘与融合变得具有挑战性。这就体现了数据库系统的重要性。

1.3.3 管理决策与应用层

煤矿管理决策与应用层根据煤矿的生产经营管理和组织结构特点，采用以安全生产、绿色环保和财务分析决策为核心的整体资源优化技术。根据矿山的具体应用，利用各种软件应用模块的信息动态详尽地描述与控制矿山安全生产与运营的全过程，以保证矿山经济的可持续增长和自然生态环境的稳定。

煤炭企业的管理决策与应用具有生产计划的复杂性、内部业务流程的特殊性以及成本管理和安全管理的特殊性等特点，同时各子系统相互协同，实现了对企业的有效管理。

1.3.4 智能化设计

智能化煤矿将人工智能、工业互联网、云计算、大数据、机器人等技术和智能装备与现代煤炭开发技术进行深入融合，形成全面感知、实时互联、分析决策、自主学习、动态预测、协同控制的智能系统，实现煤矿开拓、采掘(剥)、运输、通风、分选、安全保障、经营管理等全过程的智能化运行。新建煤矿及生产煤矿应根据矿井建设基础，制定科学合理的煤矿智能化建设与升级改造方案，明确智能化煤矿建设的总体架构、技术路径、主要任务与目标。智能化煤矿应基于工业互联网平台的建设思路，采用一套标准体系、构建一张全面感知网络、建设一条高速数据传输通道、形成一个大数据应用中心，面向不同业务部门实现按需服务。井工煤矿、露天煤矿开展智能化建设可参考图 1-1 所示技术架构。

1.3.4.1 井工煤矿智能化总体设计

(1) 总体技术要求

井工煤矿应建设智能化综合管控平台，围绕监测实时化、控制自动化、安全本质化、管理信息化、业务协同化、知识模型化、决策智能化的目标进行相应的业务模块应用设计，实现煤矿地质勘探、巷道掘进、煤炭开采、主辅运输、通风、排水、供液、供电、安全防控、经营管理等各业务系统的数据融合与智能联动控制。

(2) 生产煤矿智能化建设技术路径

生产煤矿应根据矿井的地质条件、建设基础、建设目标制定科学合理的智能化升级改造方案，可以按照“基础系统高容量—采掘系统高可靠—感知系统全覆盖—保障系统高适应”的思路，自下而上逐步实现智能化改造。

生产煤矿进行智能化升级改造可以分为三步进行：首先，根据煤矿实际情况与建设需求，对具体业务系统进行技术与装备升级，提高单个设备、系统的自动化、智能化水平，并逐步实现核心装备控制系统国产化安全可信、自主可控；其次，开展网络平台、数据中心等升级改造，汇聚生产工艺、环境过程信息等；最后，通过大数据、人工智能等建立相关业务智能工作流，再进行系统的整体集成，实现基于智能化综合管控平台的一体化智能协同管控。

(3) 新建煤矿智能化建设技术路径

根据矿井的地质条件与建设目标，按照“基础系统全兼容—业务系统全关联—装备系统高可靠—数据应用多场景”的思路，在矿井设计中对煤矿智能化进行专题设计，按照高起点、高标准、高水平进行智能化煤矿建设，应涵盖信息基础设施、智能化生产系统、智能化安全管控系统、智能化综合管理系统等，明确阶段任务目标及验收指标，分步分阶段开展智能化煤矿建设。

1.3.4.2 露天煤矿智能化总体设计

(1) 总体技术要求

智能化露天煤矿将信息化技术与露天煤矿开采工艺进行深度融合，建设智能化露天矿综合管控平台，将露天矿生产系统、安全系统、管理系统等相关数据作为基础数据源，进行露天矿生产、经营、管理全链数据集成；逐步推进露天矿智能化应用系统的建设，实现露天矿全流程的少人化、无人化生产；逐步推进核心装备控制系统国产化安全可信、自主可控。

(2) 生产露天煤矿智能化建设技术路径

根据露天煤矿实际业务特点和支撑配套条件，结合矿山智能化现状、实际需求、基础条件等因素制定煤矿智能化建设方案，明确任务目标、预期成果及详细规划内容，分期、分批开展建设。开展露天煤矿信息化标准化建设工作，制定数据标准、流程标准、操作标准；对设备、系统进行升级改造，实现全矿区网络覆盖；开展露天煤矿智能生产系统建设，实现现场集中操控、固定岗位无人值守、远程监控运维、生产过程自动控制等；建设露天煤矿智能综合管控平台，进行系统整体集成，实现基于智能综合管控平台的一体化智能协同管控。

(3) 新建露天煤矿智能化建设技术路径

根据新建煤矿建设条件，编制露天煤矿智能化建设总体规划，优先采用先进工艺、装备、信息技术，制定高起点、高标准、高水平的智能化建设方案。

① 基建阶段完成网络、信息化基础设施等建设，构建露天煤矿信息传输、处理、存储平台和集中管控体系。

② 基建后期到投产期，同步开展露天煤矿智能生产系统建设，实现露天煤矿资源数字化、采选生产过程智能控制、智能生产管理与执行等，实现矿山全流程的少人化、无人化生产。

③ 投产后，逐步建设工业大数据分析平台，充分挖掘数据潜在价值，实现过程参数优化、生产流程优化、数字仿真优化、设备故障智能诊断、经营决策优化等。

1.3.4.3 选煤厂智能化总体设计

(1) 总体技术要求

智能化选煤厂可参考图1-2所示技术架构，划分为设备层、控制层、执行层、决策层四层。设备层主要包括机电设备及检测仪表、保护装置等；控制层主要包括生产集中控制系统、设备状态监测系统、视频监控系统、调度通信系统、安全监测系统等；执行层主要包括生产管理、机电管理、安全管理、经营管理、节能与环保管理、安全与职业健康管理等；决策层主要包括智能控制、智能管理、智能分析、辅助决策等。

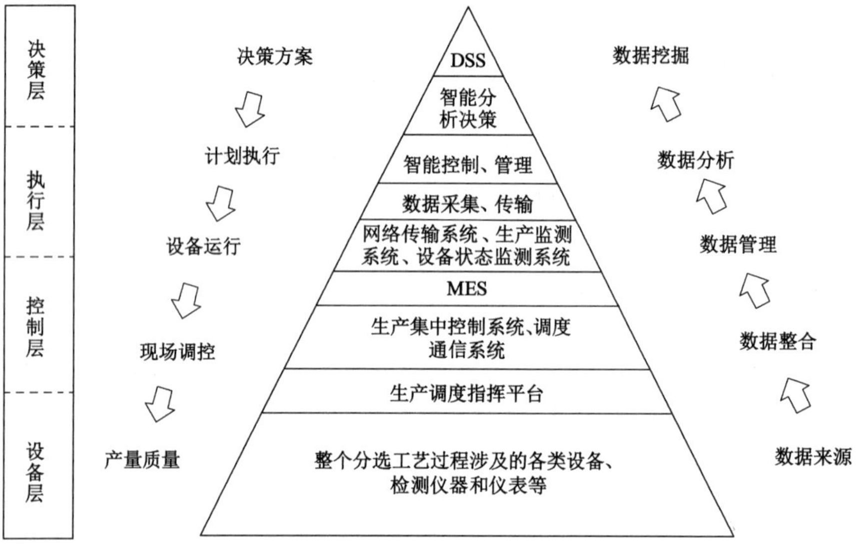

DSS—decision support system，决策支持系统。

图1-2　选煤厂智能化建设参考技术架构

(2) 选煤厂智能化建设技术路径

第一阶段：重点开展智能化选煤厂标准建设、关键技术攻关、基础装备完善工作，适时进行成熟技术推广，开展示范工程建设。

第二阶段：强化大数据技术与选煤专业知识的深度结合与应用，建设选煤专家知识库，推进重点单元的智能化研究，建成完善的选煤厂生产执行系统，实现生产过程控制和管理智能化。

第三阶段：全面实现智能化，建设主要工艺环节、主要管理岗位及重要设备实现智能感知、智能决策、自动执行的智能化体系；全面建成安全、高效、节能、环保的智能化选煤厂。

① 新建选煤厂智能化建设

新建选煤厂的智能化建设应与选煤厂主体工程同时策划、同时设计、同时施工。对于条件不成熟的新建选煤厂，可先行策划，分期实施，预留后期建设接口。

鼓励采用BIM(building information model，建筑信息模型)等先进的数字化设计、施工管理技术，资料交付形式逐步由二维图纸向数字信息模型转变。鼓励数字孪生技术在项目策划、设计、施工、运维、改造、拆除的全生命周期管理中发挥作用，鼓励大数据、物联网、云平台、5G、机器人等技术与选煤厂生产、运维的深度融合，为选煤厂的建设与管理增值。

② 已建选煤厂智能化改造

已建选煤厂应完善智能化改造基础，通过调研分选工艺及装备技术，制定合理的工艺改造实施方案，确保分选工艺及技术装备先进合理；优先以主要工艺环节、重要装备、安全防护为升级改造对象；鼓励数字孪生、大数据、物联网、云平台、5G 等技术与现有选煤厂生产、运维的逐步融合，实现节能降耗、生产过程优化、作业条件改善等。

1.3.4.4 井工煤矿、露天煤矿和选煤厂建设要求

(1) 数据规范

鼓励建立统一标准规范的数据体系，规范主数据、数据索引格式、元数据格式、数据表结构、布局方式、存放格式、精度要求、时效设置和编码方案等，其中元数据和数据索引主要包括各类数据概述、用途、存放路由、数据库、访问引擎和索引结构等，体现数据的层次结构。鼓励建立完善的数据质量管理组织架构，明确数据权属、管理者、使用者等，制定规范的数据质量改善流程，形成面向多样化煤矿数据应用场景的数据质量管理闭环。

(2) 通信接口

能够支持多种数据服务、通信协议和接口，能够从各类仪表、模块等多种软件、硬件中获取数据，并能够通过开放接口向各种应用提供数据。能够从各种服务系统、应用系统和控制端获取命令，并能自动转发和执行命令，保证命令的可靠性与时效性。

(3) 信息安全性

智能化煤矿和选煤厂应开展网络、信息和系统等安全建设，可参照《信息技术 安全技术 信息安全管理体系 要求》(GB/T 22080—2016)、《信息安全技术 网络安全等级保护基本要求》(GB/T 22239—2019)、《工业控制系统信息安全 第 1 部分：评估规范》(GB/T 30976.1—2014)、《工业控制系统信息安全 第 2 部分：验收规范》(GB/T 30976.2—2014)等标准，能够实现从角色到用户、从系统到功能模块等访问权限的统一认证，对于监测监控系统、传感系统、工业自动化系统、软件系统等应用平台，各业务系统之间既要满足按需访问，又要实现安全隔离，满足信息安全要求。

(4) 系统灵活性和可扩展性

鼓励采用微服务架构，将复杂的应用拆分为多个共享服务和独立业务服务，做到各个服务资源的合理分配；采用先进的技术或者工具不断优化架构，实现系统升级，使企业平台不断演进、优化。

1.4 关于智能矿山的标准

1.4.1 煤矿智能化标准发展现状

(1) 煤矿智能化标准体系建设现状

① 煤矿智能化标准现状：现行煤矿相关国家标准不足 100 项，煤炭行业标准(MT) 1 400 余项主要对煤矿的一般术语、安全生产、关键设备的通用要求进行规定。随着云计算、大数据、人工智能、物联网等技术的快速发展，煤炭行业迎来产业变革，煤炭行业相关部门开始逐步发布相关标准，见表 1-1。

表 1-1 国家各级部门发布的智能化煤矿标准概况

标准级别	智能化煤矿相关标准	
	标准编号	标准名称
国家标准	GB/T 34679—2017	智慧矿山信息系统通用技术规范
	GB/T 51272—2018	煤炭工业智能化矿井设计标准
行业标准	AQ 6201—2019	煤矿安全监控系统通用技术要求
	MT/T 1169—2019	矿井感应通信系统通用技术条件
地方标准	DB14/T 1725—2018	数字煤矿数据字典

② 煤矿智能化标准立项与发展：随着煤矿智能化技术的发展，作为智能化煤矿建设基础和指南的标准体系建设成为煤炭行业发展的迫切需求。行业相关部门均对煤矿智能化相关标准进行立项，以明确智能化煤矿建设方向，促进行业信息资源有效利用。

③ 其他行业智能化标准发展：其他行业的智能化标准体系的制定对于煤矿智能化标准的研究具有重要的借鉴作用。以工业互联网产业联盟为核心发布的工业互联网标准体系为新一代信息技术的应用提供了标准体系基础。

(2) 煤矿智能化标准体系建设需求

煤矿智能化建设通过感知、执行、管理系统升级，以泛在网络和大数据云平台为主要支撑，以智能管控一体化系统为核心，以先进、智能、高可靠性的生产装备为基础，打造坚实可靠的工业运行体系。煤矿智能化标准将煤矿智能化建设过程中涉及的关键技术、装备、行为及派生属性等进行统一规范，从而指明智能化煤矿建设方向，促进行业资源有效利用，提升智能化煤矿建设的效率和质量。

完整的煤矿智能化标准体系是建设智能化煤矿的基础与指南，其建设过程是随着煤矿智能化技术不断发展迭代更新的过程。因此，必须保证该标准体系具有体系性、继承性和前瞻性，需组织专业技术人员进行顶层规划，确定各标准的边界范围以及适应性，尤其应对煤矿地质条件进行分级分阶段分析，避免重复规范和过度标准化，确保智能化相关技术在煤矿得到有效应用。

1.4.2 煤矿智能化标准体系框架

智能矿山建设的标准必须符合国家有关矿山和物联网标准建设的框架体系，以实现矿产资源“安全、绿色、高效”开发利用为核心目标，充分体现大数据、工业互联网、人工智能等新技术与矿业交叉融合的行业特点，充分满足数字化、智能化技术和装备不断深入应用于生产和管理过程的条件，建立广泛分布、高度易用的决策支持体系及健全的智能化应用技术规范与标准体系。此外，智能矿山建设应遵循因地制宜、统筹规划原则，矿山企业可根据自身实际情况选择合适的智能等级制定建设方案。

标准建设作为智能矿山网络建设中的一个应用部分，理应进入总体网络标准建设体系之中。由于智能矿山网络是一个开放服务应用的网络，因此需要重点加强智能矿山物联网关键技术协议与规范、平台软件开发环境、开发工具和标准化等关键技术的研发，提出矿山有关物联网的行业标准。

智能矿山建设的标准是依据《关于加快煤矿智能化发展的指导意见》《关于开展首批智

能化示范煤矿建设的通知》《智能化示范煤矿建设管理暂行办法》《煤矿智能化专家库管理暂行办法》《智慧矿山信息系统通用技术规范》《煤炭工业智能化矿井设计标准》《网络安全等级保护基本要求》《信息安全技术工业控制系统安全管理基本要求》等建立的。

具体从地质与测量、矿产资源储量、矿产资源开采、选矿、资源节约与综合利用、生态环境保护、智能协同管控七个方面对智能矿山标准进行规定。

1.4.2.1 地质与测量

(1) 一般规定

应利用专业化软件实现地质建模,用于管理矿床、水文、工程、环境等地质数据。地质模型应具有标准数据交换格式,满足矿山智能化管控使用要求;应利用数字化工程测量和采空区测量技术实现三维工程验收,并实现多维工程制图等业务功能;应建立地质、测量资料及数据的信息化综合管理系统。并通过流程和权限管理,安全、快捷共享地质和测量数据,实现技术、计划与生产过程一体化动态管理。

(2) 地质资料数字化

应将勘查报告、核实报告、生产勘探报告、年度检测报告及矿山储量报告等地质资料及其附件图表按一定的格式实现数字化和矢量化转换与存储;数字化地质资料应实现多部门、多平台、多终端的异地实时更新、审阅、维护、发布和应用,资料的更新、添加、查阅等操作都应具有可追踪的记录。

(3) 矿山地质

生产探矿、工程地质、水文地质等地质数据应实现数字化采集和传输;各类地质数据应建立相应的数据库实现持久化存储,应采用专业软件实现数字化管理。

(4) 矿山测量

矿山测量数据采集和传输应采用现代数字化测量设备或遥感技术,宜采用无人机、测量机器人、自动驾驶车等设备,提高测量工作效率;测量工作应实现数字化管理,建立测量数据采集、存储、处理、统计以及图形化展现等数据管理系统,系统应具有行业通用格式的数据输入、输出接口;矿区地形、地面建筑、生产掘进工程、采空区、探矿工程、地质体等测量成果应实现三维可视化管理,测量数据应与生产管理系统、矿产资源储量动态管理系统实现数据互联互通。

1.4.2.2 矿产资源储量

(1) 一般规定

矿产资源储量管理应实现信息化、动态化、三维可视化和智能化;应建立数字化地质模型,依据《固体矿产资源储量分类》(GB/T 17766—2020),实现矿产资源储量估算及动态更新;相关系统应具备数据交换接口,为相关管理部门同步提供矿产资源储量动态数据。

(2) 地质建模与矿产资源储量估算

根据地质、测量、采矿、选矿等数据和信息,结合矿山生产实际需要,对矿体、围岩、构造、组分等与矿产资源储量估算、矿山设计、采选直接相关的地质对象,建立综合三维数字化地质模型,直观反映它们的分布、形态、产状、品位(品质)等特征;宜利用智能化算法辅助实现资源边界的圈定,利用地质模型和估算软件开展矿产资源储量估算;矿产资源储量应根据地质、测量、采矿工作中获取的最新数据或科学技术、市场条件、政策法规等的变化而及时更新。

(3) 矿产资源储量动态管理

矿山储量数据应与生产经营数据实现集成和同步。根据生产经营数据及时更新资源量和储量，及时掌握和分析资源储量的利用状况，及时更新各种地质、采矿图件与管理台账。编报矿山储量报表，包括查明总量、保有量、动用量、采出量、损失量等的自动统计，并提供相关数据的联动输出；建立矿山储量动态更新机制，可以按时间回溯资源量和储量动态变化情况及其对应的生产技术参数、成本、产品价格等数据，实现动态跟踪管理；基于三维数字化地质模型和矿山资源储量动态管理成果，及时掌握矿产资源储量的数量、质量、结构和空间分布，实现矿产资源储量全过程管理数字化和智能化。

1.4.2.3 *矿产资源开采*

(1) 一般规定

采掘设计与计划应实现数字化和三维可视化管理；矿山主要设备宜优先选用智能化程度高的装备，应具备网络连接功能，实现设备定位、状态和作业数据的在线采集，应接入集成监控平台，宜实现统一调度指挥或远程可视化控制。煤矿宜采用三维虚拟电子栅栏实现采矿作业范围规范、可控；采矿运输系统应与矿石质量检测系统实现数据综合集成，建立矿石跟踪和配矿控制体系，并实现出矿品位(煤质)的在线评估；宜选用无人驾驶设备或远程遥控设备，减少生产现场人员数量。

(2) 露天开采

凿岩机、钻机等穿孔设备应实现自动定位、动态跟踪和在线故障诊断，宜实现基于爆破设计定位数据的设备导航和远程遥控操作；铲装作业设备应实现自动定位、动态跟踪和在线故障诊断，宜实现远程遥控操作和工作状态数据自动采集，并通过生产调度管理平台与运输系统协同作业；破碎作业设备应实现自动化控制，卸矿指挥信号灯应实现自动转换，破碎进料仓口破碎锤应实现遥控操作，破碎工艺降尘应实现与破碎作业联动控制。

运输车辆宜选用具备远程遥控或自动驾驶功能的设备，其智能管理和调度应符合《黑色冶金露天矿工程用车智能调度系统技术规范》(YB/T 4698—2018)规定；大型运输车辆宜具备行车防撞与预警、司机疲劳预警与盲区监控等功能；铁路运输应实现自动调度、远程监控和安全预警，宜实现机车自动驾驶；带式输送机运输系统应实现自动启停控制、安全智能保护、生产过程智能联动和无人值守，沿线巡检宜采用巡检机器人作业。

(3) 地下开采

矿山掘进各工序宜选用自动化、智能化设备，工作面应减少用人数量，推进自动化作业；炮掘工作面应实现凿岩台车、装药台车、铲运机、装岩机、锚杆台车等主要设备的位置定位、设备工况和作业数据的实时采集和远程监控，宜实现设备遥控操作和车辆遥控驾驶；综(机)掘工作面应实现掘进机、锚杆机、转载机、带式输送机等主要设备的远程监测监控；掘进机应具有遥控、定位切割功能，联动设备应具备故障联锁停车功能和自动化集中控制功能。

采用凿岩爆破法落矿的工作面应实现凿岩台车、钻机、装药台车、铲运机等设备的位置定位、设备工况和作业数据的实时采集和远程监控，宜实现设备遥控操作和车辆遥控驾驶。采用机械回采的工作面应实现回采设备就地和远程自动化集中控制，实现设备一键启停和生产数据自动采集。工作面应配备视频系统、自动巡检机器人等设备，实现远程可视化；采煤工作面中，采煤机、液压支架、刮板输送机、乳化液泵等装备应满足《煤炭工业智能化矿井设计标准》(GB/T 51272—2018)规定。

矿井提升系统应实现自动化控制,提升生产数据应实现在线自动采集。多套提升系统宜采用由监控中心进行远程集中监控的模式;井下破碎站应实现井下智能运行、地表远程监控,宜实现破碎系统与提升系统的联锁控制;破碎锤应实现远程遥控操作;溜井放矿应实现远程遥控放矿或者自动放矿,实现远程集中控制与操作,并具备溜井料位监测功能,具备与运输系统实现安全联锁控制功能;无轨运输车辆应通过无线网络实现智能化派车、车辆位置实时监控和生产自动计量;斜坡道应按照通行规则实现交通信号自动控制;有轨运输车辆应实现自动调度和自动驾驶,驾驶系统应具备自主运行、自主避障和在线故障诊断功能;带式输送机应实现自动启停控制、安全智能保护、生产过程智能联动和无人值守,沿线巡检宜采用巡检机器人作业;斜巷运输、架空乘人运输等应接入集成监控平台,实现远程控制;大型矿山宜实现铲运机、地下矿用汽车在装载、运输和卸载过程中自动驾驶;车辆宜具备巷道空间自动检测、防撞、障碍物自动识别和预警功能,宜具备自主行驶、定点卸载和故障自诊断功能。

矿区通信联络应实现无线网络全覆盖,支持视频、语音、定位、监测、控制等综合应用,宜采用新型高速无线通信网络。地质条件复杂、灾害因素较多的矿井宜配置应急通信或救灾通信系统,并与矿区无线通信系统互联互通;采矿生产辅助车辆应实现智能派车调度和在线监控管理,车辆宜选用具备远程遥控或自动驾驶功能的设备;供电、通风、压风、排水、供气、供水、注浆、井下充填、除尘、制冷、装车、注氮、污水处理、计量等生产辅助系统应实现远程集中控制和现场无人值守,并实现数据自动采集,高耗电设备应实现智能化节能控制,其中通风应实现按需供风,用电应实现智能化监测,排水应实现水情在线监测和水泵自动轮换控制;井下人机定位系统应与井口门禁系统集成,准确统计下井人数,人机定位宜连续化,定位精度和响应速度宜满足自动驾驶系统的需要。

1.4.2.4 选矿

(1) 一般规定

选矿生产应采用工艺模型、数据分析、专家决策、机器学习等技术在线或离线归纳总结工艺规律,形成控制策略,实现选矿生产全流程自适应、自决策的智能控制;选矿厂应根据智能化程度,设置适宜的岗位和人员数量;入选原料应具备配矿措施并实现配矿优化控制,稳定原矿品位和性质(煤质);选矿厂应建立回收组分平衡分析系统,实现回收组分平衡的动态管理,具备在线监测和流程诊断功能,实现预报预警,提高资源利用率。

(2) 破碎筛分

破碎给矿系统、破碎机、碎矿带式输送机运输系统等应实现自动化集中控制和设备能效的智能化控制,并具备设备自主保护功能,推进生产现场无人值守;具有破碎粒径自动调节功能的破碎机可采用计算机视觉识别技术在线检测破碎粒度,实时调节破碎机排矿口大小,保证破碎产品粒度合格,减少能耗。

筛分系统应与破碎系统、矿流输送等相关工艺流程设备实现自动化联锁控制;多级筛分工艺应在线检测各级筛分效率,用于工艺大数据分析和智能决策。

破碎筛分工序应实现原矿品位或成分(煤质)的在线检测,检测数据用于指导采矿配矿和选矿工艺控制。

(3) 磨矿分级

磨矿作业应利用矿浆浓度、粒度检测仪表实现给矿、给水等智能控制，提高磨矿效率，多级磨矿应实现工序能力自适应平衡控制；自磨机和半自磨机给矿应利用矿石尺寸检测仪表实现配矿，合理利用原矿大小块配比，优化作业条件。分级作业应实现设备启停、供矿、给水等智能控制，自动判别其工作状态，并通过智能化调节提高分级效率，保持分级设备稳定、连续工作。磨矿分级工序应实现多设备的综合监控、联锁控制和流程稳定性控制，并通过磨机、分级设备等关键工艺设备的智能控制，实现产品粒度实时优化调整；磨矿分级工序应实现矿浆品位在线检测，结合磨矿分级生产过程参数智能分析矿石性质，为采矿和选矿智能控制提供信息；磨矿分级工序的介质储存及添加应采用自动添加系统，对介质添加量及添加种类进行自动统计，宜实现介质添加智能调节。

(4) 选别加工

选别工序应实现智能化控制，控制系统应根据工艺状态和原料特性自主选定控制策略、自动调节选别工艺控制参数，提高选别效率和回收率，降低工序消耗。工艺流程中的各工艺段成品矿及尾矿(矸石)应实现计量和品位(煤质)在线监测，为智能控制参数优化提供数据支持；药剂制备应实现自动化控制，并与选别生产工序自动化联动，满足选别工序对药剂的供给要求；药剂的储存和添加应实现精确计量和智能添加，有毒、有害药剂应实现泄漏分析和预警；循环药剂或介质应实现循环平衡在线监控和分析，并实现自动平衡控制；宜利用视觉识别技术实现重选矿物分界面、浮选泡沫等视频图像分析，实现选别过程智能化监测。

矿产品水洗、干燥、整形、级配、粉碎、膨化等加工过程应实现自动化控制；宜利用计算机视觉识别技术在线监测粒形、级配等工艺参数，实现精细化控制。

(5) 精矿处理

精矿脱水、干燥、筛分、成形等处理过程应实现自动化控制。精矿产量(煤量)、品位(煤质)及有害杂质含量应利用在线仪表实现自动检测，为管控精矿产率和质量提供依据；精矿库应建立自动化库存管理系统，根据出入库计量系统自动更新库存，对出入库精矿量(煤量)和精矿品位(煤质)、含水率实现信息化管理；精矿打包入库的企业应利用自动识别技术对产品包装进行自动识别和管理。对于精矿出库具有配矿需求的企业应配备配矿方案优化计算软件，并实现配矿过程优化控制。

(6) 生产辅助

选矿厂应建立供电计量、供热计量监控系统以及生产新水、生产回水等供水计量监控系统，并接入集成监控平台；关键设备应实现在线智能化监测，自动采集设备健康状态数据，实现异常预警和故障类型识别；带式输送机运输系统应与选矿自动化系统实现集成控制，系统应安装安全智能保护装置，超过 60 m 皮带(又称输送带)沿线巡检宜采用巡检机器人作业；原矿仓、粉矿仓、料场等贮矿设施应实现物位、体积或质量的在线测量。

1.4.2.5 资源节约与综合利用

(1) 一般规定

应建立资源节约与综合利用信息化、智能化管理系统，提高共伴生矿产资源与废弃物资源化的评估、开发和转化能力；资源综合利用加工流程应与生产加工主流程实现集成，通过自动化综合控制、信息化统一管理、智能化科学匹配降低综合利用成本。

(2) 跟踪评价

应建立数据统计、跟踪系统，实时提供企业资源节约与综合利用指标；应建立共伴生矿产资源及废弃物利用和管理数据库，提供产率、利用率等数据统计和分析功能，评估回收利用结果；宜将智能决策分析、智能控制技术应用于资源可用价值评估过程，建立智能化分析和评价系统，从价值链、供应链和产业链分析评价共伴生矿产资源及废弃物再利用价值，促进矿产资源的节约与综合利用。

(3) 共伴生矿产资源回收

应建立共伴生矿产资源回收、利用监控系统，实现共伴生矿产资源开采、存放、加工和利用过程的在线管理；按《矿产资源综合勘查评价规范》(GB/T 25283—2023)规定，对共伴生矿可利用性进行动态、信息化管理，优化矿产资源回收利用方案和资源开发战略。

(4) 废弃物利用

企业应将废水、废气、尾矿、废石等废弃物排放控制与生产过程控制系统相结合，通过生产控制策略减少废弃物排放；应实现废弃物在线监测和信息化管理，在线跟踪废弃物存放、回收和利用过程。

1.4.2.6 生态环境保护

(1) 一般规定

环境监测应建立信息化管理平台，集中管理环境在线监测数据与检化验数据，并提供数据动态分析与预警功能；应按照预防为主、生产与治理并重原则，实现集中一体化在线监控和管理；恢复治理应通过数字化管理实现可衡量、可追溯，通过地理信息系统实现图形化展现与空间管理。

(2) 矿石堆场管理

应利用视频监控系统实现矿石堆场作业人员、设备、作业环境和作业过程的实时监控；应实现矿石出入堆场以及堆存量的数字化、三维可视化管理，建立矿石堆场模型，动态监控矿石堆场运行状态；矿石堆场洒水抑尘宜实现自动化控制和视频监控；采用堆取料机的预均化堆场宜实现堆取料机自动行走和带式输送机运输的无人值守控制，带式输送机运输系统与堆取料机、破碎系统应实现联锁控制。

(3) 排土场与废石场管理

应对废石产生量、堆存地点、堆存量等进行数字化管理；宜建立排土场生产运行、水土保持、复垦绿化一体化管理平台，并利用地理信息系统技术展示环保计划和措施落实情况，模拟显示复垦绿化进度及效果；应针对煤矿矸石堆场的特点对其烟雾、一氧化碳、二氧化碳、二氧化硫、内部及表面温度等进行实时在线监测和预警。

(4) 矿区生态恢复治理

应建立以定点监控图像数据与监测数据为核心的生态数据库，管理生态修复数据；宜建立分区生态环境治理地理信息系统平台，展现生态环境恢复治理工作成效，实现历史追溯。

1.4.2.7 智能协同管控

(1) 一般规定

基于数据集成、流转、查询、统计、分析、预测等数字应用技术，对矿山生产和工艺实现全域、全要素、全过程的信息化管控；利用在线数据集成和信息融合技术实现生产集中管控和在线智能分析，利用矿山大数据和智能决策技术实现经营管理协同化和智能化。

(2) 基础设施

应综合规划建设办公网、监控网、控制网、工业物联网以及其他高速工业网络，支持数据采集、信息管理、视频监控、安全监测等信息化应用，保障数据安全可靠传输；应建立与矿山规模及智能化水平相适应的安全、开放、数据易于获取与高效处理的企业数据中心，为智能矿山应用提供基础环境支持，数据中心建设标准不低于《数据中心设计规范》(GB 50174—2017)中C级标准；应建设调度控制中心，提供网络、视频、通信、监测、控制、远程操作、大屏幕展示等基础设施，为信息集中展现、设备集中操控、生产统一指挥提供环境及硬件支持，宜将自动化系统、集中监控平台、自动驾驶系统的操作终端在调度控制中心进行集中部署。

(3) 数据采集与数据服务

应实现生产运营基础数据的在线、自动采集，采集范围应包括环境、资源、生产、设备、能源、质量、安全、运营管理等领域。数据应具备编码、时间、空间、关联、隶属等统一规范，便于数据共享与信息融合。应统一建立数据服务系统，支持实时数据、关系数据以及非结构化数据的集中存储、管理和存取服务，并实现容灾备份功能。

(4) 监控调度与协同管理

应建设集成监控平台，实现采矿和选矿生产过程信息在调度控制中心的集中管理、集中监控，实现采矿和选矿核心设备运行状态、故障维修、供电及供水、环境和安全等生产辅助信息的全面、实时监控。集成监控平台应具备数据在线智能分析和实时预警功能，可以自动定位和发现异常，可以实现应急联动处置。应建设采矿、选矿调度指挥系统，统一调度、指挥、监控人员及设备，并根据应用需要配置计划和调度优化功能，实现高效生产和协同作业。应建设矿山采矿、选矿生产执行系统，实现生产、设备、质量、技术、安全等的信息化综合管理，实现矿山大数据在线采集、自动统计、图形化展现和实时分析。应建设矿山经营管理系统，实现供应链、财务、人力资源等企业经营方面的协同管理，系统应具有数据统计分析、综合查询、异常预警功能。宜建立远程服务支持平台，为采矿、选矿、设备等的专家远程会诊、业务指导以及远程监控提供支持。集成监控平台、调度指挥系统、生产执行系统、经营管理系统及其他相关信息化系统在数据录入、修改、查询、导出、统计、分析及预警等功能方面宜建立统一操作标准和展现标准，应利用企业数据中心和数据服务系统实现数据和功能融合。

(5) 决策分析

决策分析系统应具有高度开放性、兼容性、扩展性，并具有大数据综合集成能力，实现与生产调度、管理系统嵌入式集成和融合；应具有大数据统计和分析功能，可用于矿产资源、生产、设备、质量、能源、安全、环境保护、节能减排、财务、物资、人力等生产经营数据的统计分析；应具有数据建模、机器学习、数据挖掘分析、决策判断等智能化功能，可用于计划优化、采矿和选矿生产决策、生产工艺调控、设备运维、安全风险预警、经营管理等方面，为矿山生产经营活动提供智能分析和决策支持；宜利用技术经济评价模型优化生产方式、产品技术条件及工艺标准，优化原材料和备件选择方案，优化投资方向和产品结构等。

(6) 信息发布

信息发布系统应具备发布环境监测数据、调度指令、资源管理数据、生产及安全数据、经营指标信息、通报通知、学习知识、预警和应急导引信息等功能，应具备信息发布流程审批功能；应支持数据、文字、报表、图形、声音、多媒体视频等多种信息形式，并满足上级管理部门对特定报表格式的要求；应与智能矿山管控系统实现信息集成，从管控系统自动提取信息，实现管控信息的在线发布；应能支持数据接口、电子化文件、生产看板、室内外公共信息显示屏、广播、声光报警器、手机等各类信息类型。分布在生产场所、休息场所、调度中心等不同地点的信息显示终端应与信息发布系统实现网络在线连接,在线更新发布信息,可根据时间、人机定位和身份识别等信息对不同的发布内容进行智能化播放。

(7) 系统安全

网络系统应满足《信息安全技术 网络安全等级保护基本要求》(GB/T 22239—2019)相应等级保护技术要求;智能化系统信息安全应满足《信息安全技术 工业控制系统安全管理基本要求》(GB/T 36323—2018)中第一级安全等级的要求;智能化系统应充分预见各类特殊情况下的安全隐患,制定相应的对策和设置自主安全保护功能,并具备人工随时干预或者停止运行的机制和能力;涉及操作和控制的智能化系统,其自主学习功能应设置安全性控制规则,防止产生不可预见的安全问题及可靠性问题。

1.5 智能矿山的建设意义

数字化技术、信息技术和计算机技术的发展日新月异,不断推动着人类生产和生活迈向新的阶段。随着矿山市场不断进行转型升级,矿山竞争的核心已经由传统的资源优势竞争慢慢转化为高度信息化、集成化的科学技术竞争,矿山智能化建设应运而生。

智能矿山建设将矿山信息化技术、自动化技术、数字化技术进行有机集成,以数字化矿山建设成果为依托,将与矿山活动有关的各种对象与现象进行智能化表达并运用于各个环节的管理和决策之中,实现了矿山各工序和环节的智能化决策与控制,所以,智能矿山建设是一个由多个技术革新阶段构成同时也是多阶段技术体系相继得到完善的过程。

建设智能矿山,能够从很大程度上提升矿山生产经营管理水平,在发展更加高效的矿山生产建设工艺的基础上,提高资源生产规模和质量;能够较大程度上使部分矿山生产建设作业劳动力得到解放,从而为人员作业安全提供更好的保障,可以深度提高矿山的竞争力。因此,加强矿山特别是新矿山的智能化建设对提升我国矿山技术水平及推动矿业技术发展有着重大而深远的意义。

智慧矿山建设可形成新的产业增长点,实现减人增效,通过机械化换人、自动化减人、智能化提质增效来提升企业的综合竞争力,符合矿山企业迫切的转型升级需求,最终目标是打造安全、协同、共享、高效的智慧矿山。

以工业互联网、云计算、大数据等先进技术与矿山行业融合创新,从而促进矿山迈入"智慧化"阶段,这将对矿山行业提升科技实力、树立品牌形象、提高经营质量等方面产生重大而深远的影响

1.6 本章小结

本章主要介绍了矿山发展史和智能矿山的技术发展过程;叙述了智能矿山设计的总体思路,强调了智能化设计;给出了关于智能矿山建设的煤矿智能化标准;论述了智能矿山的建设意义。

第2章 智能矿山建设概况

2.1 建设背景

智能矿山建设涉及多个领域的技术和应用，包括自动化技术、传感器技术、计算机技术、通信技术等。在具体应用方面，智能矿山建设需要实现矿山各种设备的自动化和智能化控制，如采矿设备、运输设备、通风设备等。此外，智能矿山建设还需要实现各种数据采集和监测，如矿井水位、瓦斯浓度、氧气浓度等。总的来说，智能矿山建设是一个复杂的系统工程。虽然我国在智能矿山建设方面已经取得了一定的进展，但还需要进一步推动技术创新和管理优化，以实现矿山全面智能化建设。

2.1.1 国家政策导向

政府推力是驱动智慧矿山信息化标准化系统运行的重要力量。在智慧矿山建设方面，政府推力是指政府对智慧矿山信息化标准化系统运行的管制和支持。一方面，政府可通过多种途径行使管制权，如强制要求智慧矿山进行信息化标准化建设、制定和智慧矿山信息化标准化相关的国标、对智慧矿山信息化标准化的文件执行效果不佳的煤矿企业予以警示或者处罚等；另一方面，政府可以为智慧矿山信息化标准化建设提供资金、技术、人力、物力等方面的支持，协助智慧矿山信息化标准化工作的开展。无论是自 2007 年提出的“两化融合、走新型工业化道路”的号召，还是 2015 年在《政府工作报告》中首次提出实施“中国制造2025”，这都将有力促进我国智慧矿山信息化建设工作，推动智慧矿山信息化标准化系统运行。

党的十八大以来，以习近平同志为核心的党中央统筹两个大局、统筹发展与安全，提出“四个革命、一个合作”能源安全新战略。国务院办公厅发布的《能源发展战略行动计划(2014—2020 年)》明确了“节约、清洁、安全”三大能源战略方针和“节约优先、立足国内、绿色低碳、创新驱动”四大能源发展战略，部署了增强能源自主保障能力、推进能源消费革命、优化能源结构、拓展能源国际合作、推进能源科技创新等能源发展改革的重点任务。

2016 年 11 月，国土资源部发布了《全国矿产资源规划(2016—2020 年)》，明确提出未来 5 年要大力推进矿业领域科技创新，加快建设数字化、智能化、信息化、自动化矿山。按照绿色开发、节约集约、智能发展的思路，推动形成矿产资源精细高效勘查、智慧矿山技术装备、生态矿山与资源节约、矿山绿色开采与选冶、稀贵资源提取关键技术、煤炭提质与综合利用和典型二次资源循环利用等矿业技术体系。

2016 年 12 月国家发展改革委、国家能源局发布的《煤炭工业发展“十三五”规划》要求，到 2020 年，建成集约、安全、高效、绿色的现代煤炭工业体系，煤矿信息化、智能化建设取得新进展，建成一批先进高效的智慧煤矿，促使煤炭企业生产效率大幅提升，全员劳动工效达到 1 300 t/(人·a)以上。

2017 年国务院办公厅发布《安全生产“十三五”规划》，要求在矿山领域实施“机械化换人、自动化减人”，推广应用工业机器人、智能装备等，减少危险岗位人员数量和人员操作。推动矿山企业建设安全生产智能装备及在线监测监控、隐患自查自改自报等安全管理信息系统。推动企业安全生产标准化达标升级。推进煤矿安全技术改造，建设智慧矿山。

《“十三五”资源领域科技创新专项规划》指出，为全面提升我国矿山行业的生产技术水平，推动传统行业的转型升级，应充分利用现代通信、传感、信息与通信技术，实现矿山生产过程的自动检测、智能监测、智能控制与智慧调度，有效提高矿山资源综合回收利用率、劳动生产率和经济效益收益率。

党和政府将信息化建设作为创新社会治理模式、推动提升经济效益、增强社会管理水平、提高安全保障能力的重要抓手，提出“没有信息化就没有现代化”，对信息化建设要求“统一谋划、统一部署、统一推进、统一实施”。

2.1.2　煤炭行业转型升级需求

智能信息技术的应用，可使矿山具有类人的思考、反应和行动能力，具备物物、物人、人人的全面信息集成和响应能力，主动感知、分析并能快速作出正确处理，将人为因素影响降至最低；可使矿山企业的人财物产销存等能协同、自动运行，矿山企业实现集约、高效、可持续发展。新一代互联网、云计算、智能传感、通信、遥感、卫星定位、地理信息系统等技术的成熟与融合，数字化、智能化的管理与反馈机制，为智慧矿山发展提供了技术基础。为此目标，芬兰、加拿大、瑞典等发达国家已发展 20 余年，目前我国正处于起步阶段。

国内智慧矿山建设主要体现在一些信息化系统的建设上，面临的主要问题有：缺乏总体建设标准，煤矿企业的建设规划水平参差不齐，从而导致建设的很多系统功能不完善、可操作性差，且低水平重复建设现象严重；信息资源和系统集成存在困难，“数字鸿沟”和“信息孤岛”现象严重，难以形成统一的信息资源，系统集成困难重重，从而导致各系统产生的珍贵数据无法得到深度利用。

我国经济发展步入新常态，煤炭行业“四期”即“需求增速放缓期、过剩产能和库存消化期、环境制约强化期、结构调整攻坚期”叠加，煤炭行业必须不失时机地变革，促进转型升级。以云计算、物联网、大数据为代表的新一代信息技术与传统煤炭行业融合创新，促进煤矿迈入“智慧化”阶段，这将对煤炭行业提升科技实力、树立品牌形象、提高经营质量等方面产生重大而深远的影响。同时，应推动煤炭行业的发展进入新常态，并形成新的产业增长点，促使传统煤炭行业转型升级。

2.1.3　用工“荒”问题的需要

近年，我国的老龄化现象越来越明显，劳动力资源明显减少。加上一些大学毕业生又不愿意到生产一线从事体力劳动和简单的操作工作，而一些需要技术的岗位由于职业教育还没能够跟得上，因此导致这些工作没有人干，出现了劳动力结构性失衡。

按照现在的政策，到 2050 年，我国 60 岁以上的人口将占 33%以上，而当下我国快速进入独生子女“独挡天下”的时代，矿山劳动力已经产生了巨大的危机。随着时间的推移，矿山企业面临招不到员工的危险。

因此,矿山企业要实现减人增效,通过机械化换人、自动化减人、智能化提质增效来提升企业的综合竞争力,同时缓解人员流失、人才短缺的问题。

2.1.4 当地经济和社会发展的需要

当一个城市的经济总量不断增强、人口不断增加的时候,城市管理和社会建设面临许多的挑战,传统的发展模式难以为继,迫切需要新理念、新技术和新思路,以解决城市整体发展遇到的各种问题,促进城市治理精细化,实现经济发展的新跃升,不断满足居民对城市生活环境的新需求。

近年来,各级政府积极推进智慧城市和智慧矿山建设。一是建立煤炭交易统一结算平台。推进线上线下融合发展,通过市场手段和行政措施,引导产、供、销上下游关联企业进入平台交易,提供方便快捷的金融信贷服务,实现煤炭产品、物资供应的统一结算。二是推进基础网络传输系统建设。完善境内煤矿井上、井下网络建设,实现井上和井下各个分系统的一体化管理。三是推进井下无人智能开采工程。2018 年,建设拥有“有人巡视、无人值守”智能化开采工作面的示范煤矿。四是推广应用机器人开采,加快工业机器人等技术和装备在煤矿生产中的应用。

2.1.5 企业发展需求

智慧矿山建设以国家企业发展战略为指引,以集团信息化与工业化融合发展规划为指导,以“信息标准化”为基础,坚持需求导向,充分运用云计算、大数据、物联网、移动互联网、人工智能技术,将工业技术、信息技术、管理技术高度融合,按照统一规划、分步实施的建设思路,突出风险预控、成本核算、优化管理、远程诊断等流程,最终将煤矿打造成安全、协同、共享、高效的智慧矿山。

2.2 智能矿山建设现状

2.2.1 国外现状分析

国外从 20 世纪 90 年代开始研发煤矿自动化智能化技术。有限无人化开采是智能化开采的中高级阶段。在这个阶段,尤其要对工作面煤层地质条件进行高精度探测,构造数字模型,基于这一模型进行程序化的智能化开采;实时监测煤层地质条件变化,对开采行为提前预判和修正;采用高效率的机器学习算法使综采系统装备拥有自主学习能力,通过训练使其获得解决问题的能力,提高智能化水平与开采效率;等等。国外发达国家矿山计算机技术应用不仅时间早,而且已经开发出一些功能比较成熟的商业化系统。

目前,国内外智能矿山建设聚焦于智能开采,实现少人、无人的智能化采矿是当前国际采矿界研究的热点。由设备生产厂商主导,露天矿卡车无人驾驶技术和系统已经投入实际应用。

(1) 井工矿

早在 2001 年,澳大利亚联邦科学与工业研究组织首次提出了长壁自动化控制技术,其后综采长壁工作面自动控制委员会(Longwall Automation Steering Committee,LASC)开展了煤矿综采自动化和智能化技术的研究,采用军用高精度光纤陀螺仪和定制的定位导航算法获取采煤机的三维坐标,实现工作面自动找直等智能化控制。国际主要煤机生产厂商美国久益公司(JOY,现属小松公司)和卡特彼勒公司(Caterpillar)融合先进技术,利用电液控制系统和工作面控制系统,实现了简单地质条件工作面的自动化开采。小松公司提出了"520"演进思路(即综采工作面 5 人采煤→2 人采煤→无人化采煤),利用成套装备高可靠性和单机设备高度自动化的优势,可做到工作面内"设备自动运行、两人跟机干预",工作面单班人员减少到 3～5 人。

小松公司推出的智能开采服务中心(intelligent mining service center,IMSC)可实时监控煤矿设备运行,提交运行分析报告,指导矿井提高运行管理水平,合理安排设备检修。澳大利亚 Anglo 矿业公司采用 IMSC 系统,在布里斯班总部设置总调度室,对所管辖矿井进行实时监控,利用数据监测与分析系统分析生产过程设备运行参数,对矿井生产给予指导,取得了产能提高、减人提效的效果。

总体而言,国外先进矿山企业和主要设备制造厂商在共同推动矿山智能化开采,目前尚没有井工煤矿采煤工作面内无人操作的自动化采煤应用案例,对于复杂地质条件下的井下智能开采技术仍需进一步研究。

(2) 露天矿

澳大利亚所罗门(Solomon)露天铁矿利用卡特彼勒矿山之星(mine star)系统,实现了卡车无人驾驶和矿山车辆管理、生产现场管理、安全避让、设备诊断、调度协同指挥等功能,大幅减少了现场人员,实现了安全高效生产。

小松公司与力拓集团紧密协作,研发了自动运输系统(autonomous haulage system,AHS),并应用于澳大利亚皮尔巴拉(Pilbara)地区的矿山。该系统将自动化卡车与推土机、装载机和铲有机配合,从而使得自卸车能在无人操作的情况下实现复杂的装载、运输和卸载循环的自动运行,有效提高了生产效率和安全性,延长了轮胎寿命,节省燃油并减少了排放,降低了总体运行成本。小松公司正在研发没有驾驶室的无人驾驶矿用卡车,使用四轮驱动和四轮转向技术,保证车辆具备更好的可控制性和可操作性,利用无线网络和障碍物检测技术实现无人驾驶。

2.2.2　国内现状分析

自从 1999 年首届"国际数字地球"大会上提出"数字矿山"的概念以来,国内大型露天煤矿即着手以安全生产、降本增效两条主线逐步开展数字矿山信息化建设工作,具有代表性的信息化建设案例为华能伊敏露天矿、神华准能集团(黑岱沟露天矿、哈尔乌素露天矿)和中煤平朔集团(安太堡露天矿、安家岭露天矿、东露天矿)等大型矿山。上述矿山的建设工作主要以基础通信网络平台建设为基础,逐步形成了矿床地质模型及辅助优化设计系统、生产调度与监控系统(如 GPS 车辆智能调度管理系统)、矿山 MIS(management information system,管理信息系统)/ERP 系统等一系列数字矿山建设内容。这在一定程度上提升了数字化设计工具普及率、关键工艺流程数控化率以及矿山生产运营管理的自动化程度。

结合国外露天矿山智能化发展现状及趋势,对国内智能化发展现状详细分析如下:

（1）在矿山装备智能化方面，当前边坡远程智能监测、卡车防碰撞与超速报警等相对独立的系统模块应用较为成熟，钻机自动导航钻孔也在神华准能集团成功应用，但已经广泛推广应用的卡车调度管理系统并未实现真正意义上的智能化调度功能，在现场更多是作为车铲位置可视化及生产统计报表系统应用。

按照智慧露天矿山建设的“数字化、自动化、智能化”宏观三阶段来看，当前露天矿山装备系统智能化建设仅实现了部分环节的自动化，整体尚处于较为初级的数字化建设阶段。未来重点研究方向具体包括：穿孔环节智能化（钻机状态自动检测、钻机自动导航及钻进控制、地层岩性识别）、爆破环节智能化（装药车自动导航及装药、爆破效果自动评价）、采装环节智能化（电铲远程监控、在线动态数字化称重、辅助/自主挖掘与装载）、运输环节智能化（卡车安全管理数字化、燃油胎压数字化监控、辅助/无人驾驶卡车、智能化卡车调度系统）、排弃环节智能化（推土机自动找平系统、远程遥控系统）、地面生产系统智能化（破碎站无人值守、带式输送机集中控制、皮带巡检机器人、自动堆取料机、料场储量监控）以及检修智能化（设备故障自动诊断、预警）等。

（2）当前我国露天矿山的智能化发展主要体现为矿山管理及安全生产的信息化，侧重矿山企业信息采集整理、网络化传输、自动化操控、可视化展示、规范化集成等方面内容。例如，华能伊敏露天矿从 1997 年开始先后建立了卡车自动化调度系统、管理信息系统、生产决策支持系统、生产调度监控系统、疏干集控系统、破碎-皮带集控系统等，同时建设了以光纤为基础的高速企业网。神华准能集团从 2000 年初逐步开展信息化建设，已经建成了监测系统（地面生产集控系统、卡车调度系统、车辆防碰撞预警系统、边坡稳定监测系统等）、生产管理系统（综合监控与调度指挥系统、生产执行系统、班组管理系统等）、经营管理系统（ERP、OA）等。然而当前普遍存在一个问题，即现有系统尚处于独立运行状态，仅通过管理信息系统在一定程度上实现了数据共享，系统综合性能未能充分发挥。因此，信息化数据链的集成、数据共享是未来的重点发展方向。考虑随着露天矿山数字化进程的不断加快，信息量将呈几何倍数快速增加，因此大型专家知识库和数据仓库技术将成为支撑智慧露天矿山建设的关键。

（3）矿山生产设计智能化主要包括地质数据精确化、设计方法精细化等。在地质测绘方面，当前激光扫描仪、无人机倾斜摄影等地表建模手段已经在国内大型露天矿山得到了初步应用，如中煤平朔集团已经初步构建了露天矿山无人机航测体系，逐渐成为人工测绘的有力补充。在设计软件及方法方面，矿床地质模型及辅助优化设计系统（如 3Dmine、Surpac、Vulcan 等）已经基本普及，但开采设计相关系统（三维辅助设计系统、地测辅助设计系统、采矿计划系统等）本质上仍基于矿床模型的土石方算量，对于设备实际作业特性、生产中存在的随机事件等考虑相对较少，与国外当前的开采设计方案预演仿真方法相比落后较多。值得重视的是，当前国外推行的“矿山工程设计-施工的一体化管控”必然是未来矿山设计生产运营的核心思路，国内当前尚未形成一整套从地质基础到采矿管控、从企业宏观生产计划到现场具体施工环节的数字化采矿集中管控系统，对生产数据的分析及决策还有待加强。

（4）国家层面高度重视顶层设计，为智能矿山建设提供了遵循指引。近年来，国家相关部门先后出台《关于加快煤矿智能化发展的指导意见》《煤矿机器人重点研发目录》等政策文件，对煤矿智能化建设提出一系列发展思路和具体要求。同时，有关部委在安全改造资金、产能核增、产量置换等方面，专门出台了更具针对性、指导性的支持政策和工作举措。这些对于提升我国煤矿安全生产水平、保障煤炭稳定供应具有重要的战略引领和现实指导意义。

(5) 煤矿智能化技术创新深入推进，为智能矿山建设提供了核心支撑。为高效推动煤矿智能化技术研发创新，科技部在国家重点研发计划“智能机器人”重点专项中设立了煤矿机器人方向，着力破解煤矿井下机器人应用关键核心技术。许多高等院校积极响应国家加快煤矿智能化建设的号召，更加注重煤矿智能化人才培养，构建多学科交叉、产学研融合的人才培养模式。相关行业部门积极推动科研院所、煤炭行业大型集团之间战略合作，开展智能化技术攻关和智能装备的应用推广。煤炭行业的智能矿山建设已经具备了相对充分的人才储备和技术支持。

(6) 煤炭开采智能化水平稳步提升，为智能矿山建设提供了实践基础和借鉴经验。目前智能化采煤已在多种类型的矿井中进行了实践，全国智能化采掘工作面 2019 年年底达到 275 个，2020 年年底超过 500 个。智能化建设已经在选煤厂和井下掘进、辅助运输等系统中进行了应用，呈现全面纵深推进的良好发展局面。我国智能矿山建设起步快速、推进有力，未来大有可为。

综上所述，与世界发达国家相比，尽管近年来露天开采在我国煤炭开采中的地位不断上升，但由于我国露天采矿起步相对较晚，生产技术水平进步缓慢，开采成本、劳动生产率等方面差距较为显著，体量的增长本质上依靠的是生产要素的投入。尤其是智能化发展新形势下，科学技术水平整体落后于国外，数字化矿山建设工作尚处于起步阶段，装备的自动化、设计与管理的信息化水平等尚不能满足智能开采要求，在工业智能化改革浪潮中凸显乏力，转型升级和跨越发展的任务紧迫而艰巨。因此，面对信息化和工业化深度融合进程中不断涌现的新技术、新理念，应积极探索新形势下露天开采转型方向，为露天矿山未来规划发展政策的制定与执行提供依据。

国内大型矿用卡车生产企业以及华为等 IT 和互联网技术服务公司正在开展无人驾驶技术与系统的研究，并已在露天煤矿进行现场验证，但距离商用化尚待时日，需要多方协作，加大技术创新和研发力度，形成具有中国特色、技术自主可控的无人驾驶解决方案，从而实现露天煤矿的安全高效生产。

围绕无人矿山建设，国内有关企业正在研发矿山无人化管理系统以及端到端的矿区无人运输解决方案，该方案主要包括三大部分内容：矿用卡车无人化、挖掘机的半自主化以及机群管理与调度系统。它能够在降低单车改装成本的前提下实现集群化的运营管理，让矿山运输更安全高效，将加速我国矿山开采向智能化转变的进程。

中国矿业联合会地质与矿山装备分会理事长周寅伦表示：对于智能矿山的智慧程度，每个人都有各自不同的理解和见解。我们每一个矿业人都应该成为用信息化改造传统矿业的推动者和践行者。对于矿山企业尤其是规模较大的矿山企业来说，更应该积极探索和实践集约化、连续化、遥控化等新的采矿模式，推进矿业信息化也一定是矿山企业转型升级的工作重点。对于矿业装备的生产与服务商来说，应该重点把关注点放在发展智能矿山采矿设备和软件业务上。随着矿山智能化建设的推进，除了将面临资金短缺问题外，更严峻的是行业将面临人才的不足。因此，高校和企业都应该培养面向未来的创新人才，这也是一项非常重要的任务。

2.3 智能矿山发展方向与建设目标

2.3.1 智能矿山发展方向

煤矿智能化开采和煤矿物联网技术目前已取得了重要进展,已建成一批以工作面智能化开采和数字化信息化管理系统为标志的先进煤矿。但是,由于煤矿开采条件的复杂性和多样性,大多数智能化工作面还远没有达到理想效果,智慧煤矿建设还处于初级起步阶段。目前,需要重点进行以下5个方向的攻关研发:① 精准地质信息系统及随掘随采探测技术与装备;② 智慧煤矿物联网技术与装备;③ 巷道智能化快速掘进技术与装备;④ 智能化无人开采关键技术与装备;⑤ 煤矿机器人技术及产品。

(1) 精准地质信息系统及随掘随采探测技术与装备

煤矿地质信息是一种随着采掘活动在时间与空间上不断发生变化的四维动态信息。精准地质信息作为掘进与开采的基础,是智能化决策的前提条件。因此,开发工作面随掘随采探测关键技术及装备,实现地球物理数据和随掘随采数据的自动采集、处理和解释,建立精准四维动态地质-巷道模型,搭建多源、全方位信息透明的矿井4D GIS(geographical information system,地理信息系统)云平台,实现地质、测量及生产动态信息的一张三维电子图管理,是实现智慧煤矿的先决条件。

现有的2D或3D地测"一张图"应用系统基本实现了多部门多层次的地质数据共享,专业图件动态绘制,图纸、文档和报表网络上报等,大幅提高了矿山生产管理的效率,为安全生产决策提供了技术保障。但这些系统无法实现随生产推进的自动更新,无法实时、准确地反映矿井信息。目前,实现精准地质信息探测的关键是在现有三维GIS图形化管理平台的基础上,基于采掘过程获取的多源实时数据信息,开发工作面快速3D地质动态建模技术,建立具备多兼容性开放端口的透明矿井智能开采地质分析与协同管理平台,为煤矿井下智能开采提供地质保障。实现精准地质信息探测的核心技术研发方向包括构建矿井4D云GIS平台,研发测井岩性识别技术以及全数字高密度三维地震数据采集、处理、解释方法和采煤工作面随采地震监测装备,提高地震资料的岩性解释水平及随掘随采工作面地层和构造的快速探测精度。

① 矿井4D云GIS平台构建实现对多源、异构矿井地测数据、地震资料、生产实测数据、矿井GIS图件及其时空关系等信息的一体化管理。主要完成三维GIS基础平台搭建,矿井地测大数据共享服务平台开发,矿井4D GIS图形管理平台开发,浏览器端矿图管理系统开发,移动客户端矿图管理系统开发,等等。

② 测井岩性识别技术以及全数字高密度三维地震数据采集、处理、解释方法和采煤工作面随采地震监测装备方面,重点根据随采工作面地层和构造岩性差异,应用物探技术实现地质信息多源融合,实现工作面快速动态建模与实时修正。主要包括钻孔岩性探测技术,3D地震数据采集、处理与解释方法,工作面随采地震精细探测技术与装备等的研发。实现地质信息精准探测及随掘随采探测,最终统一于全矿的地理信息系统,其高端形式是构建四维可视化平台。其特征是基于GIS,全面整合三维数字模型、三维高程模型、三维景观建模、三维地质构模,并在生产过程中实时更新、修正形成动态四维模型,与实际空间物理状态保

持一致，可随时针对某一变量、特征查询其历史变化特征。最终，实现“透明矿井”。

(2) 智慧煤矿物联网技术与装备

环境、设备状态的感知是实现智能决策、控制的先决条件。现有煤矿各类监控系统已实现飞跃式发展，实现了对于煤矿生产关键信息的基本感知。然而不同厂家的产品基于本企业标准生产，其数据接口与平台各异，数据独立进行处理，相互之间缺乏通信与融合，数据孤岛与数据碎片化现象严重，因而难以形成有效的数据分析模型与算法，分析结构也就缺乏准确性，难以指导生产。物联网技术旨在打破数据壁垒，实现设备之间、设备与环境之间、设备与人员之间的数据互联，最终实现万物互联。因而，物联网技术与装备是实现智慧煤矿的关键核心技术。针对煤矿物联网技术，从应用方面关键是实现以下两个方面的突破：① 建立井下位置服务与空间感知场，实现人员设备的准确定位；② 提供边缘计算与云计算服务，实现设备数据互联。

① 物联网位置服务：基于超宽带(ultra-wideband，UWB)定位技术，在采煤工作面复杂条件下，针对环境温度、不同介质条件研究提高定位精度的纠偏算法，并通过惯导和激光雷达进行协同定位/定姿，最终构建协同定位平台。定位基站实现自组网功能，并针对该基站的走时和晶振误差进行自动补偿，实现对人员、设备的位置、速度乃至加速度进行定位计算，判定设备运行状况，避免碰撞，保证安全。② 物联网云计算服务：基于分布式计算技术，建立综采工作面大数据计算框架；研发适用于专家分析决策的数据分析引擎，支持时序数据、空间数据、音视频数据、生产管理数据等多种类型；开发标准算法库，实现回归、聚类、分类等大数据分析；研究主流数据可视化工具，开发扩展接口，实现对外数据交互。最终实现为各设备控制节点提供边缘计算与云计算服务。

(3) 巷道智能化快速掘进技术与装备

作为煤矿生产的重要前端环节，巷道掘进的主要难题是采掘失调。目前综掘支护以单体锚杆钻机为主，钻孔效率低；工序复杂，锚护时间长；机载钻机高精度定位困难。锚杆支护时间占巷道掘进时间的 60%，支护人员也占 60%以上。掘进工序及装备分散，辅助装备落后、工艺复杂，掘、锚工序在掘进工作面有限空间交替作业成巷效率低，制约了掘进作业的快速化、机械化、智能化。目前，巷道快速掘进亟须解决的关键问题包括：快速支护及掘支平行作业技术；自主导航与自主连续截割技术；适应各类条件的高效无人掘进成套装备。

改进掘进工艺技术模式，攻克快速支护、自主连续掘进等关键技术难题，探索实现配套装备自动化、智能化、一体化掘进模式，构建适用于不同煤层条件的煤矿智能化快速掘进工艺技术与装备体系成为智能化快速掘进的重点研发方向。

① 快速支护及掘支平行作业技术。

掘进作业过程中最突出的矛盾是“掘-支”矛盾，支护作业难以实现机械化、快速化是掘进作业的核心问题。解决这一问题应该从掘进临时支护和钻锚注一次作业工艺两个方面进行重点突破。首先研发柔性自移临时支护系统，实现掘进装备机身范围内的主动支护，为锚杆等永久支护滞后设置创造条件；之后研发新型钻锚注一次性安装新型锚杆及随掘自动钻装机构，将掘进支护分散的生产工序统一起来，实现掘支平行快速化作业；最终研制锚杆支护机器人，构建全自动化智能锚杆支护作业系统，开发紧跟临时支护的自动铺网和连网技术，实现锚杆支护由人工操作到机器人化的转型。

② 自主导航与自主连续截割技术。

掘进截割速度的提高需要从设备到工艺到控制技术的全方位的提高，包括：a. 煤岩硬度与截割刀具力学特性研究，提高截割刀具效率；b. 动载识别与智能调速技术；c. 基于自主导航信息的截割断面自动成形控制技术；d. 全巷道高效自适应集料系统。

③ 适应各类条件的高效智能化掘进成套装备。

针对不同地质条件，开发研制适应的快速掘进成套技术与装备：a. 半煤岩巷及岩巷智能化快速掘进技术与成套装备研发，研发基于悬臂式掘进机的快掘工艺，用于一般地质条件岩石坚固性系数小于 9 的半煤岩巷、岩巷快速掘进系统装备及高效除尘系统；b. 中等稳定顶板条件下煤巷智能化快速掘进系统装备研发，研制掘锚一体机＋锚杆转载机，实现锚杆、锚索多排多臂同时作业，掘锚一体机自主支护锚杆，锚杆转载机自主支护顶锚索、锚杆；c. 稳定顶板条件下煤巷智能化快速掘进系统装备研发，研制新型掘锚一体机＋跨骑锚杆机，实现锚杆多排多臂同时作业；d. 复杂煤层全断面矩形快速掘进系统研制，研发矩形复合截割刀盘、方向、姿态控制、快速换刀机器人等关键技术，开发适应复杂煤层条件的全断面矩形快速掘进机。

（4）智能化无人开采关键技术与装备

随着智能化无人开采的深入发展，更多的机械化、信息化的短板被补充完善，煤矿井下精准定位导航、图像智能识别、智能化控制等关键核心技术的应用将会越来越成熟。在地质条件日益复杂、生产环境要求日益提高、安全要求日益严格的大趋势下，智能化无人开采的需求将会越来越迫切。

煤矿智能化无人开采系统要建立一个从开采准备、工艺规划到开采过程实时控制、设备管理，直至远程监控服务的煤炭生产全过程无人或少人的智慧生产系统。目前，针对智能化无人开采，以下 5 个关键科技问题亟待解决：① 工作面有限空间内装备位姿及运动关系精确探测；② 低照度、高粉尘空间视频监控及图像识别；③ 围岩-开采系统耦合作用规律及多机协同控制；④ 复杂条件下超前巷道装备自动化技术；⑤ 关键材料、元部件及整机可靠性提升技术。

针对上述问题，煤矿智能化无人开采技术与装备研发的关键内容包括以下四个方面：

① 工作面装备位姿检测及多信息驱动的三维场景实时再现。

井下工作面装备的位置、姿态及运动状态的感知和测量是实施装备智能控制的前提条件。井下环境复杂多变，高可靠性、高精度的适用于复杂环境的捷联惯导技术、超宽带局部定位技术、同步定位与地图构建技术等，都将成为定位导航体系的关键技术。

② 围岩-装备耦合自适应协同控制系统研发。

工作面围岩的稳定性控制是实现煤炭安全开采的根本。目前，围岩状态的监测参数、围岩的失稳判据、液压支架的动载承载特性、液压支架与围岩的智能耦合控制逻辑等均尚不明确，因此，需要对工作面围岩状态感知与智能控制技术进行系统研究，从而为实现综采工作面智能化开采提供围岩智能控制方面的理论与技术支撑。

③ 煤流及两巷辅助作业智能化系统研发。

综采工作面的连续智能化、快速化推进是包括工作面开采设备、煤流运输设备、两巷辅助作业设备等设备群协同作业的结果，各设备相互配合缺一不可。随着综采智能化开采技术的不断发展，工作面开采效率不断提高。而对于两巷的辅助作业设备，其智能化关键技术目前缺乏研究，严重落后于综采工作面智能装备的发展，成为工作面安全生产及高效推进的瓶颈。因此,煤流及两巷辅助作业智能化系统是亟待研究的方向。

④ 智能综采装备核心控制模块及其操作系统研发。

控制装置是智能化综采装备的核心部件,是影响装备自动化程度的最直接因素。嵌入式硬件、软件是控制装置的大脑与灵魂,其自主安全性、平台统一性问题是综采智能化领域亟待解决的关键问题。

目前,各大企业主要通过委托开发、系统集成等方式实现各综采设备的控制。这种模式缺乏统一的硬件、软件平台,系统的稳定性、安全性均难以保证,嵌入式控制平台统一化成为提高装备智能化水平、提升产品核心竞争力的关键。

(5) 煤矿机器人技术及产品

煤矿生产系统庞大复杂,作业环境恶劣,靠人工操作机械的方式,无法有效减少井下一线作业人员而实现无人则安。用机器人替代井下作业、安控和应急救援人工作业是建设智慧煤矿的新要求。煤矿作业类机器人属于重载防爆机器人,其他领域尚无可借鉴的技术和产品。煤矿安控和应急救援类机器人属于极端复杂环境机器人,不仅要有必备的感知监控功能,还要有可靠的防爆、运移、导航、避障、路径规划和抗颠覆及自救等功能。因此针对煤矿机器人,以下共性的关键技术成为重点研究方向:① 井下机器人自适应变阻抗的力跟踪控制方法;② 井下机器人自我状态识别、避障和自主平衡;③ 井下长时可靠供电及自主寻径无线快速充电技术;④ 井下多机器人联合通信及协同控制平台。

原国家煤矿安全监察局发布了《煤矿机器人重点研发产品目录》,引导企业大力发展和使用煤矿机器人,并给予政策激励。目前,以智能化综采工作面系统装备组成的采煤机器人群已在 70 多个煤矿应用,部分固定岗位机器人和设备巡检、危险环境探测及辅助作业机器人已有初级产品试用。

2.3.2 智慧煤矿目标

作为煤炭产业转型升级和技术革命的战略目标,智慧煤矿和智能化开采核心技术的研发已成为采矿行业升级发展的强大推动力。然而,智慧煤矿不是简单技术改造就能建成的,其中包含的系列关键技术需要进行不断的探索和攻关,并借助新一代信息技术带来的发展机遇,借助第四次工业革命和新技术发展的成果,与煤炭开发技术深度融合,开创绿色、安全、高效的煤矿发展新模式。智慧煤矿的总体目标是形成煤矿完整智慧系统,全面智能运行,科学绿色开发的全产业链运行新模式。智能化开采是煤炭综合机械化、自动化开采技术的新发展,其总目标是实现无人化开采。智慧煤矿与智能化开采技术的发展尚处于起步阶段,必然经历一个不断发展的过程,要经历从初级智能化到高级智能化的过程。智慧煤矿的发展是一个不断进步的过程,随着科技水平的提高,智慧化的程度也将不断提升,目前正处于数字煤矿向智慧煤矿的过渡期。

智慧煤矿的发展目标可分为三个阶段。

智慧煤矿第一阶段目标:构建一个初步智慧煤矿系统框架,实现采掘运主要环节单个系统、单项技术的智能化决策和自动化运行,即实现一个系统、一个岗位的“点上的无人作业”;目前一些先进矿井已实现第一阶段目标。

智慧煤矿第二阶段目标:构建一个多系统信息融合的智慧煤矿综合架构,实现工作面开采、主煤流运输等系统的区域化智能决策和自动协同运行,达到“面上无人作业”。

智慧煤矿第三阶段目标:构建整个煤矿及全矿区多单元、多产业链、多系统集成的智慧煤矿体系,全面实现生产要素和管理信息的数字化精准实时采集、网络化实时传输、可视化展现,采、掘、运、通、分选等主要生产环节的智能决策和自动运行,达到"全矿井一线无人化作业"。

到2025年左右,在单个系统的智能化取得突破的基础上,实现智慧煤矿第二阶段目标,即实现区域化智能决策和自动协同运行。在达到技术目标的同时,开采效率、安全和效益也随之大幅提升。到2025年,通过智慧煤矿建设,全国煤炭科学先进产能大幅度提高,煤炭产业从业人员总数下降一半、工效提高一倍以上,资源开发利用水平显著提高,煤矿职业健康和工作环境得到根本改善,矿山生态恢复和保护全面实施。

2.4 本章小结

本章主要介绍了智能矿山的建设背景,国内外智能矿山的研究和建设现状,智能矿山发展方向和建设目标。

第 3 章　智能矿山建设内容

因我国煤炭以井工开采为主，本章着重对井工煤矿智能化建设进行介绍，明确智能化煤矿建设的原则、目标和内容。

3.1　总　　述

智能矿山是指将物联网、云计算、大数据、人工智能、自动控制、移动互联网、机器人化装备等与现代矿山开发技术深度融合，形成矿山全面感知、实时互联、分析决策、自主学习、动态预测、协同控制的完整智能系统，实现矿井开拓、采掘、运输、通风、分选、安全保障、人员管理、经营管理等全过程的智能化运行，提升矿山管理水平，强化生产安全，提高经济效益，通过动态实时监控将矿山的生产和运行维持在最佳状态和最优水平。

智能化煤矿建设条件根据煤矿主采煤层赋存条件、开采技术条件等进行分类，分类结果为：智能化建设条件Ⅰ类煤矿、智能化建设条件Ⅱ类煤矿、智能化建设条件Ⅲ类煤矿。智能化煤矿根据建设内容及效果可以被评定为初级智能化示范矿井、中级智能化示范矿井、高级智能化示范矿井。智能化煤矿建设主要内容包含以下几个方面：煤矿信息基础设施、智能地质保障系统、智能掘进系统、智能采煤系统、智能主煤流运输系统、智能辅助运输系统、智能通风系统、智能供电与供排水系统、智能安全监控系统、智能经营管理系统、智能综合管控平台、智能化园区。

3.2　智能矿山建设原则

3.2.1　分类建设，阶梯推进

我国煤矿智能化建设基础与生产条件存在复杂多样、发展不平衡不充分等情况。我国煤矿按照生产规模、开采地质条件、煤层结构、煤层厚度等特征划分来看，情况错综复杂，生产水平参差不齐。譬如位于我国西北和华北型煤田西部的早中侏罗纪煤田，该地区煤层厚、埋藏较浅、地质构造条件相对简单，部分开采条件相对较好的矿井，在智能化建设过程中，可以较快地试验落地，投入日常生产运行。在地质情况复杂、开采难度较大的矿井，遵循分类建设、分步实施的原则，由一个工作面向多个工作面推广，由机械化、自动化逐步向智能化发展，逐步建立健全智能化煤矿建设、评价、验收与奖惩机制，全面推进煤矿智能化建设。

3.2.2　立足实际，提质增效

基于我国煤矿生产条件不尽相同，生产矿井应在保障生产效益的前提下，根据实际情况开展智能化建设布局，杜绝为了实现智能化而盲目增配设施设备，脱离生产实际要求，增成本而不增效。以华电煤业集团隆德煤矿为例，隆德煤矿 211 工作面自 2018 年 10 月开工建设，2019 年 12 月 25 日建成投运，是在旧设备基础上进行改造并实现智能化的综采工作面，经过改造建设现已具备地面远程“一键启动”、顺槽集中控制、工作面智能割煤、视频自动跟机、工作面自动调直、综采设备云监测六大主要功能。

3.2.3 因矿施策，技术推广

智能矿山建设要以基础智能化设备为基点，不断更新智能化创新项目，创新新型管理模式，重点突破适用于不同条件的智能化技术与装备，培养一批智能化技术人才，建设一批智能化采掘工作面，建成一批智能化示范煤矿，打造可复制、可推广的建设模式和经验，发挥智能化示范煤矿的带动作用。

3.2.4 统筹规划，全面推进

科学制定实施煤矿智能化建设与升级改造方案，全面谋划，统筹兼顾，智能化建设要具有一定的扩展能力与兼容性，避免建设“落后型”工程。建设智能化煤矿要注重整体性提升，强化煤矿智能化技术装备的成熟度与可靠性，全面提升煤矿智能化水平。

3.2.5 以人为本，安全高效

坚持把煤矿减人、增安、提效和提高职工的幸福感与获得感作为智能化煤矿建设的根本目标，通过实施新一代信息技术提高煤矿智能化水平，促进煤矿安全、质量、效率与效益的稳步提升。

3.3 智能矿山基础设施建设

智能矿山基础设施建设主要包含管控平台、数据中心和通信网络三部分。

建设智能综合管控平台，进行多部门、多专业、多管理层面的数据集中应用、交互共享和决策支持，实现煤矿地质勘探、巷道掘进、煤炭开采、主辅运输、通风排水、供液供电、安全防控等业务系统的数据融合、分析决策与智能联动控制，井上下各系统实现“监测、控制、管理”的一体化及智能联动控制。

建设数据中心，统一数据采集、传输、存储和访问接口标准。构建煤矿数据治理体系，并在平台沉淀矿山行业模型和知识，包括设备、工艺、安全等信息模型和行业专家知识，形成模型库和知识库。

建设通信网络系统，打通数据传输和利用通道，统一规划网络和数据安全系统，保障信息内外传输利用的安全冗余，同时强化网络和数据安全意识。网络基础设施建设包括但不限于办公区网络、工业控制网络、视频监控网络、安全监控网络和融合调度通信系统，逐步开展 5G＋矿山物联网系统建设，建设多系统融合的无线接入网关，提升矿山无线基础设施兼容水平，提高煤矿各系统的综合感知能力、融合交互能力，满足煤矿智能化全面感知、自主决策和敏捷响应的需求。

智能矿山基础设施是智能矿山高质量建设发展的必然要求。通信网络、数据中心和管控平台是工业物联网架构体系的重要因素，基础设施建设的成效决定煤矿智能化的深度。下面讲解基础设施建设的具体内容。

3.3.1　智能综合管控平台建设

智能综合管控平台主要由基础底座、数据中台、三维一张图展示、全矿井生产集中控制、大数据分析、智能协同管理、移动监管 App 组成。

(1) 基础底座

统一数据采集网关：遵照国家及煤炭行业相关基础设施、数据资源、通信网络等标准，基于统一架构、统一标准、统一认证和统一运维体系，建设智能化矿山数据和应用标准，实现数据采集、数据编码、数据存储、数据交换和传输的规范统一，实现煤矿数据采集交换标准化及平台信息的有效共享。按智能化煤矿的统一存取方式设计统一数据网关接口，实现数据存取规范化、标准化、全业务覆盖。

数据分析模块：基于大数据、人工智能技术，提供图形化的交互界面，用拖拽的方式完成建模分析；基于大数据存储中心提供的数据，利用机器学习算法，分析挖掘煤矿数据中隐藏的价值。

音视频流媒体模块：提供标准化的流媒体访问接口，支持全平台不需要插件就能实时查看视频；支持 ONVIF 协议；支持 RTSP 协议直接接入摄像机/NVR/第三方流媒体；支持 Web/移动终端。

二维、三维 GIS 模块：采用 3D 融合可视化引擎技术，结合主流 Web 技术，支持多平台、多终端、多浏览器、无插件快速访问。通过对二维和三维数据模型的转换、分析，实现对矿山安全生产和经营管理所有要素的空间信息和属性信息的认知、获取、处理、表达、处理、存储、可视化、分析，进而提供对矿山进行展示、空间分析、安全监控等生产业务平台的基本功能。

可视化组态：采用可配置的、前后端分离的微服务架构，支持全面的组态化开发，支持应用界面与业务逻辑的快速组态化构建，能够满足各类智能化矿山应用的功能与性能需要。应用主流 Web 技术，拥有先进、友好的 UI(user interface，用户界面)，支持多平台、多终端、多浏览器访问。

BI(business intelligence，商务智能)报表：可以实现对指标的逐层细化、深化分析，使采集的数据形象化、直观化、具体化，直观地监测企业运营情况，并可以对异常关键指标预警和挖掘分析。

权限管理：针对使用系统的有关人员，将使用统一标准的应用系统授权管理，如系统的参数配置、组态、功能模块调阅、发送指令等使用权限集中授权管理。这样能有效防止非法操作，并能对非法操作进行跟踪记录，确保系统运行安全。

(2) 数据中台

① 数据中台可实现数据清洗、存储、统计、分析、建模等相关功能。同时，通过数据采集、数据开放服务，将数据源、数据处理和数据服务联结在一起。

② 数据中台具备矿区海量异构数据存储能力，包括关系型数据存储、空间数据存储、实时数据存储、非结构化数据存储等部分。针对不同的数据特点和数据分析场景，煤矿统一数据服务中心提供多种功能不同的数据存储组件，如 HDFS、HBase、Redis 等。大数据存储组件原生的横向扩展能力可以提供长期的数据存储能力，多备份的特性可以保证数据

的可靠性，分布式的存储架构可以在线性扩展存储能力的前提下保证数据的读写性能的相应提升。

③ 数据中台在实现煤矿数据统一存储的基础上可以实现数据统一计算，为多系统数据融合、数据联动分析提供计算支撑。提供的计算引擎还可以与机器学习算法库配合，在数据处理和数据计算过程中引入机器学习算法，进而提升数据分析能力。

(3) 三维一张图展示

① 三维 GIS 一张图监测：实现井巷工程、安全监控、人员定位、视频监控、应急广播、通信调度、顶板压力、综采系统、综掘系统、排水系统、主要通风机系统、运输系统、供电系统、压风系统、提升系统等各专业方向三维一张图可视化监测，如图 3-1 所示。

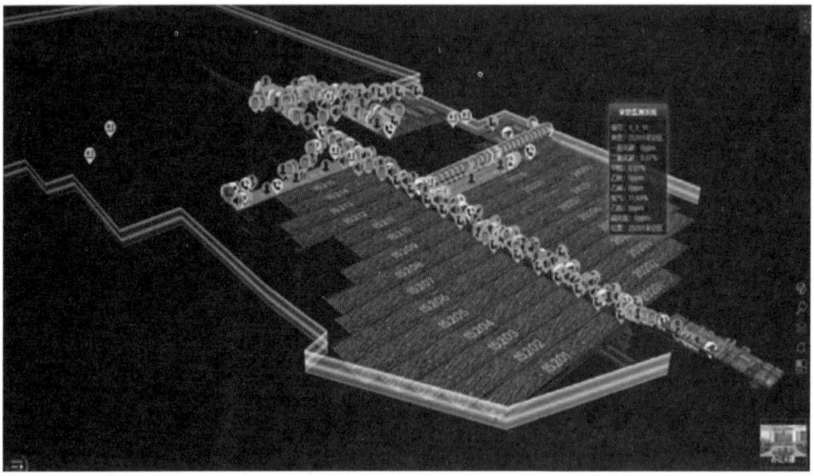

图 3-1　三维 GIS 一张图监测

② 全矿井动目标监测跟踪：采用三维立体显示模式，利用 3D GIS 技术实现 360°任意旋转、放大、缩小三维井巷工程地图，直观地展现矿井整体和各个不同角度的立体结构图，精确显示全矿井的人员、车辆在巷道中的分布、实时活动的信息，实现一体化平台融合接入、精确定位、动态跟踪，如图 3-2 所示。

图 3-2　煤矿动目标精确定位系统

③ 三维智能通风模拟：基于先进的可视化技术、三维交互技术，三维智能通风模拟系统将复杂的通风参数和通风过程以三维动态图形的方式简单、直观地展现出来，能够对井下瓦斯浓度、风压、风速、风量等参数进行智能监测，通风技术人员可从任意角度观察和模拟调整通风系统，从而提高矿井通风决策人员的科学决策水平，如图 3-3 所示。

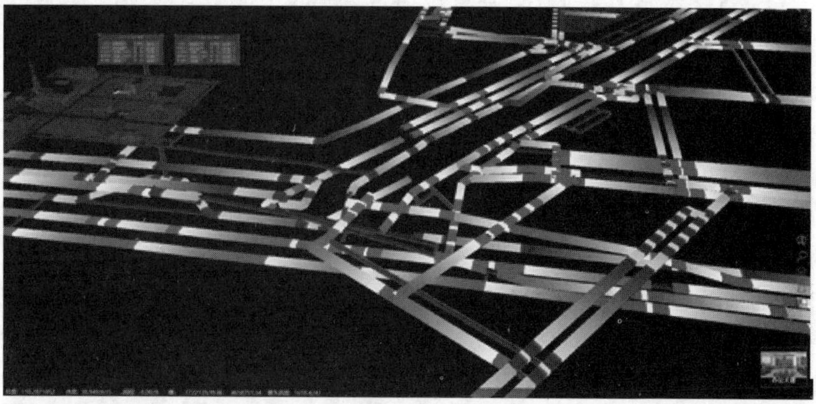

图 3-3　三维智能通风模拟

④ 应急灾害救援指挥：对矿井较大危险源进行监控，通过整合煤矿企业现有应急资源，构建安全生产应急救援指挥信息平台，基于三维一张图快速辅助煤矿应急救援。当煤矿发生事故时，在三维 GIS 图中标注事故点，通过采掘工程、人员位置监测、环境监控、视频监控、融合通信等系统的联动，可快速知道事故地点周边人员分布、环境参数与视频情况，实时画出人员的撤离路线，查看附近救援队的位置、距离，以及附近的救援专家和联系方式，并提供应急预案。

⑤ 井上下三维高精建模：可以实现地面高精三维建模、地质高精三维建模、井巷工程自动建模、设备高精三维建模。

⑥ 三维 GIS 地图协同运维：可实现三维巷道编辑、掘进工作面编辑、采煤工作面编辑、监测监控传感器编辑、自动化监控设备编辑及其他矿山对象编辑。

（4）全矿井生产集中控制

① 组态实时监测：对需要远程监测、监控的子系统提供实时组态画面监测，图形支持局部放大功能。可在系统中定义故障条件，当各系统设备出现故障，符合故障条件后，实时弹出报警窗口，报警窗口需人工确认后关闭，并且联动工业视频和综合告警系统，用户可进行远程视频查看。

② 远程控制：对具有远程控制功能、具备接口和通信协议的设备，获得授权的人员可通过集中控制平台，对设备实施远程开停操作。在平台软件上通过管理权限，可对相应的自动化系统发送控制命令，并根据预先设置的控制逻辑关系，实现跨系统的远程集中控制煤矿生产设备，在具备条件的情况下可实现无人值守。

③ 视频监控：将生产视频信息接入生产集中控制系统，可远程访问视频信息，直接通过生产集中控制系统监控摄像头视频信息。

④ 报表统计分析：按设备类型、报警类型、故障类型等不同组合条件，实现数据自动统计，自动生成各种样式报表、图表，可以显示柱状、饼状以及曲线图。

⑤ 综合历史查询:可以查询任一子系统设备的开停情况,如开、停时间或次数等,可查看累计量的信息及统计图表,还可查看系统的网络故障信息,方便用户管理。

⑥ 故障分析报警:当系统出现故障和报警的时候会自动弹出故障显示窗口或报警条,系统根据用户自定义的严重性进行排序,并报警。系统自动统计出昨日、当日、当前的报警故障个数,并可点击查看相应信息(显示事故地点和原因),可按子系统、类别、等级、日期段等条件查询和统计历史报警或故障信息。具备语音报警功能、故障实时显示及打印功能。

(5) 大数据分析

① 安全指标分析:包含人员综合分析、安全态势分析、安全与产量分析、安全与成本分析等。

② 生产指标分析:包含设备效能分析、生产能耗分析、运输效能分析、关键设备状态分析、工作面综合分析、生产综合分析等。

③ 经营指标分析:包含销售指标分析、成本指标分析、吨煤热效率分析、吨煤能耗分析、人员绩效分析等。

(6) 智能协同管理

① 技术图档管理:建立档案数据库,档案管理内容主要包括地质、测量、水文、资源、一通三防、设计等管理的图表文字材料、专题图形、测量成果以及多媒体地理信息等内容,功能上涵盖了资料的数字化处理、档案分类体系的建立、档案的整理归类、档案的录入、档案的分类归档与修改以及档案的安全权限管理等档案管理的全过程,提供强大的系统管理功能,实现档案的自动化管理,全面反映矿井技术资料的现实状态。

② 安全风险分级管控:建立安全风险分级管控工作制度,明确安全风险的辨识范围、方法和安全风险的辨识、评估、管控工作流程,对本单位安全风险辨识评估、重点风险管控过程加快安全信息反馈速度和提高整改质量。根据采集到的在线和非在线数据,进行数据统计和分析,建立风险分析模型,通过模型展示重点存在的高风险点,对超限数据进行报警和实时统计提醒,对临界数据进行分析,对重点区域进行实时监控巡查和察看,对事故隐患和超限数据进行预判和处理。

③ 隐患排查闭环管理:对发现的隐患进行辨识、登记上报,对录入的隐患信息的在线跟踪、整改、复查、销号等流程进行监控管理,同时支持隐患类型、危害程度、隐患级别等信息的动态查询管理,实现煤矿安全管理的信息化,满足全员参与、全过程、全方位安全管理,有效减少煤矿安全事故和事故伤亡人数,提高矿井安全生产水平和企业的效率。

④ 一通三防综合管理:对煤矿一通三防信息资源进行收集、分类整理、筛选、分析和图文资源共享,支持矿井通风管理、瓦斯管理、防灭火管理、综合防尘管理、技术措施及规章制度管理,实现矿井一通三防工作的本质安全型管理。

⑤ 设备全生命周期管理:建立以设备综合效率和完全有效生产率为目标,以全系统的预防维修为载体,以员工的行为规范为过程,以全体人员参与为基础的设备维护、保养、维修机制,对矿井设备进行全生命周期管理,具有可操作性,提供了系统必备的组织架构、用户信息、用户权限、设备基础管理、设备树管理、设备台账管理、设备检修管理、设备报废管理等功能,帮助用户从长期依赖的经验型的设备资产管理走向信息化时代的规范管理。

⑥ 生产管理:以生产接续计划为核心,实现生产业务数据的采集、汇总、报表统计、分析计算,为生产管理人员提供完整、准确的生产数据支持。包括生产信息管理、生产计划管理、

采掘接替管理等模块。

⑦ 调度管理：包含调度值班、调度日报、调度台账等业务管理功能，全面反映矿井生产安全、经营状况，协同调度指挥。

⑧ 班组管理：实现区队、班组的安全生产标准化、成本核算精细化和绩效管理透明化，以大幅提升班组安全生产和成本管控能力与水平，实现安全生产、降本增效、考核评价、会议培训、现场管理、班组运营等功能。

⑨ 经营办公集中管理：按照统一的标准体系，将煤炭企业的物资管理、人力资源管理、绩效管理、财务管理、运销管理、OA(office automation，办公自动化)系统、计划管理等集成在一起，统一人员、统一用户及统一权限管理，实现各个子系统的单点登录，为企业提供一个协同的、集成的办公环境，使所有的办公人员都在统一且个性化的信息门户中集中工作。

(7) 移动监管 App

通过移动终端设备，根据不同权限，移动监管 App 为相关人员实时推送安全监测、人员定位、安全隐患、预警报警、工业视频、报表管理、调度信息、协同办公、电子邮件、电子传真、生产流程状态、会议通知等实时信息，使安全管理人员可以全面、快速掌握煤矿内部生产运行状况，为领导及时指挥生产、决策提供帮助，主要包含生产系统综合监测、矿井视频远程监测、人员环境融合监测、井上下通信调度、智能报表推送、智能报警推送及移动工作台等。

3.3.2 数据中心建设

数据中心主要为智能综合管控平台提供运行所需要的计算、存储、安全、网络等物理资源，包括模块化机房、私有云平台(数字化基础算力中心)、安全防护。

(1) 模块化机房

模块化机房(图 3-4)采用模块化结构，内部集成服务器机柜系统、制冷系统、配电系统、UPS(uninterrupted power supply，不间断电源)系统、门禁系统和监控系统等。

图 3-4　模块化机房

① 服务器机柜系统：由多个可拼接组装的机柜构成，单个机柜尺寸为 600 mm×1 200 mm×2 000 mm，采用前进风、后出风方式。

② 制冷系统：主要包括精密空调机组(机柜内设置)、压缩机(机柜内设置)、室外冷凝器(室外设置)、监控系统、附件等。采用前送风、背回风方式，将冷通道封闭，实现数据中心模块的有效制冷。

③ 配电系统：为整个模块化机房提供电力支持，应配备双电源切换开关。

④ UPS 系统：采用模块化功率模块，为整个模块化机房提供后备供电。

⑤ 门禁系统：对进入模块化机房人员的身份进行识别，主要有卡证类身份识别方式、密码类识别方式、生物识别类身份识别方式以及复合类身份识别方式。

⑥ 监控系统：可实现对供配电、UPS、空调、温湿度、漏水情况、烟雾、视频、门禁等的不间断监控，发现故障或参数异常，及时采取短信和声音告警等多种报警方式，记录历史数据和报警事件。

(2) 私有云平台

私有云平台由网络资源池、计算资源池、存储资源池、云平台管理中心组成。虚拟化是云计算的基础，在虚拟化套件场景，通过虚拟化技术将物理服务器虚拟化，具体为 CPU(central processing unit，中央处理器)虚拟化、内存虚拟化、I/O 设备虚拟化等，实现在单一物理服务器上运行多个虚拟服务器(虚拟机)，把应用程序对底层的系统和硬件的依赖抽象出来，从而解除应用与操作系统和硬件的耦合关系，使得物理设备的差异性和兼容性对上层应用透明，不同的虚拟机之间相互隔离、互不影响，可以运行不同的操作系统，并提供不同的应用服务，如图 3-5 所示。

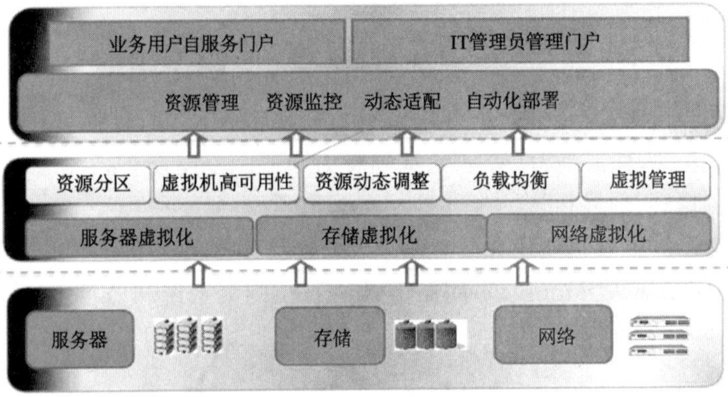

图 3-5 私有云平台

① 网络资源池：采用主流的“核心+接入”扁平化组网方案，核心交换机引入 IRF2 虚拟化技术，并在机框内部署负载均衡(load balance，LB)和防火墙(fire wall，FW)插卡，实现业务的流量监控和负载均衡。

② 计算资源池：采用虚拟化云计算操作系统软件，将多台机架服务器组建高可用(high availability，HA)集群，在虚拟机上部署企业业务应用，并配合 HA 集群和动态负载均衡等高级功能，实现业务的连续性，减少计划内宕机时间，提高资源利用率。

③ 存储资源池：采用多台高性能存储阵列，统一存放虚拟机镜像文件和业务系统数据，这样做不会在运行虚拟机的云计算节点主机上引起任何额外的负载。

④ 云平台管理中心：实现对云计算资源池的统一管理及调度。

3.3.3 通信网络建设

通信网络建设主要包含企业管理网、工控以太环网、安全监控环网、工业视频专网、5G

系统等，以有线网络为主、无线网络为辅组成智能矿山信息传输通道，实现整个矿井的安全、生产、管理等环节数字、控制、语音、视频等信息上传。

(1) 企业管理网

企业管理网主要承载的是企业内部办公业务管理信息，其应用除包括日常办公、安全、生产、经营外，还承担着矿区内外信息交流等业务，同时还要满足矿井行政、调度电话及计算机管理、监控、Internet 上网等语音、数据、图像的接入和传输。网络结构采用技术成熟的星形以太网交换结构，满足用户数据传输的带宽要求。网络的骨干采用万兆光纤互联，接入层使用千兆带宽到桌面。网络可进行集中式、可视化图形管理，可发现网络拓扑；网络管理员可及时发现网络故障点并予以排除，并可及时隔离非法访问用户，以保证整个网络高效、安全、可靠地运转。整个网分为核心节点、汇聚节点、接入节点、无线接入点等。

(2) 工控以太环网

工控以太环网主要承载的是全矿各主要生产环节及相关的辅助环节的数据采集及传输，主要包含采、掘、机、运、通相关控制系统及除视频和瓦斯监控之外的系统。网络结构采用环形结构，主干网络带宽采用万兆，接入带宽采用千兆。网络可进行集中式、可视化图形管理，可发现网络拓扑。整个网分为核心节点、地面环网节点、井下环网节点。

(3) 安全监控环网

安全监控环网主要承载数字监控系统的数据传输。数字监控系统对于煤矿安全极其重要，为避免网络传输堵塞，因此单独建网。网络结构采用环形结构，主干网络带宽采用千兆，接入带宽采用百兆。网络可进行集中式、可视化图形管理，可发现网络拓扑。整个网分为核心节点、井下环网节点。

(4) 工业视频专网

工业视频专网主要承载矿井视频图像的数据传输。图像监控更为直观，但是传输占用带宽较大，因此单独建网。网络结构采用环形结构，主干网络带宽采用万兆，接入带宽采用千兆。网络可进行集中式、可视化图形管理，可发现网络拓扑。整个网分为核心节点、地面环网节点、井下环网节点。

(5) 5G 系统

5G 系统可构建矿山无线一张网，提升煤矿整体技术实力，为无人驾驶和自主导航运输、无人采掘、远程工业控制、矿用机器人、矿用无人机等物联终端应用提供低时延、广连接、大带宽的技术保障。

5G 网络从架构层次可以分为 NSA(non-standalone，非独立组网)和 SA(standalone，独立组网)两种。两种架构的本质差异在于 5G 基站是否依附于 4G 基站工作：NSA 信令通过 4G 网络传输，数据通过 5G 网络传输，使用 4G 核心网；SA 是端到端的 5G 网络。NSA 主流架构示意图如图 3-6 所示，SA 主流架构示意图如图 3-7 所示。

NSA 组网架构如下：

原理：沿用 4G 核心网，类似载波聚合，5G 网络作为 4G 网络副载波传输数据，信令由 4G 网络承载；

终端连接方式：同时与 5G 和 4G 网络连接(双连接)。

SA 组网架构如下：

原理：引入 5G 新核心网，与 5G 基站直接相连；

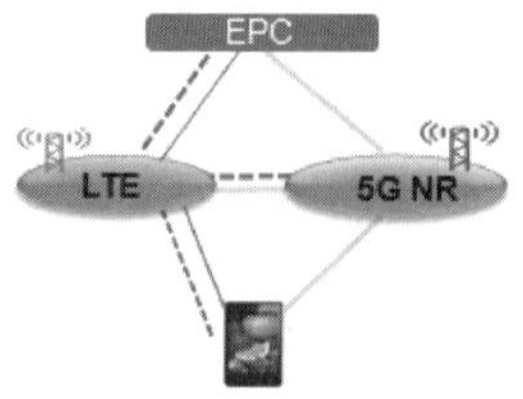

图 3-6　NSA 主流架构示意图

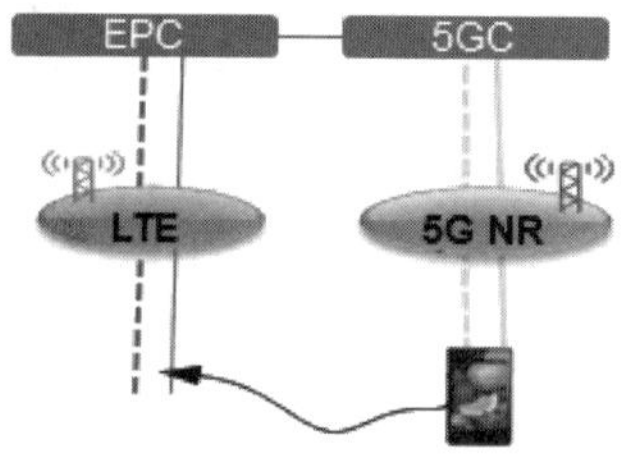

图 3-7　SA 主流架构示意图

终端连接方式：只接入 5G 或 4G 网络(单连接)。

从两种架构比较来看，SA 组网架构具备更强服务垂直行业的端到端能力，因此我们主要讲解 SA 组网架构的 5G 系统。它主要包含核心网、融合通信调度平台、地面基带控制单元、矿用隔爆兼本安型基站控制器、矿用隔爆兼本安型基站、矿用本安型网关、矿用隔爆兼本安型网络接口等。

系统采用分布式基站设计，在地面部署室内基带处理单元 BBU(building base band unit)(如果环网距离大于 10 km，BBU 需要布置到井下)，通过光纤环网与井下数据汇集器设备(也可地面部署)及基站天线单元相连。

BBU 与核心网设备通过交换机(接口)相连，实现井下 5G 系统的控制。

矿用隔爆兼本安型基站控制器集中管理整个基站系统，实现上下行数据处理、信令处理、资源管理和操作维护的功能。主要参数如下：

工作电压：AC 127 V/380 V/660 V；

最大支持小区数：NR(TDD)-Sub6G(18 个小区，100 MHz，8T8R)，NR(TDD)-Sub6G(9 个小区，100 MHz，32T32R/64T64R)；

传输方式：LC 单模光纤传输；

光口传输速率：50 Gb/s；

最大传输距离：10 km。

矿用隔爆兼本安型基站用于接入物联终端，实现数据通信以及语音、视频通话，主要参数如下：

基站与 5G 终端无线通信距离：≥100 m；

通信制式：5G NR；

基站光口传输速率：25 Gb/s。

从业务需求、网络能力及产业成熟度来看，智慧矿山 5G 初期主要是 4K 高清、VR(virtual reality，虚拟现实)/AR(augmented reality，增强现实)/MR(mixed reality，混合现实)、监控定位、视频分析等 eMBB 场景业务及部分低时延业务需求明显；中期，超低时延的井下无人驾驶、机器人等 uRLLC 场景业务需求将快速发展。

① 5G 语音通话应用：井下运输巷道、综采工作面、掘进工作面、机电硐室、避难硐室等重要场所 5G 信号全覆盖，保障煤矿上述场景音视频通话的清晰流畅，实现井上、下协同运维，高清音视频通话。

② 基于 5G 的智能穿戴应用：通过 5G 信号实现智能矿灯、智能手环等基于 5G 的单兵装备在煤矿的应用。

③ 智能视频应用：通过高清图像采集，对井下重点场景实现实时监控和分析。包括烟雾告警、人员/车辆违章告警、设备异常诊断等功能。

④ 智能矿山 AR 应用及管理应用：通过 AR 设备完成对点检设备的识别，完成所需点检数据的采集和展示；通过 AR 设备对技术人员进行设备的拆装、功能结构演示、培训及考核。

⑤ 矿山 5G 安防巡检机器人应用：通过搭载传感器，对井下重要场景安防进行巡检，并进行数据的实时传输。

⑥ 综采工作面 5G 应用：采煤机电控箱体配置本安型 5G CPE(customer premises equipment，用户驻地设备)和智能控制模块，实现采煤机信号通过 5G 无线通信系统传输至顺槽控制中心；采煤机顺槽控制箱体内配置本安型 5G CPE 和智能控制模块，实现顺槽集控中心与采煤机的 5G 通信交互，如图 3-8 所示。

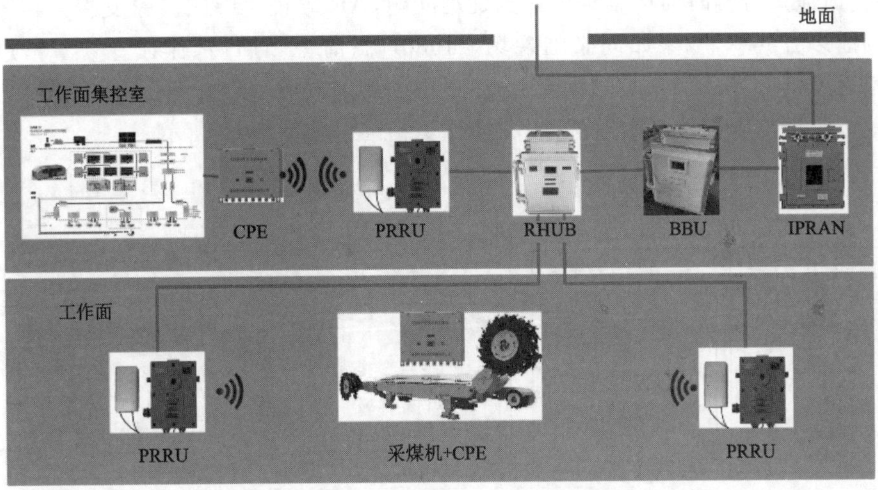

图 3-8　综采工作面 5G 应用

刮板输送机机头控制箱配置 5G CPE 信号转换器，采集的油温、轴温、流量、压力等数据，通过 5G 通信系统与机尾控制箱进行交互。

刮板输送机机尾控制箱配置 5G CPE 信号转换器，采集的油温、轴温、流量、压力等数据，通过 5G 通信系统与破碎机控制箱、机头控制箱进行交互。

破碎机控制箱配置 5G CPE 信号转换器，采集的油温、轴温、流量、压力等数据，通过 5G 通信系统与刮板输送机机头控制箱、转载机控制箱进行交互。

转载机机头控制箱配置 5G CPE 信号转换器，采集的油温、轴温、流量、压力等数据，通过 5G 通信系统与刮板输送机机头控制箱、破碎机控制箱进行交互。

⑦ 综掘工作面应用：掘进机外置本安型 5G CPE，通过 CPE 完成信号转换，由外引的抗压天线将掘进机监控数据通过 5G 通信系统传输至地面控制系统，如图 3-9 所示。

通过在掘进机上安装 5G 摄像仪实现将跟机视频信号传输至地面控制中心，以保证人工干预掘进机远程控制条件下的监控画面与现场实际情况的实时同步性。在地面安装远程控制台，利用 5G 通信系统低时延特性，实现掘进机远程操作截割和支护作业，将操作人员从危险的截割场所解放出来，实现掘进、支护快速机械化、自动化作业。

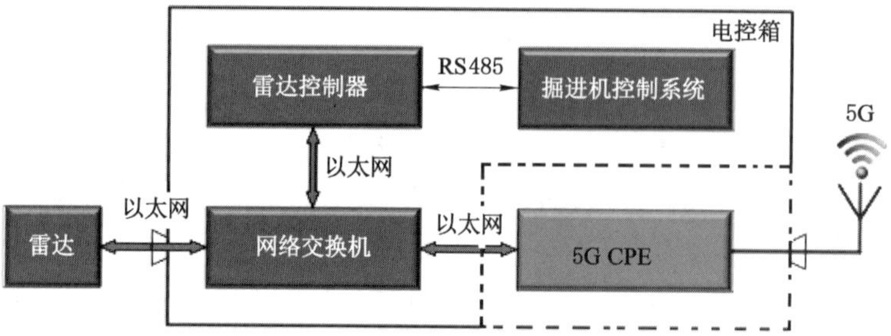

图 3-9　掘进工作面 5G 应用

⑧ 基于 5G 的 AR 远程诊断应用：建设 AR 系统平台，可利用该平台将现场画面通过 5G 网络便捷地进行实时回传。现场遇到疑难问题，AR 眼镜可呼叫专家支持。将第一人称视角的画面多方共享，专家如同亲临现场。1080P 高清视频回传，保证专家不错过任何细节。专家通过第一视角视频实时标注，标注不中断视频通话，实时显示标注指导信息，让协作更高效。一键冻屏标注和瞬时标注，让协作更精准。如图 3-10 所示。

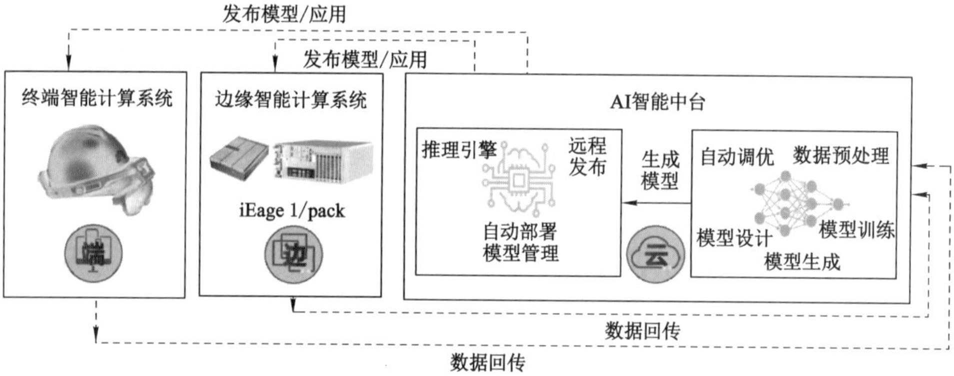

图 3-10　基于 5G 的 AR 远程诊断应用

3.4　智能化掘进系统

掘进是指在岩(土)层或矿层中，开掘各种形状、断面积的井、巷、硐室的作业施工。以我国煤矿掘进系统现代化程度，现阶段掘进普遍采用人工与机械相结合的方式。当前我国综掘系统成套装备主要分为三种：一是悬臂式综掘机＋单体钻机＋转载机配套模式；二是连续采煤机＋锚杆台车＋梭车配套模式；三是掘锚一体化的掘锚机组＋锚杆台车配套模式。

实现智能掘进是井下智能采掘系统必不可少的一部分，而目前的智能掘进系统及技术仍不成熟，未能进行广泛的应用。借鉴工作面智能化开采技术发展路径，装备成套化、作业流程自动化、控制方式智能化是实现巷道智能快速掘进的有效途径，以掘锚机组为例，可实施以下三种智能化掘进系统方案。

① 智能化掘进成套化配套模式。目前已有学者提出了锚-运-破一体机，同时施工顶部

锚杆和侧帮锚杆，实现掘锚平行作业，并与后部自移输送带一起组成掘锚机成套化系统，即“掘进＋支护＋运输”三机配套系统模式，如图 3-11 和图 3-12 所示。

图 3-11　掘锚机智能掘进系统设备布置方式

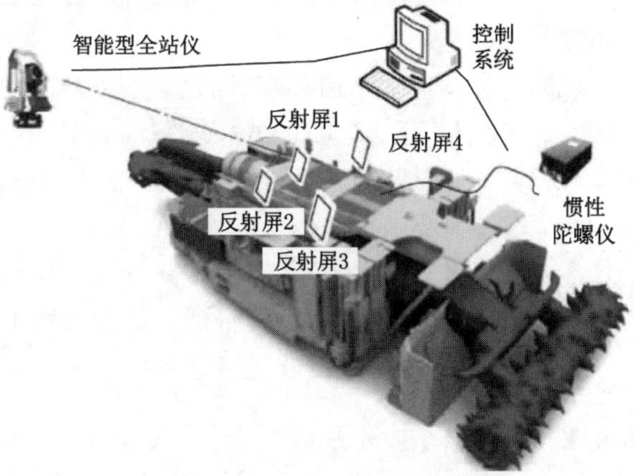

图 3-12　掘进装备定向与导航

② 快速掘进自动化关键技术。已有学者提出了激光制导与惯性制导联合的自主导航系统，实现掘进装备的定向截割和导航。

③ 智能化快速掘进远程集控平台。构建智能化多机协同控制系统，实现快速掘进成套智能装备各子系统的联合动作，减少掘进工作面操作人员数量，实现连续、快速、稳定、安全的智能化巷道掘锚运作业。通过掘锚机和锚护设备的协同作业，实现掘锚平行、分段支护、连掘连运等功能，在锚护设备的前端安装无接触式测距传感器，检测掘锚机与锚护设备之间的实时距离信息，实现对掘锚机的同步跟随；在掘锚机的输送机尾安装无接触式测距传感器，实时监控机尾与转载机料斗之间的相对位置，防止其与料斗发生碰撞或侧偏而产生撒料现象；锚护设备前移时，通过其配备的绞车牵引过渡运输系统，实现二者的实时跟随、连续运输。

3.4.1　智能化掘进系统功能设计

在智能化掘进系统的建设过程中，根据矿井掘进地质条件与工艺要求，因地制宜确定合理的掘进技术与装备，配套高效的辅助作业系统，逐步实现掘支平行作业；积极应用智能探测、自动定向及导航、巷道断面自动截割成形、自动锚护、高效除尘等先进技术与装备，使掘进工作面生产系统具有智能感知、自主决策和自动控制的功能，实现掘进迎头少人或无人、系统高效协同运行。通过构建掘进系统多机协同控制系统，实现连续、快速、稳定、安全智能化巷道掘锚运作业，实现如下主要功能：

(1) 巷道掘进过程实现全机械化作业，具有快速掘进能力；采用智能地质探测技术与设备。

(2) 采用综合机械化掘进方式，掘进设备具备自主导航、坡度追踪和自动截割功能。

(3) 掘进设备具备完善的传感器、执行器及控制器，能实现单系统或单设备的远程自动控制、工况在线监测、故障诊断功能。

(4) 具备顶板临时支护功能,实现锚杆作业流程自动化;支护设备具有自动确定锚护位置、自动钻孔、自动铺网、自动安装锚杆(索)、工况在线监测及故障诊断等功能。

(5) 掘进巷道内运输设备、转载机组具备过载保护功能,带式输送机机尾具备自移和张力自动控制功能。

(6) 具备掘进工作面环境(粉尘、瓦斯、水等)智能监测功能,并具备监测环境数据智能分析,以及掘、锚、运、支工序的智能联动功能。

(7) 具备危险区域人员接近识别与报警功能。

(8) 远程集控平台实现功能如下:

① 掘进工作面和各转载点配备高清摄像仪,实现可视化远程集中控制。

② 能够根据采集的相关设备信息进行掘进工作面场景再现。

③ 具备对巷道掘进设备进行远程操控的功能,能够实现一键启停及智能操控。

3.4.2 智能化掘进系统具体建设内容

建设掘锚一体机智能化掘进工作面,实现设备控制、状态显示、音视频监控、网络传输、对话交互、掘锚一体机单巷掘进定向定位,确定精准物理位置;依托精确的定向、定位、定姿技术,设计掘进流程,实现自动截割等功能于一体,各设备不再独立作业,可实现数据上传与地面控制功能。通过构建透明化掘进工作面,实现掘进系统设备和巷道环境的模型构建功能,根据采集的相关设备信息进行掘进工作面真实场景再现。

智能超前探测系统:采用钻探、物探等技术与装备,对巷道待掘区域的地质构造、水文地质条件、瓦斯等进行超前探测,根据掘进过程中揭露的实际地质信息与工程信息对模型进行实时动态修正。鼓励采用智能钻探、物探技术与装备,实现远距离一体化综合探测。

掘进设备导航和定位截割系统:掘进设备具有自适应截割、自动截割与遥控操作功能,能够实现记忆截割。鼓励采用掘进设备精准导航和位姿监测系统,根据位置、姿态变化进行自主调整和纠偏,适应巷道断面变化及底板起伏等地质条件,实现自主定位截割。

锚杆、锚索自动化钻装系统:鼓励研究和应用具有自动化钻锚功能的钻臂,实现锚杆、锚索全断面机械化支护、自动化钻锚和质量自检测等功能。鼓励采用具有电液控功能的钻机、锚索自动进给器等装备,实现自动确定锚护位置、自动钻孔、自动铺网等。

多机协同控制系统:采用掘进工作面设备群和人员精确定位系统,实现设备间相对位置的精确监测和安全防护,不同设备之间实现智能协同控制。

装备状态监测及故障诊断系统:掘进、锚护、运输等设备具备完善的单机状态监测和故障自诊断功能。鼓励有条件的煤矿建设掘进工作面综合监测系统,实现各设备状态的实时监测。

视频监测系统:掘进头和各转载点应设置高清摄像仪,具备视频增强功能,鼓励采用 AI (artificial intelligence,人工智能)技术实现人员入侵与违规操作识别报警、灾害预警等功能。

掘进工作面远程集控平台:融合掘进工作面环境(粉尘、瓦斯、水、有害气体)、视频监测和人员信息,进行掘进工作面真实场景再现,实现单机可视操控、成套设备一键启停和多机协同控制等;鼓励应用数字化孪生技术,实现人-机协同控制。

(1) 掘进工作面井下远程操控中心

智能掘进系统配备掘进机电液控制、视频采集、音频广播采集、人员接近保护、位姿检测等装置以及倾角、流量、位移、震动等状态传感器，通过光纤通信将信号传输至集控平台。集控平台配置高清显示器、工控机、硬盘录像机、网络交换机、操作箱等组件，实现操作人员根据现场视频以及三维模拟图像对设备进行超视距控制。

选用结构合理、移动便捷的远程操控中心，将其安装在井下，通过光纤和 5G 网络传输掘锚一体机本体电控箱的数据，保证大于 1 000 m 范围内可实现对掘锚一体机的远程操作。远程操控中心可通过井下万兆环网将数据上传至地面调度指挥中心操控台。

远程操控中心配套防爆型计算机、本安型显示器，用于掘进工作面数据监控以及掘锚一体机等设备的集中控制。视频与设备运行状态数据分开独立显示，视频信息独立存储，存储时间不小于 80 h；设备运行状态数据采用数据库存储，方便检索。

操作人员在井下远程操控中心利用采集的现场声音、图像和设备运行状态信息，可远程实时监视和监听掘进机运行，并通过手中的无线遥控发射器远程控制掘进机进行相应的作业。

掘进工作面井下远程操控中心应具备以下功能：

① 掘锚一体机等设备主要运行数据（姿态、行程、位置、电流、电压、温度等）实时显示、存储、导出（Excel 表格）等功能。

② 对设备运行、启停、故障信息进行显示、监测、存储、导出（Excel 表格）等功能。

③ 报警信息可以接入数据软件，具备优先报警及报警信息显示、储存、查询等功能。

(2) 掘进工作面地面调度指挥中心操控台

在煤矿地面调度指挥中心设智能掘进操控台，通过搭建的万兆环网采集井下智能综掘系统的各类信号。操控台可显示视频画面、人员定位画面、集控画面、主参数画面、导航及定位画面。操作台安装操作按钮对掘锚一体机进行远程控制及对带式输送机等设备进行集中控制。控制系统具有数字孪生功能，可实现掘进工作面设备的全参数感知监测、装备物理状态三维呈现和三维数据融合展示，满足对设备的全面智能化监测需求。

(3) 智能化掘进系统功能

① 具有手动本地控制、视距遥控控制、井下远程遥控控制和地面远程遥控控制四种控制方式。四种控制方式都可对掘锚一体机进行独立控制，并相互闭锁，能够实现一键紧急停机。

② 掘锚一体机根据断面形状、尺寸实现自适应断面截割。

③ 通过姿态航向角、仰俯角、翻滚角监测，实现掘锚一体机位姿监测和位姿自动补偿功能。

④ 掘锚一体机具有截割摆速自适应功能。

⑤ 现场视频图像监测功能。

⑥ 掘进机故障诊断功能。

⑦ 具备带式输送机集中启停控制、故障信息查看、远程修改控制器参数的功能。

⑧ 具备人员进入危险区域，声光报警、停机功能。

⑨ 煤矿井下智能化掘进系统服务器软件适用于煤矿井下的所有掘进机机型，实现掘进机的智能控制，该软件基于智能化运算平台。

3.4.3 透明化掘进工作面建设方案

(1) 总体要求

通过对智能化掘进装备及地质、巷道空间信息等多源信息的融合，实现掘进工作面全息感知与场景再现，以及掘进成巷的三维可视化表达。利用煤矿专用地理信息系统构建掘进工作面巷道模型；根据煤层钻孔、剖面图、地形图、地质图、物探资料等，建立反映地质体空间形态和开拓关系的掘进工作面三维地质模型；通过掘进工作面地质模型边界表面的刻画和巷道实际揭露的数据，与掘锚一体机、锚杆转载机组、桥式转载机、带式输送机设备模型进行耦合，实现掘进工作面地质三维结构与掘进设备的高精度表达，需要表达的内容包括掘进巷道的煤层顶底板分界、巷道断面支护方式、水文地质异常区域、瓦斯异常等地质环境与掘进设备的相互关系，动态修正高精度地质模型，智能规划截割模板。

(2) 建设内容及范围

建设内容包括 GIS＋三维地质模型构建与动态修正、截割数据生成、工作面真实场景再现和巷道成形质量辅助。

① GIS＋三维地质模型构建和动态修正

利用煤矿专用地理信息系统构建掘进工作面巷道模型；根据煤层钻孔柱状图、勘探线剖面图、地形地质图、采掘工程平面图、水文地质图、井下钻探与物探资料等，建立反映区域地质体空间形态和拓扑关系的掘进工作面三维地质模型；通过掘进工作面三维地质模型边界表面的刻画和巷道超前探测及实际揭露的地质数据，实现掘进工作面三维地质模型动态修正及模型结构的精确表达，需要表达的内容包括掘进巷道煤层顶底板分界、煤层夹矸、巷道断面成形质量及支护方式、水文地质异常区及瓦斯赋存富集区等地质环境，并进行三维地质模型应用。

② 截割数据生成

根据已有三维地质模型或测量数据，动态修正三维地质模型的同时，自动剖切地质模型生成截割数据，为实现地质模型的规划截割采高、卧底调整量与掘进设备的交互控制奠定基础。

③ 工作面真实场景再现

利用掘进工作面三维智能管控系统将构建的巷道设计模型、三维地质模型和掘进设备数据驱动模型在 T＋GIS 空间中融合成掘进工作面数据驱动模型一体化技术，掘进设备以及后配套设备运行状态监测系统实时获取的监测数据融入三维再现场景中，依据监测数据，实现三维模型与物理实体同步动作展示。

a. 掘锚一体机三维展示及模型驱动功能

利用掘进工作面三维智能管控系统进行三维场景设计，真实还原掘锚一体机工作场景，具有远程虚拟可视化功能，基于三维展示功能识别煤层地质体已截割区和未截割区，展示掘锚一体机在巷道中的位置及姿态，机身相对巷道的横滚角、俯仰角和偏航角及导航偏差、行走轨迹偏差，机身相对巷道轴线的水平偏移量、高度差，掘锚一体机在巷道轴线方向上的前进距离等信息；基于模型驱动功能实现井下掘锚一体机前进、后退、滚筒升降、进刀、回刀等动作。

b. 锚杆转载机三维展示及模型驱动功能

利用掘进工作面三维智能管控系统进行三维场景设计，真实还原锚杆转载机工作场景，画面生动逼真，具有远程虚拟可视化功能，实现对电机、液压泵、履带、钻机、破碎装置、转运装置等部件运行状态的监测，保证监测数据不少于原机开放接口数据；基于模型驱动功能实现锚杆转载机的运行等。

c. 带式输送机三维展示及模型驱动功能

利用掘进工作面三维智能管控系统进行三维场景设计，真实还原带式输送机工作场景，具有远程虚拟可视化功能，实现带式输送机模型驱动以及带式输送机启停状态控制、跑偏报警、堆煤报警、烟雾报警、撕带报警、打滑报警、超温洒水等，同时还应监测皮带保护系统急停闭锁时闭锁位置，保证监测数据不少于原机开放接口数据；基于模型驱动功能实现带式输送机的运行等。

d. 局部通风机三维展示功能

利用掘进工作面三维智能管控系统进行三维场景设计，真实还原局部通风机工作场景，具有远程虚拟可视化功能，基于三维展示功能，实现风机运行状态，瓦斯电、风电闭锁状态，变频器运行电流、电压、功率、故障信息，通风系统中瓦斯浓度，迎头处风筒状态、温度传感器数值等参数显示。

e. 动力系统三维展示功能

基于三维展示功能实现掘进设备电流、电压、功率等电参数展示，能够动态显示预警、报警值及报警信息。

f. 安全监测三维展示功能

基于三维展示功能实现掘进工作面的瓦斯、一氧化碳、温度、粉尘环境监测，实现局部通风和环境监测数据接入。

④ 巷道成形质量辅助

通过安装激光测距传感器(精度 1～2 mm)进行两帮和顶底板测距，并与设计巷道断面数据进行对比，进行巷道成形质量评价。

3.5　智能化综采系统

智能化综采工作面是指应用实时边缘计算、工业总线/5G、智能感知、高精度定位、人工智能等智能化技术，使工作面采煤机、液压支架、输送系统(刮板输送机、转载机、破碎机、带式输送机)及电液动力装置等装备实现智能感知、智能决策，实现工作面采放煤、装煤、运煤、支护作业和装备协同控制，达到少人或无人开采的工作运行状态，提高设备及人员的安全保障水平，提升开采效率的系统。

实现采煤工作面的“三机”智能控制是实现井下智能开采的基础。采煤工作面的“三机”包括采煤机、液压支架和刮板输送机，智能工作面“三机”配套系统如图 3-13 所示。

3.5.1　各子系统智能化功能

采煤机智能截割系统：采煤机具备启停、牵引速度和运行方向的远程控制功能，实现运行工况及姿态检测、机载无线遥控、精准定位、记忆截割、“三角煤”机架协同控制割煤、远程控制、故障诊断和环境安全联动控制；鼓励利用机载视频、无线通信、直线度检测、智能调高、

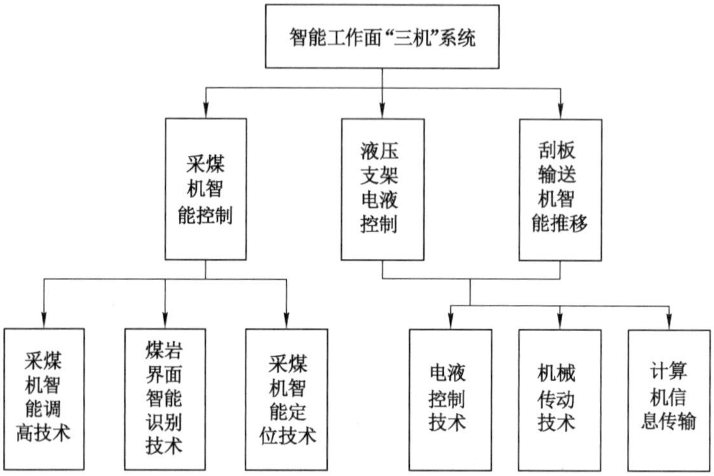

图 3-13 智能工作面“三机”配套系统

防碰撞检测、煤流平衡控制等技术，实现采煤机智能控制。

液压支架自适应支护系统：工作面液压支架具备远程控制、自动补液、自动反冲洗、自动喷雾降尘功能，实现自动移架、推移刮板输送机；鼓励利用高度检测、姿态感知、上窜下滑控制、工作面直线度调直、压力超前预警、群组协同控制、自动超前跟机支护、顶板状态实时感知、煤壁片帮预测、伸缩梁（护帮板）防碰撞、智能供液等技术手段，实现液压支架的智能控制。

放顶煤液压支架采用割煤智能化技术结合自动放煤或人工辅助干预进行放煤控制。端头支架具有就地控制与遥控控制功能，与工作面液压支架联动，实现工作面端头区域安全支护。超前支架具有就地控制与遥控控制功能。

刮板输送机智能运输系统：刮板输送机具备软启动控制、运行状态监测、链条自动张紧、断链保护、故障诊断、远程协同控制、“三机”协同控制等功能，实现远程监测和控制；鼓励应用煤流负荷检测及工作面自动巡检机器人等技术与装备，实现采、装、运协同控制。

带式输送机智能运输系统：带式输送机应具备运行工况监控与综合保护功能，实时监测皮带运行工况，并将堆煤、烟雾、纵撕、跑偏、自动洒水、周边环境等监测信息实时上传到工作面智能集控中心及地面智能集控中心，实现带式输送机的远程监测和控制；鼓励应用煤流量监测、异物识别、自动变频调速、自动巡检机器人、皮带空载识别、大块煤识别、人员违规穿越皮带识别等技术与装备，实现智能感知、自主调速、节能运行。

顺槽监控中心：智能化采煤工作面顺槽监控中心具备对液压支架、刮板输送机、转载机、破碎机、带式输送机启停、闭锁控制功能，实现采煤机、液压支架、刮板输送机、破碎机、转载机、带式输送机、乳化液泵站、喷雾泵等工作面综采设备远程控制。

现有煤矿已经建成智能综采工作面的，以电液控系统、“三机”智能通信系统、泵站控制系统、采煤机记忆截割控制系统为基础，以设备安全监测监控系统、支架姿态监测系统、人员定位系统、工作面视频系统为保障，以工业总线网络为通道，以大数据分析和处理为依据，以高端集控设备为平台，形成了井下集控、地面远控的控制方式，具有主动感知、自动分析、智能处理的功能。

3.5.2 智能综采系统组成

综采工作面智能开采系统主要包括智能化集中控制系统、液压支架跟机自动化系统、采煤机自动化控制系统、智能运输系统、顺槽监控中心等。可通过各智能设备协调配合，在顺槽监控中心以及地面调度指挥中心实现设备远程操控、一键启停功能。

可实时在顺槽监控中心与地面调度指挥中心监控各采煤机械的运行，协调采煤机、液压支架、刮板输送机之间的关联运行，有效降低设备停机率；同时，可监控工作面所有关键设备的运行情况，平衡设备功率；通过历史数据统计分析，提前预测设备故障，延长综采设备使用寿命。

(1) 采煤机自动化控制系统

采煤机自动化控制系统由自动记忆截割模块、传感器检测模块、在线监测模块等部分组成。系统可实现采煤机数据与视频信号的双向传输、智能化自动运行、基于互联网的远程监测与维护等功能。

(2) 液压支架跟机自动化系统

液压支架跟机自动化系统主要由支架电液控制系统、采煤机定位系统、各类传感器等组成。根据煤矿实际开采工艺，基于工作面实际数据，如顶板压力与倾角、液压支架姿态、采煤机运行状态等信息，可实现工作面自动连续生产。

(3) 智能运输系统

① 刮板输送机运输控制系统

我国现阶段煤矿工作面刮板输送机未配置煤量监测和链条自动张紧保护装置。刮板输送机应采用智能变频调速控制，具备煤量监测功能和机尾链条自动张紧功能，并与采煤机进行智能联动。

刮板输送机需要增设变频调速控制系统、链条自动张紧装置、数据采集监测系统、煤量扫描装置、健康管理系统及各类传感器和相关通信电缆。

② 智能调速系统

智能调速系统通过实时扫描煤流量，结合电机实时输出功率，智能调节刮板链速，以最短的运行距离将工作面原煤及时运出，减少刮板链运行距离，降低刮板输送机磨损及功耗，延长其使用寿命。

③ 链条自动张紧装置

链条自动张紧装置可实现对转载机、刮板输送机链条张力的自动调节，同时完成智能控制的链条保护功能。

④ 数据采集监测系统

数据采集监测系统可实现对转载机、刮板输送机动力部的监测数据进行实时采集及显示功能，可以在动力部分站及顺槽控制主站对实时监测数据和历史数据进行在线查阅和信息拷贝，如图 3-14 所示。

⑤ 健康管理系统

健康管理系统可实现刮板输送设备运行的参数监测及常见故障诊断及关键零部件健康状态分析等功能，并向用户提供设备维保建议，辅助用户更好地使用和保养刮板输送设备。

⑥ 顺槽带式输送机、转载机自移装置

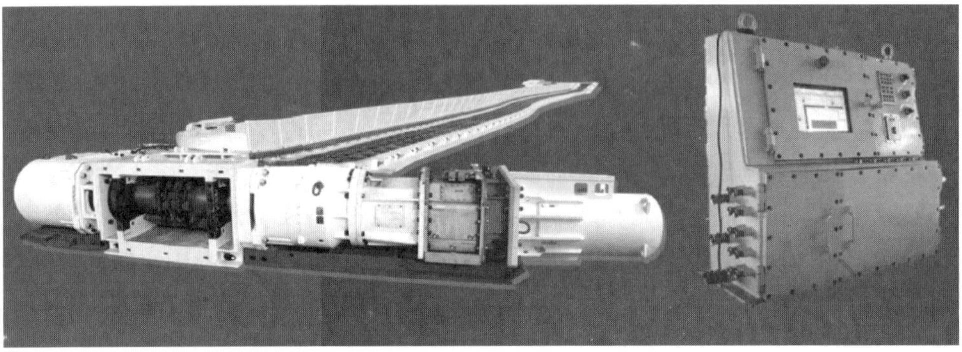

图 3-14 综采工作面刮板输送机及操作平台

智能化综采工作面顺槽带式输送机要满足智能张紧、可伸缩、自移机尾的要求。顺槽带式输送机、转载机机尾自移装置的控制器将顺槽带式输送机、转载机自移控制系统接入综采工作面智能化控制系统，在顺槽监控中心和地面调度指挥中心通过一键操作来调节电液控换向阀，控制相应液压缸，完成带式输送机、转载机机尾的自行推移、调高等动作。

（4）智能化集中控制系统

智能化集中控制系统由工作面视频监控系统、顺槽远程集中监控系统、智能决策控制系统组成，实现了以煤流系统负荷为决策依据的采煤机、液压支架、刮板输送机动态分析、智能决策联动控制。

已建设的综采工作面智能化集中控制系统能实现如下功能：

① 具有在地面调度指挥中心对综采工作面设备的监控功能。

② 具有在顺槽监控中心对综采工作面设备的监测及集中控制功能。

③ 具有采煤机工况监测和远程控制功能。

④ 具有液压支架工况监测和远程控制功能。

⑤ 具有工作面运输设备集中控制功能。

⑥ 具有泵站系统设备远程控制功能。

⑦ 具有对工作面综采设备的数据集成、处理功能。

⑧ 具有工作面工业以太网及 5G 无线通信网络，在工作面实现数据的高速传输。

⑨ 具有工作面视频系统，实现对主要综采设备的实时监控。

⑩ 具有井上下数据传输功能接口。

⑪ 具有转载机、带式输送机机尾自移电控及遥控控制功能。

⑫ 配置防爆平板电脑，通过无线通信网络将信息传送到无线平板电脑上。

⑬ 当综采自动化控制系统出现故障时，各子系统不受综采自动化系统控制，以保证在检修和综采自动化控制系统出现故障时，各子系统能单独运行，确保生产不受影响。如图 3-15 所示。

（5）顺槽监控中心

已建成的顺槽监控中心主要由矿用隔爆兼本安型监控主机、矿用本安型网络交换机、矿用隔爆兼本安型稳压电源、各子系统控制装置组成，可实现如下功能。

① 采煤机工况显示，主要包括启停状态、电压、电流、左右截割和牵引电机温度、牵引方

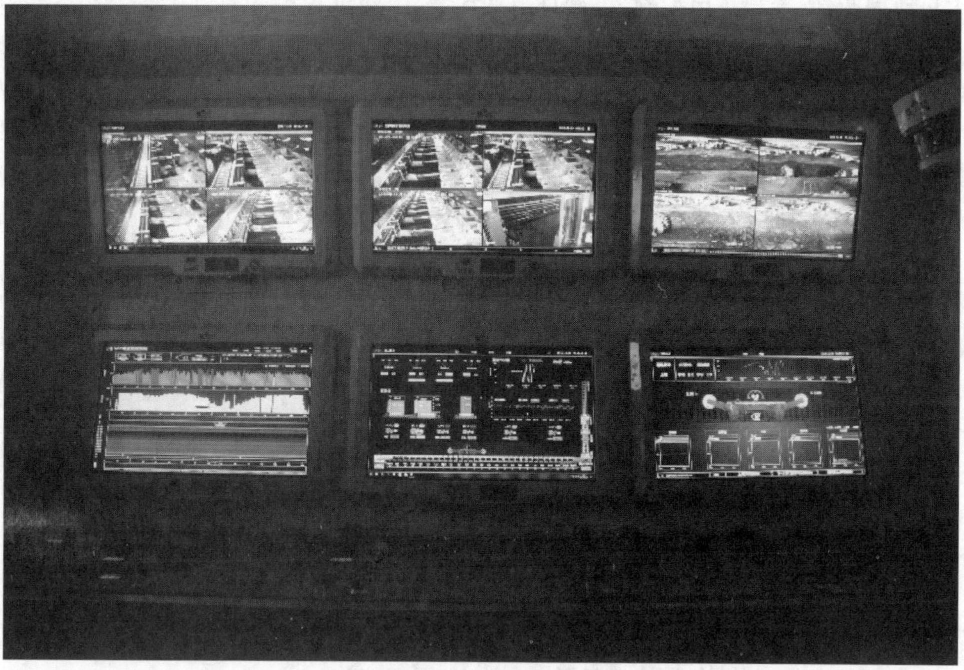

图 3-15　某矿智能化综采工作面监控点

向与速度、油箱温度、左右滚筒采高或卧底量、采煤机在工作面位置及故障显示及存储，并能分各部件显示。

② 输送机的启停状态显示。

③ 液压支架工况显示，包括各支架压力值、各支架推移行程及工作面的推进度、各电磁阀动作状态、主机与工作面控制系统通信状态等显示。可对液压支架超过 2 次的自动移架、推移不到位的情况进行智能判断，并在显示器及平板电脑上显示相应信息，向平板电脑主动推送消息。

④ 泵站系统的启停状态、泵站出口压力、乳化液箱液位、乳化油箱油位等显示。

⑤ 工作面语音系统状态显示，包括语音闭锁状态显示、急停状态显示和闭锁位置显示（闭锁的支架号）。顺槽监控中心配置本安型扩音电话，由扩音电话进行播放。

⑥ 工作面设备与顺槽监控中心各主控计算机的通信状态显示。

⑦ 历史故障查询功能，对所有故障进行记录与存储。

⑧ 工作面视频显示。

3.6　智能化运输系统

煤矿运输系统主要包含平巷机车运输和平巷、斜巷皮带运输以及斜井和立井提升运输系统，也可分为主运输系统和辅助运输系统。

3.6.1　运输装备的分类

采用带式输送机进行主煤流运输的矿井，主煤流系统中带式输送机应具备单机自动控制、多机协同联动、远程集中控制、煤量自动平衡、粉尘浓度检测和自动喷雾降尘、运行工况检测及故障智能预警等功能。鼓励应用基于AI煤量智能识别、人员违规作业智能监测、大块煤/堆煤/异物识别与预警等功能，实现带式输送机的智能运输。

采用立井箕斗进行煤炭提升的矿井，提升系统具备提升速度、提升质量等智能监测功能，具备智能装载与卸载功能，且能够与煤仓放煤系统实现智能联动控制；同时应具备完善的智能综合保护功能，实现立井箕斗提升的自动化远程控制。

在辅助运输系统中，针对井工矿轨道运输、无轨胶轮车运输等运输方式，应建设具有智能规划、任务分配功能的辅助车辆智能调度管理系统，逐步实现物料运输、人员运输等辅助运输车辆的智能管控、智能规划路径与智能调度。

煤矿智能辅助运输系统应建设以车辆精确定位信息为基础，以车载智能终端为核心，辅助井下信号灯控制系统、智能调度系统、语音调度系统和地理信息系统，实现车辆监控、指令下达、运输任务调配、失速保护、报警管理、应急响应等功能；优化作业流程，实现辅助运输业务信息化全覆盖。鼓励斜井轨道运输利用精确定位、智能视频等技术，实现行人不行车、行车不行人，自动道岔变换等功能。

随着矿井智能化的不断推进，逐步实现应用无人驾驶相关技术，应用地面远程遥控驾驶和智能化自动驾驶技术，采用环境感知、定位导航、路径规划等技术，实现车辆自动启停、自主避让、自动跟车等功能，从而实现运输系统的全面智能化。

建设智能化原煤主运输系统时，实现对电流、温度、速度、运量、烟雾等信息的实时采集显示、可视化监控，具备集中控制和就地控制两种控制模式，实现地面集中控制，现场无人值守；具备各类监测参数自动分析判断，异常报警停机功能；根据煤流大小、方向、煤仓煤位进行煤流均衡自动控制，实现顺煤流启动、顺煤流停止、自动调速等功能。

3.6.2 智能化主运输系统建设方案

(1) 主运输系统现状

我国现阶段大部分井下煤炭运输带式输送机已建成集中控制系统、带式输送机泄漏通信系统、仓下给煤机控制系统、储带张紧控制系统、煤流视频监控系统及地面调度控制系统。

① 带式输送机集中控制系统

在井下煤炭运输带式输送机机头增加隔爆PLC(programmable logic controller，可编程逻辑控制器)控制箱、本安触摸屏、温度传感器及料位开关等设备，实现整个煤流系统的集中控制、一键启动。

② 带式输送机泄漏通信系统

建设泄漏通信系统，调度指挥中心与井下带式输送机可无缝通信，巷道中每500 m设中继器，保证信号畅通。

③ 仓下给煤机控制系统

仓下给煤机增加变频器和PLC控制箱、更换液压站电磁控制阀、增加闸板位移检测装置等，实现给煤机的远程控制。

④ 储带张紧控制系统

该系统可对带式输送机的张紧液压缸和行程远程控制，实现对带式输送机张紧力的远程调节。

⑤ 煤流视频监控系统

在每一部带式输送机的卸载点、驱动滚筒、配电点、搭接处、机尾等部位均安设网络高清摄像机，实现远程视频监控，且摄像机具备对讲功能，可实现噪声提醒、远程喊话等功能。

⑥ 地面调度控制系统

该系统可实现井下煤炭运输系统的集中远程控制、状态查询、记录存储等功能

(2) 智能化主运输系统建设内容

采用红外煤位传感器实现顺煤流控制，达到控制可靠和准确。

在主运输系统中，在距离机头约75 m位置安装1台红外煤位传感器，用于检测煤量，若传感器检测到有煤，给控制箱煤量信号，控制箱根据检测到煤量的时间及皮带长度进行初次煤流量的运行距离累计计算，当煤流运行到下一级皮带前给已建成PLC控制系统发送预启动信号，启动皮带，完成整个皮带系统的顺煤流启动过程。

正常停车过程，皮带煤量检测仪连续设定时间内检测不到煤量，则认为工作面采空(或者通过皮带一体机控制箱与刮板一体机控制箱通信获取转载机运行状态判断工作面是否采空)；皮带停止运行，下一级按照各自皮带长度及运行带速进行延时停机。

紧急停车再启动情况，已建成PLC控制系统切换回逆煤流启动方式，按照主运→顺槽的顺序依次启动带式输送机。

(3) 煤矿主运输智能监测系统建设方案

① 概述

建设智能监测系统对综采工作面设备状态和带式输送机运输过程的皮带状态进行智能识别，实现以下功能。

a. 实现综采工作面生产运行过程中刮板输送机机头机尾区域异常状态的智能监控。

b. 实现皮带在生产运行过程中异常状态的智能监控。

c. 实现异常状态联动控制，保障人员与设备安全。

d. 实现皮带运行过程中设备异常和运行的量化管理。

② 建设目标

将摄像机以及机电传感器等物联感知设备，接入综采工作面和皮带运输系统对数据进行监测，基于机器视觉、人工智能算法模型对数据进行应用分析，通过管控一体化平台、自动控制技术，将采煤机、刮板输送机、带式输送机的生产状态、设备运行状态、设备控制系统进行有效结合，形成智能感知、智能决策、智能化运行的模式。

智能识别与保护，实现生产过程中异常状态的智能监控，保障生产系统正常运行。利用计算机视觉、大数据分析技术对综采工作面系统运行过程中刮板输送机缺刮板、断链、机头堆煤等异常运行状态，煤壁片帮以及人员违章等异常状态，带式输送机运输过程中转载点堆煤、皮带异物、皮带跑偏等皮带运行异常状态进行智能识别，并联动设备控制系统，实现人员与设备的智能保护。

③ 功能要求

a. 综合展示。

系统软件界面能综合动态展示当前矿井主运输巷道、关键部位(工作面、煤仓、溜煤眼、转载点等)的实际情况以及AI视频数据、皮带速度、煤仓容量等参数，异常报警数据实时存储，并能够根据日期、时间随时查看。软件后台能够智能提醒系统异常并弹窗选择是否自动

执行。

b. 堆煤识别。

Ⅰ. 刮板输送机机头堆煤识别。利用综采工作面刮板输送机机头处液压支架视频监控设备实时感知综采工作面刮板输送机机头状态,根据实际情况定义机头堆煤高度线及堆煤时间,及时识别工作面刮板输送机机头堆煤,当识别到工作面刮板输送机机头堆煤时,系统将刮板输送机机头堆煤信息以集控中心监控画面弹框的方式推送给工作面顺槽集控中心人员,提醒其对刮板输送机、采煤机、转载机、顺槽带式输送机进行顺序停机。

Ⅱ. 溜煤眼堆煤识别。要求利用溜煤眼上方的视频监测装置对溜煤眼煤流状态实时监测,基于训练好的溜煤眼堆煤识别模型,根据自定义的溜煤眼堆煤报警高度线,智能识别溜煤眼堆煤高度是否达到报警高度线。

Ⅲ. 转载点堆煤识别。要求在带式输送机的每个转载点布置摄像机,利用皮带转载点堆煤识别模型识别安装在皮带转载点的高清摄像机拍摄的实时视频数据。当模型识别到转载点堆煤高度达到自定义堆煤高度线时,触发皮带沿线语音报警和集控中心监控画面报警,同时联动皮带集控系统进行停机。

c. 异物识别。

在皮带中部及转载点安装摄像机,基于训练好的皮带异物识别模型识别摄像机拍摄的实时视频数据,根据皮带运行实际情况中的锚杆、铁器、托辊等皮带异物种类以及煤矸石尺寸进行识别,当识别到异物在转载点卡顿的时间达到设定的时长即识别为转载点异物卡顿,触发皮带集控中心监控画面报警,同时联动皮带集控系统进行停机。

d. 跑偏识别。

对皮带跑偏量报警处理值进行定义,利用带式输送机监控系统,基于训练好的皮带跑偏识别模型,依靠高性能图形处理能力和计算能力,对定义好的皮带跑偏方向、跑偏量进行智能识别。当识别到皮带跑偏值达到定义的报警处理值后,触发皮带集控中心监控画面报警,同时联动皮带集控系统进行停机。

e. 人员识别。

Ⅰ. 综采工作面生产运行过程中危险区域人员进入识别。利用人员位置识别模型识别液压支架摄像机拍摄的综采工作面采煤机跟机作业实时视频数据,根据预定义的采煤机运行时危险区域、刮板输送机运行时危险区域、液压支架移架时危险区域,当识别到采煤机、刮板输送机运行以及液压支架移架时人员进入设定的危险区域,立即停机、闭锁系统,监控画面消息弹框报警。

Ⅱ. 皮带运行过程中限制区域人员进入识别。利用人员位置识别模型识别皮带沿线摄像机拍摄的皮带运行时人员位置情况实时视频数据,根据自定义的皮带运行时的危险区域,当识别到设备运行同时人员进入危险区域即判定为违章进入,触发皮带监控中心系统监控画面消息弹框报警,同时向皮带集控系统发送停机消息,联动带式输送机停机。

f. 刮板输送机识别。

Ⅰ. 刮板输送机缺刮板识别。利用综采工作面刮板输送机机尾处液压支架视频监控设备实时感知综采工作面前后刮板输送机运行状态,边缘平台对感知数据进行智能分析,根据刮板输送机刮板间距判断输送机刮板缺少数量,依据煤矿相关标准要求,自定义输送机刮板缺少数量报警值,当工作面刮板输送机缺少刮板的数量达到报警值时,系统将报警信息以集控中心监控画面弹框的方式推送给工作面顺槽集控中心人员，提醒其对刮板输送机、采煤机、转载机、顺槽带式输送机进行停机。

Ⅱ. 刮板输送机断链识别。利用综采工作面刮板输送机机尾处液压支架视频监控设备实时感知综采工作面刮板输送机刮板链运行状态数据，系统对感知数据进行智能分析，当识别到工作面刮板输送机刮板链单链断链时，系统将刮板输送机刮板链单链断链报警信息以集控中心监控画面弹框的方式推送给工作面顺槽集控中心人员，提醒其对刮板输送机、采煤机、转载机、顺槽带式输送机进行顺序停机。

g. 片帮识别。

利用综采工作面现有视频监控设备实时感知工作面煤壁状态，及时识别工作面煤壁片帮，并将片帮位置、片帮范围等煤壁片帮信息以集控中心监控画面弹框的方式推送给工作面运输顺槽集控中心人员。

h. 智能统计分析展示。

Ⅰ. 跑偏、异物、堆煤次数及影响时间统计。实时记录各部皮带跑偏、异物、堆煤报警的发生时间和影响时间，按照班、日、月的时间段对同一地点、不同时间的同样问题发生次数和同一地点、同一时间的不同问题发生次数进行统计，智能分析人员管理情况（异物）、设计安装情况（堆煤、跑偏）。

Ⅱ. 各部带式输送机运行时间统计。实时记录煤流运输系统各带式输送机开停时间，按照班、日、月的时间段统计各带式输送机总开机时间和开机率，结合带式输送机异常故障影响时间统计分析，智能分析采掘工作面开机率和带式输送机开机率，为生产计划完成情况分析提供数据支撑。

Ⅲ. 各部带式输送机有效利用率统计。根据各部带式输送机运量、运行时间、皮带的规格型号，计算各部带式输送机的有效利用率，为带式输送机运行管理考核、带式输送机选型提供参考标准。

3.6.3　智能化辅助运输系统建设方案

(1) 辅助运输系统现状

现阶段大部分现代化煤矿井下辅助运输采用防爆无轨胶轮车，担负全矿矸石、人员、设备和材料的上下井运输任务。

在智能矿山建设中，辅助运输系统应实现车辆安全检测诊断、入井车辆自动称重，同时应进行轮廓扫描实现入井车辆的源头管控，通过车辆精准定位系统实现车辆的实时测速、超速报警、失速抓捕、井下红绿灯管控。采用无轨胶轮车运输，则要实现无轨胶轮车的精准定位与智能调度，物资装卸实现自动化的要求。

(2) 无轨胶轮车运输管理系统和智能物流系统

① 系统实现功能

a. 车辆精准定位功能。

在 GIS 图上实时显示井下车辆的精确位置信息，定位精度高达 1 m。

b. 车辆位置动态显示功能。

系统通过 GIS 图可动态显示车辆运行情况，软件能显示井下车辆的位置、行进方向，以及信号灯指示状态等设备的相关信息。系统可以显示并自动统计人车下井趟数，形成报表。

c. 智能交通管控功能。

在井下关键路口及车辆密集区域路口安装红绿灯，指引车辆安全运行；地面也可根据生产实际需要，通过软件控制红绿灯的状态，具备多种智能化指挥模式，满足矿井的不同应用需求。

Ⅰ. 红绿灯交替显示功能。双向双行行车巷道，路口区域安装信号灯，用于指挥井下交通，类似地面红绿灯控制系统。红绿灯可以工作在计时切换模式，切换时间可以远程设置。一个路口的红绿灯有相互的显示逻辑关系。

Ⅱ. 黄灯闪烁警示功能。双向双行行车巷道，当井下车辆或某区域车辆密度较小时，红绿灯交替显示指挥交通，影响车辆通行效率。此类矿井实际使用黄灯慢闪，特殊情况下启动远程控制或者红绿灯交替显示。

Ⅲ. 手动远程红绿灯控制功能。支持按预设路线的批量设置，实现一键式“一路绿灯”功能，特殊情况下，能够手动远程控制红绿灯，指挥井下车辆。例如，特殊巷道禁止车辆进入，或应急车辆一路绿灯通行等。

Ⅳ. 红绿灯闭锁功能。具备特定区间单向行车巷道的区间红绿灯闭锁功能，在急弯或少量错车困难的巷道车辆进入区间后，两端红灯闭锁，解决车辆顶牛、撞车等安全性差和效率低问题。

d. 全流程的车辆调度管理功能。

车辆调度管理功能包含用车申请管理、派车管理、还车管理等全过程管理。

Ⅰ. 用车申请管理。使用部门可根据需求，登录客户端，填写用车类型、时间、作业地点等信息，提交给管理部门。

Ⅱ. 派车管理。依据矿上派单流程，管理人员根据派单计划，匹配车辆和司机，并可注明运输任务，形成派单计划表，便于安排和管理，提高效率。

Ⅲ. 还车管理。车辆使用完后，依据还车流程归还。

e. 车载智能终端管理功能。

通过安装于车辆上的矿用本安型智能车载台，可实现运输队车辆调度台和井下车辆之间通信，且智能车载台通过设置可实现自动接听，防止在驾车过程中不便操作，也可避免司机故意不接听调度电话的情况，实现免提通话。

智能车载台还具备行车影像记录、倒车影像、乘客舱监控、平台信息联动、司机驾驶提醒等功能，并且可根据矿方需求定制增加终端显示当前车辆的位置信息。

f. 车辆工况数据采集及上传功能。

通过安装于车辆上的矿用本安型智能车载台采集车辆自身工况信息，获取工作状态下车辆的实时工况数据，如转速、机油压力、水温、泵温、甲烷浓度等，并传输到地面进行实时查看。

g. 智能到站提醒功能。

车辆即将到达车场时，LED(light emitting diode，发光二极管)显示屏滚动文字提醒候车人员车辆进场，注意安全。车辆离开后，显示当前日期时间和特定内容。在候车点设置带显示器的隔爆计算机，可以实时显示井下车辆位置、候车点人员位置数量等信息。

h. 出入井管理功能。

井口安装控制分站及读卡设备、道闸，当车辆运行至井口时，无须人员干预，系统自动识别，实现井口出入井智能管理。车辆到达井口时，分站会自动读取车辆卡，通过信息比对，如为合法车辆，则道闸自动放行，如遇车辆为非本单位车辆、车辆检修不合格等情况，则道闸不放行。

i. 调度信息发布功能。

井下关键位置安装矿用本安显示屏，在运输队值班室操作终端，可实时发布车辆调度信息及井下巷道路况信息，提醒驾驶员在井下行车过程中安全驾驶，可实现对每一台本安显示屏进行管理和独立的信息内容发布，在运输调度管理中也可进行标语、警示信息的显示发布，为井下无轨胶轮车安全运行提供保障。

j. 全方位的车辆管理功能。

系统可实现对车辆全生命周期的管理，从设备制造单位、出厂日期到保养间隔管理等。

Ⅰ. 车辆基础信息管理。系统可实现对车辆厂家、进场时间、保养状况等进行管理，便于管理人员对无轨胶轮车的管理。

Ⅱ. 司机管理。系统可实现对驾驶员进行管理，信息包括驾驶员姓名、照片、驾车违章信息等，便于管理人员对司机进行管理。

Ⅲ. 车辆标识卡管理。根据车辆标识卡和车辆的对应关系，进行车辆标识卡状态管理等。

k. 关键位置可视化监控功能。

在井下关键部位如候车室、候车点、弯道、三岔路口、上下坡等处安装矿用本安型摄像仪和矿用本安型云台摄像仪，实现车辆关键位置的可视化监控。

l. 告警功能。

Ⅰ. 系统可实现车辆运行速度监测及超速告警。

Ⅱ. 区域超速告警，区域超员告警。

Ⅲ. 司机、车辆闲置告警。

Ⅳ. 车辆保养告警。

Ⅴ. 闯红灯报警。

Ⅵ. 弯道告警。

在弯道的两端安装 LED，车辆进入弯道区域，对端的 LED 会提醒过往车辆或行人进行避让。井下行车、行人量较大的弯道，由于视线不好，车辆通过时，容易发生车辆与车辆、车辆与行人的碰撞，造成安全隐患，需要在车辆通过弯道时，给弯道对端以语音提醒，以示避让。

m. 报表功能。

系统可实现对车辆运行状况的实时和历史信息自动生成报表，对车辆出车、派单、入井时长、运行路线、人车下井趟数等信息形成报表，并能动态回放、查询等。

n. 设备管理功能。

配置中心可实现对井下分站、红绿灯、车辆标识卡、LED 显示屏进行配置和管理，并能根据需要对设备的信息进行添加、删除、编辑等；系统可实现对用户的增加、删除，并根据业务需要，针对用户的权限进行管理。

o. 车辆轨迹回放。

系统可选定车辆，指定日期进行轨迹回放。

② 系统建设技术方案

搭建基于5G的车载台作为车辆调度台。充分考虑井下生产工作环境，系统应具有技术成熟、信号覆盖好、带宽高、通话质量好、抗干扰性强、业务丰富、安全性高、可靠性高、技术先进等特点，如图3-16所示（扫描图中二维码获取彩图，下同）。

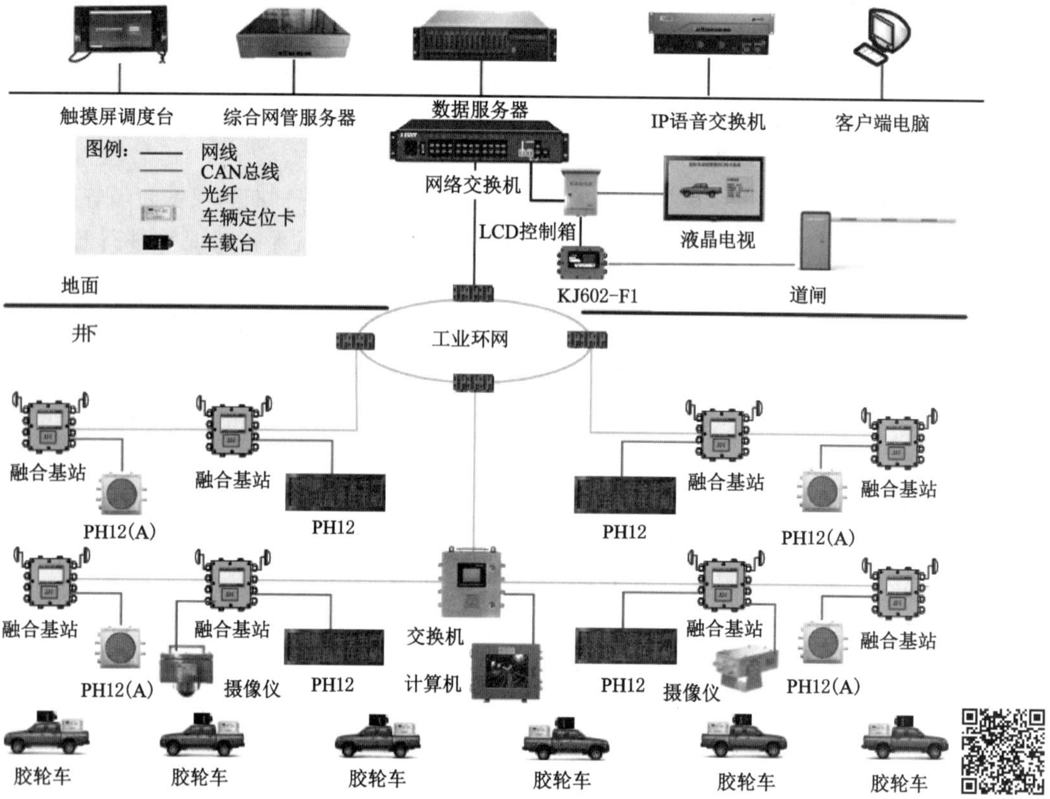

图3-16 智能化辅助运输系统架构

系统主要由管理服务器、工业级触摸屏调度台、本安无线融合基站（已有，需增加红绿灯模块）、矿用本安型精确定位器、车辆标识卡、本安型LED显示屏、矿用本安型智能车载台、隔爆兼本安电源、井下红绿灯、井下本安型高清摄像仪、井下隔爆计算机、井口智能识别装置、系统软件及配套线缆辅材等组成。

核心网设备：IP语音交换机设备（利用现有4G系统的），将分布在各个车辆（车载台）上的语音数据集成于一个网络进行通信，支持井上、井下移动电话漫游通话，并能够通过中继对接等方式使传统的调度电话系统融入新的通信网络，实现生产、调度、行政等多类电话的互联互通。支持通过数字中继、环路中继模式与矿方的其他通信系统实现互通与对接。

网管服务器：系统的专业网管软件可以对网内IP语音交换机统一网管配置，同时强大的运行日志可以清楚记录设备的运行和操作状态，大大降低运行维护的成本，具备系统管理、分组管理、账号管理、权限管理等功能；可满足井下基站的日常维护与管理要求。

录音服务器：录音服务器采用全数字录音，音质采用G.711标准，是电信级通话音质；能对系统内所有分机、环路中继及数字中继进行实时在线录音；采用大容量硬盘作为存储介质，录音时间长达 18 000 h。

采用 Web 登录在线录音系统的访问方式，能按时间和分机号查寻通话记录、播放任意时段的历史语音数据。软件界面采用中文显示，功能完善，操作方便，同时支持多用户同时登入，录音程序管理维护方便，具有录音文件定期自动删除功能。

触摸屏调度台：具备电话监控功能，能够通过图标颜色和文字指示出用户状态，包括呼入、呼出、通话时长等多种状态。

车载终端：矿用本安型智能车载台可从胶轮车取电（DC 12 V），支持视频影像等功能，带显示屏，可以显示车辆前后以及驾驶室内相关影像；支持从车辆相关接口获取车辆工况信息并上传到地面终端；车载台可直接呼叫调度中心。

3.6.4　智能化物流运输系统建设方案

通过建设智慧物流系统，实现物料的集中配送、智能化下单、一站式送达；线上连接生产区队、运输司机、机运队、机运环保部，形成配送订单—配送调度单—配送运单—装车确认—司机配送—签收确认的全流程管控方法，达到降低沟通成本、提高业务审批效率、精细化管控运输配送的目的。系统具有对外扩展能力，可对接仓储管理系统、车辆定位系统和大数据平台，从而可提高多业务系统的协同能力，补充智慧矿山的运输链条，达到智能化示范煤矿建设要求。

智能化物流运输系统对接车辆定位系统、仓储系统，减少线下纸质单据流转，提高业务线上协同化的管理能力。与车辆定位系统对接，通过数据接口获取车辆信息，包括车牌号、定位卡、车辆类型等数据；获取车辆的实时定位信息。与仓储系统对接，通过数据接口获取仓库的出库订单，包括出库单号、物料名称、规格型号、出库数量等信息。

（1）智能化物流运输系统核心功能概述

① 物料配送业务

生产区队或班组具备物料运输能力，生产区队或班组通过仓储系统发起物料申请，经相关部门审批通过后生成物料出库单，仓储系统将物料出库单数据同步给智能物流系统，智能物流系统生成物料出库单。司机线下去仓库根据物料出库单清点出库物料，清点后通过移动端扫描物料的条码，勾选物料作为本次运输的物品，勾选确认后在系统中生成物料配送运单。司机现场确认勾选的物料已装车，进行配送运输，运输过程中由车辆定位系统提供的定位数据供其他业务人员查看车辆在途轨迹信息。司机将物料配送到井下工作面后确认收货，完成配送。

② 设备配送业务

生产区队不具备设备的运输能力，通过线上提前发起设备运输服务的申请，由机运队、机运环保部审核；审批通过后，机运队调度车辆，下发运输任务，司机接收任务按照规定的用车时间去承运；设备由设备管理中心完成出库后，司机确认设备装车并进行运输配送，生产区队验收配送的设备并卸车，完成配送。根据设备配送业务的管理模式，建设信息化系统连接生产区队、机运队、设备管理中心和司机。生产区队线上发起设备的用车申请，机运队、机运环保部审批通过后，系统自动生成配送订单，机运队查看配送订单信息，统一调度车辆进行运输，生成配送调度单下发给运输司机。运输司机通过移动端接收配送调度单并完成确认，机运队线上完成设备出库，司机线上进行装车确认后系统生成配送运单。运输过程中，可于系统中基于运单查看车辆轨迹信息。配送到卸货地点，由生产区队收货责任人卸车并于线上通过扫描运单二维码完成签收确认，支持司机代签，签收确认后配送运单配送完成。

(2) 电脑端功能概述

① 物料配送管理

电脑端物料配送管理模块的用户是生产区队的管理人员，完成物料的领用申请、调度配送。

② 设备配送管理

电脑端设备配送管理模块的用户是生产区队和机运队，生产区队发起设备配送服务申请，机运队完成设备配送服务申请审批、车辆调度、配送服务。

③ 车辆借用管理

车辆借用管理模块的用户是生产区队、机运队、机运环保部，生产区队发起车辆借用申请，机运队、机运环保部审批、验收。

④ 基础管理

包括用户管理、组织管理、角色管理、权限管理、车辆管理、流程管理、预警管理等。

(3) 移动端功能概述

① 物料出库单

运输司机通过移动端查看物料出库单信息，通过出库单中的物料明细核对出库物料，防止库管员出库的物料有误。

② 物料配送运单

运输司机通过扫描物料的条码或勾选物料出库单中物料明细的方式将多个物料耦合在一个配送运单中，根据物料配送运单进行装车运输、卸车确认。

③ 设备配送调度单

运输司机通过设备配送调度单可查看配送的设备名称、规格型号、配送数量等信息，并进行设备的配送确认操作，确认后由配送调度单生成配送运单，运单中包含配送车辆的车牌号、司机、配送时间、设备名称、规格型号、配送数量等信息。

④ 设备配送运单

运输司机通过移动端查看配送运单，通过配送运单进行装车运输、卸车确认。

3.7 智能化通风系统

智能化通风系统采用通风系统智能精准感知技术与装备，实现对风阻、风量、风压等参数的智能感知，对通风网络阻力进行实时监测与解算。风速、温度、湿度、气压、瓦斯、一氧化碳、二氧化碳、粉尘等传感器的数量和位置应满足精确测风、瓦斯涌出量计算和环境状态识别的需要，并提供远程监测接口。鼓励井下主要进回风巷间、采区进回风巷间采用自动风门，正常通风时期可靠闭锁，灾变时期可远程解除闭锁。矿井主要通风机、局部通风机具备远程集中控制功能，局部通风机可具有远程启停功能，实现无人值守。通风系统应具备故障自诊断与预警功能，并与其他系统实现智能联动控制，实现灾害的智能预警与避灾路线智能规划。

通风系统感知技术：通过精确阻力测定和平差计算获得主要井巷和通风设施的风量、风压、摩擦阻力系数、原始风阻和局部风阻等参数，通过风机测定获得主要通风机、局部通风机的准确特性曲线。利用获得的各风机的特性曲线、各风道的风阻和自然风压等，解算各风道风量。

通风设备：鼓励主要通风机、局部通风机实现在线变频调速；主要通风机应安装精确的风量、风压传感器，局部通风机应安装风筒风速传感器。过车风门、主要行人风门、关键通风节点的风窗应实现人工、自动和半自动开关，并安装人车识别装置、视频监控系统、声光报警器和视频传感器，监测、监视和监控装置应提供远程接口。

智能通风软件系统：将地理信息系统与风机、风门、风窗监控系统，安全环境监测、瓦斯抽采监测系统，采掘工作面位置及状态监测系统以及人员和车辆定位系统进行集成，实现自然分风解算、通风网络实时解算及灾变状态下风流模拟仿真，能够进行通风系统优化、风速传感器和调节设施的优化布置以及可控性评价，实现通风系统状态识别和故障诊断、用风点需风量预测及灾变状态下的调风控风的智能控制。在授权状态下，正常状态矿井风流、风量按照安全高效原则远程调节，灾变时期按照控制灾变及有利救援原则智能控风、调风，并实现三维动态可视化。

3.7.1　智能化通风系统建设要求

矿井应建设完善的综合保障系统，矿井主要通风机、局部通风机具备集中控制功能，井下风门具备基于感知信息的智能开启与关闭功能，具备瓦斯、风压、风速、风量等智能感知能力，并基于感知信息自动进行预警与控制，从而实现通风系统的无人值守与远程集中控制。

智能化通风系统需要对井下瓦斯浓度、风压、风速、风流方向及固定地点风量等参数进行智能监测，可以对监测数据进行自动分析，并对井下风门、局部通风机、主要通风机进行远程控制。

3.7.2　智能化通风系统建设内容

智能化通风系统以相关通风设施为基础，依托智能感知设备，借助互联网、物联网、人工智能、大数据、信息通信和自动化技术，通过对通风数据采集、环境监测数据融合、通风诊断预警分析及通风网络解算决策与智能联动调控，实现矿井日常按需供风，保障通风系统日常运行的科学性与先进性，同时在灾变条件下根据设定的反风控制模型做到应急通风控制。智能化通风系统架构如图3-17所示。

(1) 智能化通风系统基础设施

① 精准测风装置

a. 监测点位布置。

至少监测一条通过工作面的最大阻力路线上各条巷道的通风参数（风速、绝对压力、温度、湿度）；监测主要用风地点及主要风路的通风参数（风速、绝对压力、温度、湿度）；监测通风网络变风阻分支的风量、阻力，以满足通风网络实时解算的需要；监测主要通风构筑物等两端压差和其他有可能受灾影响较大的巷道、通风构筑物的通风参数（风速、风量、绝对压力、温度），以实现通风系统异常类型、异常影响范围及异常严重程度的分析与预测。

b. 通风阻力精准测定。

借助超声波风速传感设备和矿用高精度气压计，制定详细的通风阻力测定方案，开展全

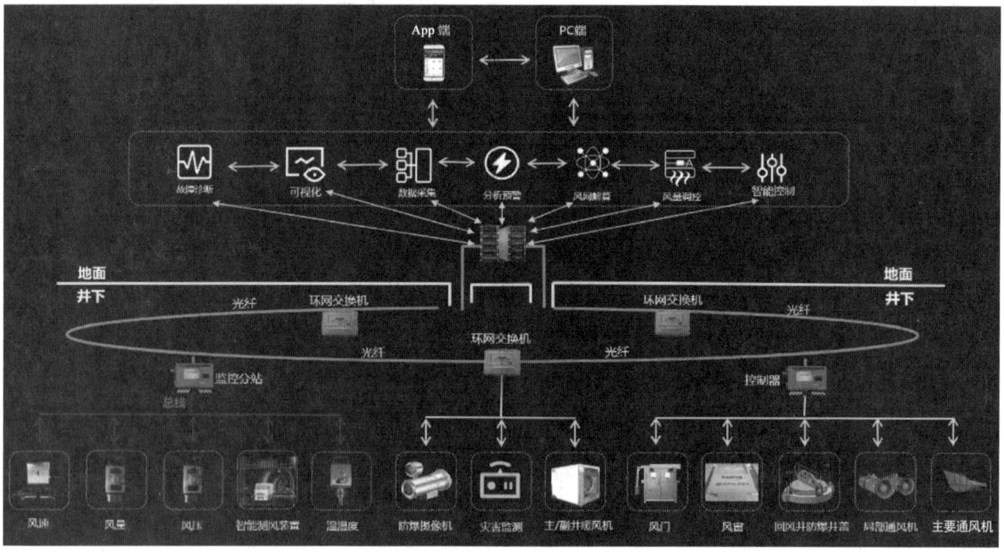

图 3-17　智能化通风系统架构

矿井阻力测定，同时对阻力测定数据进行处理，得到相对精准的阻力分布情况以及不同支护形式、断面形状的摩擦阻力系数等。根据《矿井通风阻力测定方法》(MT/T440—2008)的要求，结合通风情况和生产现状等因素，在选择测定路线时，依据的原则为路线要涵盖主要井筒、工作面，且和通风系统的特征密切相关等。确定测定线路，根据各点全面测定数据计算得出各条巷道的断面尺寸、风量、风阻、摩擦阻力系数等数据及矿井通风设施的通风阻力数据，并进行误差校验。最终实现矿井通风参数的精准把控，为通风网络模型构建、通风解算、井下调风、系统优化等提供真实可靠的基础数据支撑。

c. 精准风速传感器。

精准风速传感器利用超声波在介质中传播时，介质的移动速度加载到超声波的速度上，在相同的传播距离内，顺向传播的时间会短于逆向传播的时间的原理测量出超声波的传播时间差，并通过公式计算出风速，从而测量收发换能器之间的平均风速。其主要由显示主机和两个超声波探头组成。监测的矿井通风数据为连续的一段巷道的平均风速，监测数据精确、真实可靠地反映矿井的通风风量。精准风速传感器主要用于进回风大巷、采区进回风巷、采煤工作面进回风巷等关键巷道及用风地点风速和风量测定。

d. 高精度气压表。

矿用高精度气压表是便携式高精度、高灵敏度气压测量仪器，能够对绝对气压、相对气压进行准确测定，并具备数据存储、标记和无线传输功能。

e. 全断面精准测风装置。

矿井通常采用四线或六线式人工机械风速测定仪，每班到井下固定测风点测量风速，采用人工计算方式计算风量，这存在测风速度慢、实时性差、可靠性差等弊端，且在实际操作中受测风员技能水平和责任心因素影响。

为有效解决上述问题，应结合矿井实际情况，通过地面远程控制系统下发指令到地下控制装置，利用动力机构驱动精准测风传感器，在保持统一水平面上垂直运动，借助分站，通过环网将测量数据实时上传至软件平台，经计算得到实时风量，最终实现巷道全断面智能无人精准测风。

② 智能调风装置

a. 远程调节风门。

远程调节风门是在传统自动风门的基础上，进一步升级、改造，充分利用力学、光学、物联网、AI等原理与技术实现在矿井调度室内就能对井下风门进行远程监测与智能控制。

远程调节风门具有“自动”“手动”“远程”三种运行模式，各种模式可进行自主切换，且每组风门可单独设定工作模式，互不影响。当风门处于就地自动控制模式时，矿用显示屏的字幕为绿色提示语：“风门运行正常请通行”；当风门处于远程控制模式时，矿用显示屏的字幕为红色提示语：“风门远程控制，请注意安全”，同时伴有语音警示“请远离风门”。

通过安装于风门外侧的高清摄像仪，在远程控制平台内可随时查看风门的工作状态。当风门的通信中断或传感器故障时，管理平台自动弹幕提示，并作出故障点分析，提示及时检修。

根据矿井实际巷道图纸在控制平台内创建矿井巷道电子地图，井下检测传感器、风门地理位置标示清晰，并实现一键链接。管理平台随时可将风门的运行历史数据、故障次数生成报表或曲线图，进行存档、打印。

b. 远程调节风窗。

调节风窗是智能通风项目建设中重要的调风设施。建设远程调节风窗，通过地面控制平台调节风窗的通过截面积，实现风量的精准调节。

根据矿井实际风压、巷道截面积、安装位置不同，风窗可选择百叶式、推拉式、顶升式、插板式等多种结构。进风巷风窗采用电动控制，回风巷风窗采用气动马达作为动力源。

远程调节风窗主要由控制分站、驱动装置、机械装置、远程控制平台等组成，应配置双电源切换控制箱，当风窗控制装置断电时，自动切换到另一路电源供电，确保风窗24 h不间断供电；调节风窗设有互锁装置，避免因外力作用而导致风窗移位，确保矿井通风安全。

c. 局部通风机。

智能通风系统要求局部通风机具备变频功能，并且可实现远程控制。结合井下局部通风机采用传统就地控制方式，通过新增局部通风机或进行变频改造实现智能控制。

以局部通风机分站为基础，将井下传感器、井下分站采集的现场瓦斯浓度、风速、温度等实时参数发送至上位机软件平台及PLC进行分析，计算供风量，将控制指令下发给PLC与变频器组成的控制系统，实现对掘进工作面及巷道通风机转速的实时调节、自动切换。避免现有局部通风机供风“一风吹”现象，实现矿井局部通风按需供风，从而达到“实时预警、人机双控、按需供风、防灾减灾”的效果。

(2) 智能化通风系统实现功能

① 数据采集

通风基础参数设定：采用精密气压计基点法，借助超声波风速和风压传感器等高精度测量仪器，将阻力测定的相关参数——巷道静压、断面尺寸、风量、风阻、摩擦阻力系数等在系统中进行设定，实现矿井通风参数存储，为通风网络模型构建、通风解算、井下调风、系统优化等提供真实可靠的基础数据支撑。

通风动态参数采集：在矿井总进风巷、总回风巷、盘区进风巷、盘区回风巷等主要通风巷道，以及采掘工作面等主要用风地点，安设高精度风速传感器、风压传感器，对全矿井主要通风巷道及用风地点的风量进行实时、在线、精准监测和数据的采集。根据采集数据实时对数据库进行维护和更新，保证通风系统模型真实可靠。

集成矿井现有的安全监测系统或新增各类气体传感设备将甲烷、一氧化碳、硫化氢、二氧化碳等有害、有毒气体监测数据接入智能通风平台，实现矿井环境参数的精准分析、把控及各类毒害超标预警，为因毒害气体引起的灾变应急，为作出合理控风决策提供基础数据支持和分析依据。

② 智能分析预警

以感知通风参数、环境监测参数、设备运行监测参数为基础，以平台预设预警阈值为对比依据，借助神经网络、机器学习及大数据分析比对等手段，对通风系统出现的风速超限、风量不足、循环风、风流逆变、风流短路、供需失衡、环境监测各类气体超限及通风设施故障等隐患以文字、图形形象化方式进行智能预警。

③ 通风网络解算

依据风量平衡定律、风压平衡定律、阻力定律，以通风网络各分支的风阻及主要通风机特性和监测监控系统风速（风量）、压差、温度、湿度、大气压力等传感器实时数据为基础，采用改进的 Scott-Hinsley 算法，建立方程组在线求解通风网络所有分支风向和风量、风压数据。在采用高精度风速、风压、湿度和温度等传感器对关键巷道通风参数实时监测的基础上，实现矿井通风网络拓扑关系自动维护、通风网络实时解算、异常诊断等功能，从而计算出整个矿井所有通风巷道的风量分布情况，实现全矿井通风智能解算和通风系统动态模拟。

④ 智能决策

基于通风网络实时监测与通风网络动态解算风量，利用人工智能、机器学习等技术手段，对井下风流按需分配模拟、日常通风隐患及异常变化预警、灾情快速研判、灾变通风应急控制等提供智能决策及建议，并结合通风调节设施与应急装备制定灾情演化-人员逃生一体化控风预案库，形成调控建议报告，智能快速确定最佳风流调控方案，为风流智能调控奠定基础，实现矿井“决策智能化、调控无人化、通风管理智能化”。

⑤ 智能控制

借助智能决策确定调控方案及调控建议报告，对涉及的风门、风窗及主要通风机、局部通风机进行人工干预调控或一键智能调控。

⑥ 远程风门调控

用远程自动控制风门替代矿井现有的风门，实现矿井风门的就地控制、远程控制、双重闭锁、自动复位、断电开启、远程通信等功能。

⑦ 远程风窗控制

用远程自动控制调节风窗替代矿井现有手动调节风窗，实现矿井风窗的远程自动调节。通过远程控制微调执行器，对风窗过风面积进行自动、快速调节，从而使监测风窗过风量与目标过风量相符。

⑧ 通风机远程调控

a. 局部通风机变频与智能控制。

对矿井掘进工作面局部通风机进行变频改造，在现有的传统就地控制非变频局部通风机基础上增加变频器、智能控制系统以及部分传感器，以满足远程监测与智能控制功能要求。采用PLC与变频器组成的控制系统，对局部通风机转速实时调控。

b. 主要通风机远程调控。

主要通风机接入智能通风系统平台进行远程控制和变频调节，方法同局部通风机。

(3) 智能可视化系统

基于融合的通风数据、环境数据、设备运行数据、工况数据，利用大数据分析、智能计算及计算机视觉技术，结合关联分析、空间分析和多维分析等多种分析手段，挖掘对应数据业务算法模型，最终将通风网络图、矿井3D全景图、2D/3D巷道图、毒害气体云图通过可视化界面进行展示，实现智能通风场景模拟，全面提高决策层数据可视化、信息化水平。

(4) 智能化通风系统建设步骤

智能化通风系统建设应分三个阶段进行。

① 初级阶段：完善通风基础设施，提高智能感知精度及进行感知数据整合。

a. 实现矿井风门就地控制和远程自动控制功能。

b. 实现风窗远程自动控制，风窗过风量与目标过风量相符。

c. 搭建软件基础平台，实现安全监测监控及感知数据融合与可视化。

② 中级阶段：实现通风诊断预警及通风网络解算、通风设施的远程控制。

a. 实现矿井重要通风巷道风速、风压精准监测并与软件平台集成。

b. 重要通风巷道及测风站点、全断面智能测风装置与软件平台集成。

c. 实现通风网络解算，以及通风诊断预警和通风设施自动调控。

③ 高级阶段：建立智能通风决策平台并进行优化，最终实现通风全智能化。

a. 实现通风网络实时解算，并建立智能决策平台。

b. 实现通风动力、通风设施智能调控，从而达到通风全智能化。

c. 实现灾变时期按照控制灾变及有利救援原则智能控风、调风。

3.8 智能化供电与供排水系统

矿井供电系统是指矿井地面变电所、井下中央变电所、采区变电所、工作配电点按一定方式相互连接起来的一个整体。供电系统智能化建设实施，将矿井供电系统在生产工作中发生的跳闸、供电不均衡、保护误动作等问题解决处理，提高矿井智能供电系统智能化和自动化水平，保障矿井生产、运输、安全等系统的可靠运行。

建设智能化供排水系统，可实现矿井供排水系统的智能联动控制、动态预警分析、供排水量智能平衡控制，还可实现矿井强排系统、水处理系统、主排水系统、水文系统的智能联动、预警分析和灾害期间的应急管理，实现智能化排水的目标。

3.8.1 智能化供电系统

智能化供电系统是指基于供电系统数据、电缆监测数据、继电器保护数据、故障监测数据和电能计量数据的煤矿供电系统安全高效运行保障体系，对供电系统进行全面监测与分析，实现煤矿供电系统的全面智能化无人值守、智能监控管理；建设基于大数据分析的智能供电决策系统，实现故障的预判和预处理、快速故障隔离；建设煤矿能耗监测和智能化能耗优化调度系统，动态调节煤矿大型用电耗能设备的供电方案和作业计划，降低煤矿整体能耗水平，优化能耗成本。

(1) 工业场地变电站无人值守系统

工业场地变电站无人值守系统具有保护、遥测、遥信、遥调、遥控功能，采用分层分布式结构，包含变电站层和间隔层。系统采用智能分布式总线监控技术，具备智能、分布性、自主性特点，硬件即插即用，自动识别，自动添加到系统软件，可随时增减扩展监控点，更新监控系统；实现对变电站全方位的控制和管理；实现变电站无人值守功能，保证变电站的安全、经济、可靠运行；实现供电系统集中管理，数据采集、运行状态监视、远程集中控制，整个系统的运行数据、运行记录、故障报警记录存储、查询和统计功能。

① 遥测功能：系统能显示、查询实时数据、历史数据、事件记录等各种参数值以及三相电压、三相电流、零序电压、零序电流、视在功率、频率、功率因数、设备腔内温度和湿度等数据。

② 遥信功能：实时在线监测开关变位与控制输出状态、各故障报警状态等信号量。

③ 遥控功能：可实现高压开关的分合闸控制操作、保护信号复归操作、主变压器远程调档、启动录波操作和挂摘检修牌，在保护器及系统主机上都可以进行电路的分合闸操作，可以选择本地控制和远程遥控操作功能。

④ 遥调功能：在保护器及系统主机上可就地/远程在线进行更换保护器后的保护定值整定、分时时段整定、最大需量周期整定、结算点整定、通信设置整定等操作。

⑤ 预警和报警处理功能：报警按原因和性质进行分类，并按其重要程度分为三级：重要、次要、一般。

⑥ 运行数据监测、记录与查询：监测供电系统的电气运行参数、曲线，记录供电系统运行过程，监测异常运行参数，自动判别报警，建立运行参数、曲线、过程、故障报警历史记录，可分日期、班次、任意时间段统计查询。

⑦ 系统时钟和时钟同步：采用 GPS 时钟，实现主站网络中的节点对时；数据及图形服务器周期性地与配电室/变电所进行时间同步；具有人工设置系统时间的功能。

⑧ 人机交互功能：如用户界面设计，交互方式选择，反馈机制等。

⑨ 权限管理：系统设置的安全规则或者安全策略，包括功能级权限和数据级权限。

⑩ 历史数据和报表处理：历史数据用于分析趋势、预测未来、评估绩效；报表处理包括报表设计、报表生成、报表分析等。

⑪ 电量抄录功能：实现高压电量远程自动抄录，自动生成班报、日报、月报、年报等多种形式报表。

⑫ 告警功能：开关变位告警、保护动作告警、电压电流越限告警，并有文字窗口、声音提示。

⑬ 事件记录存储检索功能：当开关变位、保护动作、发出预警信号、控制操作、修改定值时，均生成带时标的事件记录，存储在磁盘中。

⑭ 定值管理功能：可对选定的回路进行定值查询、设定(包括远程设定、批处理)和打印，定值设定分预设和固化两个环节。

⑮ 故障录波分析：当保护动作时，可自动启动录波功能，也可以根据需要启动某回路进行录波，主站可再现电压电流波形，分析各时刻幅值、相位等。

⑯ 避免远程双重误送电功能：远程停电闭锁后，监控系统和现场综保设备同时闭锁，并有明确信息显示，无论远程或就地操作，非闭锁设置人员无法操作该设备，避免误送电事故。远程设定闭锁后，就地综保显示为远程闭锁，非授权人不经申请和授权无法就地操作送电，闭锁人是唯一操作人员，避免远程和就地双重授权的误操作。

(2) 井下供电无人值守系统功能要求

① 实现供电系统集中管理，数据采集、运行状态监视、远程集中控制、计量，整个系统的运行数据、运行记录、故障报警记录存储、查询和统计等功能。

② 遥测功能：系统能显示、查询电路的实时数据、历史数据、事件记录等各种参数值以及三相电压、三相电流、零序电压、零序电流、视在功率、频率、绝缘电阻、功率因数、设备腔内温度等遥测数据。

③ 遥信功能：实时在线监测开关变位信息、风电瓦斯电开入量状态、控制输出状态、各故障报警状态等信号量。

④ 遥控功能：可实现高压开关的分合闸控制操作、保护信号复归操作、启动录波操作和挂摘检修牌；低压开关的分合闸控制操作、保护信号复归操作。在保护器及系统主机上都可以进行电路的分合闸操作。

⑤ 遥调功能：在保护器及系统主机上可就地/远程在线进行高压保护器的保护定值整定、分时时段整定、最大需量周期整定、结算点整定、通信设置整定等操作；可就地/远程在线进行低压保护器的保护定值整定。

⑥ 告警功能：开关变位告警、保护动作告警、零序电压告警、零序电流告警、电压电流越限告警，并有文字窗口、声音提示。

⑦ 事件记录存储检索功能：当开关变位、保护动作、发出预警信号、控制操作、修改定值时，均生成带时标的事件记录，存储在磁盘中。

⑧ 定值管理功能：可对选定的回路进行定值查询、设定(包括远程设定、批处理)和打印，定值设定分预设和固化两个环节。

⑨ 故障录波分析与打印功能：当保护动作时，可自动启动录波功能，也可以由调度下命令启动某回路进行录波，主站可再现电压电流波形，分析各时刻幅值、相位等，也可以打印录波曲线。

⑩ 系统及操作安全性：

a. 系统安全性：系统应采取可靠的软、硬件措施，确保监测中心数据安全性及监测网络各设备的安全性。

b. 操作安全性：操作控制与管理应有相应级别的授权，操作对象状态检验、显示和操作结果的预显示，操作过程数据和状态反馈、图形显示和过程记录，可设置操作限制条件，对违章操作自动报警。

c. 权限安全性：系统具有多级密码验证，并采用加密狗形式，自动屏蔽恶意操作和非法操作。

d. 跟踪记录：实时记录用户修改、设置、整定、远控等操作。

⑪ 编组操作及预案运行功能：

a. 编组操作：通过操作控制软件，用户可方便实现分组操作，实现分区、分批远距离停送电功能。

b. 预案运行：用户可预先编制预案，发生预案设定情况时，用户可启动预案程序，执行预案操作。

⑫ 一键快速安全送电功能：系统能够根据供电设备的优先级及变电所内设备所处的线路级别依次向下排列送电。

⑬ 系统具备实时记忆功能，当发生全所停电时系统记录了停电前的设备分合闸状态，需要全所复电时，系统可按照停电前的开关状态进行送电，防止误送电。

⑭ 可扩展性：系统配置灵活，安装简易方便，可根据用户需求和资金情况方便地对系统进行扩容和升级，必须满足后期工程需要。如变电所增加开关、增加数据传输分站等扩容，可由矿方技术人员直接完成。

⑮ 监测点均有动态图标显示，明确显示监测点的运行状态，每个数字量监测点有实时数据、实时曲线、历史曲线、运行记录、故障记录等数据显示。

⑯ 系统有监测点属性设置和绘画工具，系统图库储备丰富的图件，可根据需要更改系统界面的图形和布局，设置与相应监测点的数据链接。

（3）井下各配电点电力监控系统

建设井下智能供电系统，实现对井下变电所外围配电点、采煤工作面、掘进工作面高压开关、移动变电站高低压开关、组合开关、低压开关、照明综保的数据采集、远程控制、视频监控，实现遥测、遥信、遥控、遥调、遥试、遥视等“六遥”功能；具备开关可靠性监测功能、操作安全闭锁和电子挂牌功能、远程漏电试验功能、高清视频监控功能，能够实现故障预警、事故预防、远程控制，从而实现井下变电所外围配电点、采煤工作面、掘进迎头的“无人值守”。

① 监控范围内的井下高压开关全部更换为智能型监控保护器，在电力监控系统上实现远程监控功能，包括遥测、遥信、遥调、遥控、遥试、遥视功能，内置后备电源、操作安全闭锁和电子挂牌、高精度峰谷分时计量、开关断路器动作性能监测、开关腔内温度监测等设备与功能。内置后备电源中用于开关分闸的分励控制后备电源在电源侧无电时具备最少 3 次分闸能力；用于远程通信和就地显示的工作后备电源在电源侧无电时保证保护器的就地显示与远程通信正常工作不小于 1 h，且必须为本安型电源。系统监控范围内的具备远程通信监控功能的移动变压器高低压保护装置采用通信的方式接入系统，实现远程监测监控功能。

② 监控范围内不具备远程通信监控功能的移动变电站高低压保护装置更换为具有内置后备电源、操作安全闭锁和电子挂牌、峰谷分时计量、开关腔内温度监测、开关断路器动作性能监测、变压器超温保护、远程漏电试验、多种形式录波、故障记忆闭锁、统一校时等设备与功能的智能监控保护器，实现远程监控。

③ 监控范围内具备远程通信监控功能的低压组合开关采用通信的方式接入系统，实现远程监测监控功能。

④ 监控范围内的井下低压开关全部更换为具有内置后备电源、远程漏电试验、操作安全闭锁和电子挂牌、峰谷分时计量、开关腔内温度监测、多种形式录波、故障记忆闭锁、统一校时等设备与功能的智能监控保护器，实现远程监控功能。内置后备电源中用于远程通信和就地显示的后备电源必须为本安型电源，后备时间不小于 1 h。

⑤ 监控范围内的智能型照明综保增加远程漏电试验模块，采用通信方式接入系统，实

现远程监测、监控和远程漏电试验功能。

⑥ 掘锚机迎头馈电开关、照明综保监控采用电力线通信技术，利用 1 140 V/660 V 动力电缆实现数据传输。

⑦ 实现变电所外供电系统集中管理，数据采集、运行状态监视、远程集中控制、电量统计与分析，整个系统的运行数据、运行记录、故障报警记录存储、查询和统计等功能。

⑧ 具有高低压开关远近控切换、安全闭锁和电子挂牌功能，解决无人值守时的远程控制与就地控制的双重操作问题，实现真正意义上的“谁停电、谁送电”安全操作闭锁，防止误送电、误停电事故发生。

⑨ 具有高低压开关的腔内温度监控功能，实时在线监测开关腔内温度，当发生超限时，监控中心及时发出警报。

⑩ 具有视频联动功能，在电力监控系统软件上能够实时调取变电所视频图像信号，对开关进行操作时，同步显示变电所内的视频图像，实现真正意义的可视化操作。

⑪ 具有电量统计功能，实现电量远程自动抄录和尖、峰、平、谷分时计量及最大需量的抄录，可提供各单位、各设备任一时间段的用电状况，自动生成班报、日报、月报、年报等多种形式报表。

⑫ 具有录波分析功能，可再现电力系统故障和异常运行时的电气参数变化过程，为分析故障原因提供翔实的数据及故障过程瞬态变化曲线。

⑬ 具有快速恢复送电功能，当煤矿供电系统因故障发生大面积跳闸时，系统快速对安全负荷设备送电，以保障井下人员的人身安全，防止煤矿安全事故产生。

⑭ 为电力监控分站供电的直流稳压电源具备智能通信管理功能，接入电力监控系统实现运行状态、电池电压、充电电流、放电电流参数的监测、管理以及低电量预警等功能，电源后备时间不小于 4 h，且具有 RS485 通信管理功能。

3.8.2　智能化供排水系统

主供水智能控制系统，应实现主供水系统设备的智能运行、供水用电自动削峰填谷及管网调配，自动选择最优电量；通过水泵运行等参数的监测，实现水泵控制与监测的智能化，以及对系统异常低压现象的预警；通过多传感器和各系统数据融合，实现按需供水，并能实现对用水量的预分析功能。

建设基于压力、液位、流量、温度等监测传感器和电动阀的智能排水系统，实现主排水系统设备的智能运行，智能排水系统可按照水量实现排水用电自动削峰填谷，智能优化排水方式，实现能耗自评估和故障自诊断，具备智能报警、智能统计分析排水量等功能。

建设污水智能处理系统，通过监测水泵及管路的运行参数、设备状态、运行时间等信息，实现能耗及产能分析和故障诊断；通过监测污水处理系统的各流程环节，及时调节污水处理的各项参数，降低系统运行成本，保证污水排放质量达标。

(1) 数据采集与检测

① 系统采集与检测的模拟量：吸水口真空度、出水口压力、水泵轴承温度、水泵电机温度、水泵电机轴承温度、电动闸阀开度、水仓水位、主管路流量。

② 系统采集与检测的数字量：电动闸阀的工作状态与开关限位、水泵开停状态、电动球阀的工作状态与开关限位。

③ 系统采集与检测的电参数：水泵电机运行电压、电流。

④ 系统采集与检测的水质参数：根据排水用途确定，主要考虑排放标准、回用用途。

（2）保护功能

① 操作保护：自动禁止不符合设定条件和程序的操作控制，并发出报警信号。

② 水泵启动保护：根据水泵启动时压力、真空度等参数判断水泵是否正常启动，非正常启动时能及时报警。

③ 压力异常保护：排水压力、吸水真空度出现异常时报警，排水压力、吸水真空度达不到设定值自动停泵，具有压力异常保护功能。

④ 温度异常保护：水泵轴承温度、电机定子温度、电机轴承温度出现异常时报警，具有温度异常保护功能。

⑤ 流量保护：当水泵运行时，如流量达不到正常值则报警，超过设定时限后自动停泵，具有流量保护功能。

⑥ 防水锤保护：停泵时结合排水压力、闸阀开度进行智能控制，防止水锤冲击。

⑦ 电动闸阀故障控制：由闸阀的限位指示检测故障，并参与水泵的联锁控制。

⑧ 水位超限报警：设置报警水位，水位超过最高报警水位或最低报警水位，系统报警。

⑨ 水位突变报警：水位增长速度超过正常水位增长速度，系统报警。

⑩ 通信中断报警：地面监控中心的监控主机与井下泵房内的集控设备通信中断时，系统报警；井下泵房内的集控设备与监控装置通信中断时，系统报警。

⑪ 自动开停流程保护、报警：执行自动开停时，开停控制流程分步执行过程中均有提示，控制步骤执行出现异常时，系统报警提示异常原因，并自动保护退回。

⑫ 报警智能推送：所有保护及报警信息自动推送，弹出信息提示对话框，并具有语音提示功能。

（3）控制功能

① 水泵监控系统控制模式

水泵监控系统可以选择的控制模式：自动控制、程控控制、手动控制。

a. 自动控制：根据水位等参数，按照设定参数自动选择运行水泵，并按照控制流程完成单台或多台水泵的开停。

b. 程控控制：根据一台水泵的启停控制流程，程控水泵的启动与停止，实现一键启/停。

c. 手动控制：在计算机监控画面上，在有一定的授权权限条件下，根据水仓水位情况，通过计算机鼠标来控制相应水泵的启停，同时可设定和修改水泵的运行条件、工况参数和控制程序。

② 水泵监控系统控制方式

水泵监控系统的控制方式：远程控制、就地控制、检修控制。

a. 远程控制：在地面计算机监控画面上，在有一定的授权权限条件下，可远程实施集中控制。

b. 就地控制：在就地集控操作台上控制水泵开停。

c. 检修控制：解除设备启停闭锁关系，故障保护退出，使用操作台上的切换开关和控制按钮单独操作设备。

③ 水泵自动轮换

该系统程序能自动控制水泵自动轮换工作，控制程序将水泵启停次数及运行时间和管路使用次数等参数自动记录累计，系统根据这些运行参数按一定规律自动启停水泵，使各水泵及其管路的使用率分布均匀；当水泵在启动或运行过程中出现故障时，系统自动停止故障水泵、投入热备的水泵排水，实现水泵自动轮换工作，同时系统自动发出声光报警，并在显示屏上动态闪烁显示，记录事故，达到有故障早发现、早处理。

④ 自动控制

系统根据水仓水位的高低或者根据井下用电负荷的高、低峰和供电部门所规定的平段、谷段、峰段时间段等因素，建立数学模型，合理调度水泵，自动准确发出启、停水泵的命令，控制水泵运行。

⑤ 抢险排水

系统可设定抢险操作预案，遇险时自动按照抢险操作预案快速反应，实施抢险排水，要求将此功能应用于现有采区泵房自动化排水集控系统。

⑥ 操作转换

系统可按照设定优先条件在手动、程控、自动等操作方式中自动转换。

⑦ 动态显示

系统动态模拟显示采用组态软件开发，系统通过图形动态显示水泵、电磁阀和电动闸阀的运行状态，采用改变图形颜色和闪烁功能进行事故报警，直观地显示电磁阀和电动闸阀的开闭位置，实时显示水泵抽真空情况和出水口压力值。系统用实时趋势图方式和数字形式准确实时地显示水仓水位，并在启停水泵的水位段发出预告信号和低段、超低段、高段、超高段水位分段报警，提醒操作人员注意。

⑧ 远程通信功能

系统具有 OPC(overspeed protection control，超速保护控制)通信接口，可以为矿方调度指挥中心、集团公司安全监控平台提供监测数据。系统具有 Web 发布功能，为地面管理网络内的其他授权用户提供高效的设备及工艺运行状态浏览、数据查询、统计分析服务，授权用户通过相通的网络内的 IE 浏览器进行客户端访问，实现了更加科学合理的结构，使管理层很方便地浏览管理系统。

⑨ 视频联动功能

系统监控界面内可直接调出现场视频监控画面，实现控制操作与视频监控联动，以及远程可视化操作。

⑩ 硬件授权加密功能

系统具备硬件授权加密功能，用户通过硬件授权锁登录系统进行身份认证识别及操作权限管控，防止非法授权访问，确保系统安全性。硬件授权锁采用 16 位智能卡芯片，无须安装驱动，安全可靠，简单易用。

3.9　智能化安全监控系统

相比其他行业，煤矿生产具有较高的危险性，煤炭行业一直是我国事故频发、人身及财产安全受威胁比较严重的行业之一。煤矿安全生产是一个比较繁杂的系统工程，包含较多的子系统，排查安全隐患工作具有一定的困难。对于不同子系统的安全隐患检查要细致、深入,才能及早发现并排除安全隐患,保障煤矿安全生产。

3.9.1 瓦斯灾害管控

我国矿井大多存在瓦斯灾害的风险,对于存在瓦斯灾害的矿井,应建设完善的瓦斯智能感知系统,并实现监测数据的自动上传、分析、预测、预警,瓦斯监测数据与通风系统、避灾系统等实现智能联动控制。

建立瓦斯多源数据分析预测预警系统,利用矿井安全监控数据、煤矿基础数据、瓦斯治理业务管理数据和煤矿 GIS 数据和相关行业规程规范,通过系统内置的预警模型,主要包括通风系统预警模型、瓦斯浓度增幅预警模型、瓦斯浓度趋势预测模型、瓦斯抽采达标评价模型、抽采系统异常预警模型、瓦斯突出动态预警模型等,实现对瓦斯灾害风险的预警;采用大数据技术,通过神经网络算法,结合历史瓦斯灾害预警数据的时空特征,训练得到瓦斯灾害预警模型,在模型中输入当前时刻的瓦斯相关特征数据,分级判识当前瓦斯灾害风险,实现对瓦斯灾害的预测预警,为矿井安全生产提供保障。

3.9.2 水害管控

根据《煤矿防治水细则》第九条要求,矿井应当建立地下水动态监测系统,对矿井涌水量进行动态监测。存在水害的矿井,应建设完善的井上下水文智能动态监测系统,并与排水系统、避灾系统等实现智能联动控制。

我国现有煤矿在当前的建设中,部分矿井已建立了井上下水文智能动态监测系统,能够对煤矿井下涌水量进行自动测量和记录,实现不间断连续观测以及对地下水动态异常的预警;对各采区排水系统、矿井总排水量进行实时动态监测;对地表水文长观孔进行实时监测。

需要对水文监测系统进一步升级,与排水系统、避灾系统等实现智能联动控制,应具有针对主要含水层的井上下水文智能动态观测系统,进行动态观测和水害的预测预警分析。

3.9.3 火灾管控

(1) 矿井防灭火系统现状

因我国矿井地质条件存在不小的差异,一些矿井煤层自燃概率较高,一部分矿井则发火概率较小。以容易自燃的地质条件为例,矿井应建立以灌浆为主,注氮和喷洒阻化剂防灭火为辅等防灭火系统。注浆注氮硐室需安设一台型号为 DTJY-800/0.8 的煤矿用移动式制氮装置,通过 ϕ108 mm×5 mm 钢管从注浆注氮硐室接至采空区。当采空区出现自然发火征兆时,注氮机开始制氮,氮气通过管路注入采空区灭火;矿井建立黄泥灌浆防灭火系统,灌浆方式为采后灌浆。矿井在综采工作面建立汽雾阻化剂喷洒防灭火系统,喷洒方式为每割一刀煤喷洒一次。在轨道巷运输车和带式输送机巷转载机上安设了两套移动式阻化剂喷洒泵,并配备了配液箱,通过管道续接至工作面。阻化剂选用浓度为 15%的氯化镁水溶液,以汽雾形式喷洒至采空区和工作面两端头。

已建有火灾预报束管监测系统,规划建设光纤测温系统,待光纤测温系统建成后,与已建成的火灾预报束管监测系统相结合形成采空区防灭火系统。

建设完善的束管监测、光纤测温等系统，以及灌浆、注氮等防灭火设施，实现监测数据的自动上传、分析及联动控制；矿井电气设备、带式输送机等易发生火灾的区域，应设置完善的火灾感知装置及防灭火系统，并实现智能联动。

(2) 采空区光纤分布式温度在线监测预警系统

① 煤矿安全生产采空区光纤分布式温度监测预警系统充分利用光纤传感技术的优势，结合工业环网对煤矿采空区(工作面)进行分布式温度监测，为工作面安全开采、自然发火预警提供关键数据，预防、减少安全事故，为煤矿安全生产提供安全保障。

② 矿用采空区光纤分布式温度在线监测预警系统主要由矿用本安型分布式测温主机、感温光缆、服务器、本安电源等组成。矿用本安型分布式测温主机将采空区内感温光缆测得的温度信息解调后数据通过工业环网传输到井上监控中心，如图 3-18 所示。

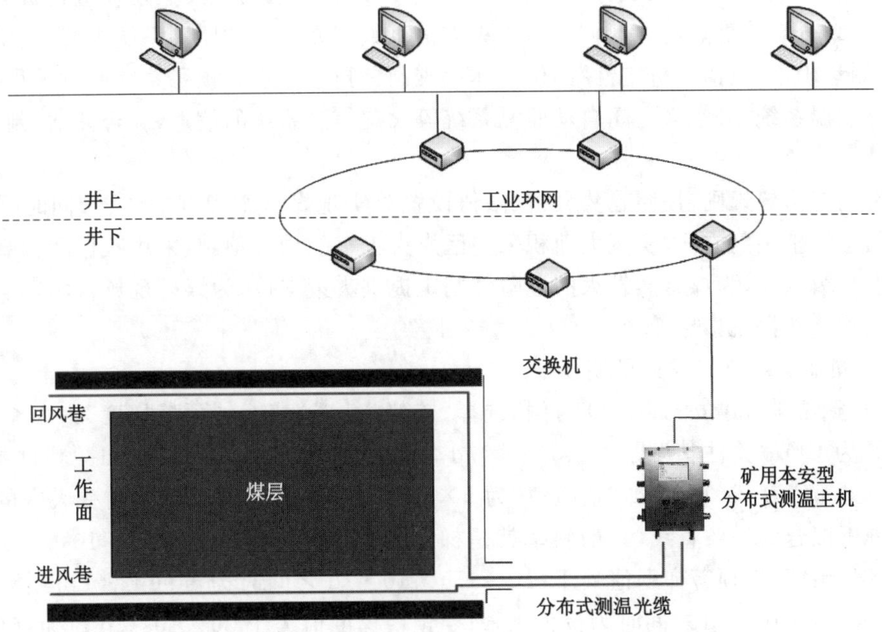

图 3-18　采空区光纤分布式温度在线监测预警系统

③ 系统功能：

a. 实时显示监测数据，异常情况及时报警，包括声光、短信等多种报警方式。

b. 显示巷道布置模拟图，设备、传感器等安装位置及状态直观明确。

c. 历史数据、报警数据存储、查询功能。

d. 故障信息报警提示、存储记录功能。

e. 报表定制、导出打印功能。

(3) 智能防灭火系统建设方案

智能防灭火系统建设包括煤矿火灾一体化预警系统建设和矿井自燃火灾智能防控系统建设。煤矿火灾一体化预警系统包括矿井火灾信息管理系统、矿井火灾隐患分析与智能预警系统；矿井自燃火灾智能防控系统包括矿井智能联控注氮系统、矿井智能联控灌浆系统、矿井智能联控阻化系统。

煤矿火灾一体化监测预警机制,集成、配套和完善火灾信息监测及预警技术,开发基于多传感器序列的智能化、高集成化矿井火灾早期检测系统、火灾实时就地控制技术及装备,实现火灾监测、预警、智能防控。煤矿火灾一体化预警与高效预防技术体系实现覆盖性应用。

① 矿井火灾信息管理系统

矿井火灾信息管理数据库将全矿各类煤层自燃火灾及外因火灾防治的相关数据进行集中存储和管理,实现系统信息的综合化,包括监测数据管理、防灭火措施管理、防灭火应急预案及其演练管理、外因火灾管理、矿井火灾防治物资管理等。管理系统利用矿井安全监测监控系统、束管监测系统、便携式一氧化碳检测仪、一氧化碳鉴定器等监控手段自动提取日常监测数据,同时存储对应的煤层、工作面、巷道、密闭、防火措施等信息。

② 矿井火灾隐患分析与智能预警系统

根据矿井采掘区域煤层赋存状况、通风方式等,结合煤层自然发火规律进行自然发火危险性评价,划分矿井重点防火区域。基于火灾信息数据库,建立"监测系统报警、便携仪器定位、人工测量确诊、色谱分析定性"四位一体火灾预警技术体系。预警系统通过采集束管、分布式光纤测温系统、采空区密闭自动监测系统等火灾信息系统的信息,综合评估、判定,实现预警。

分类制定预警规则,按照趋势分析、限值设置等实现煤自燃程度的预警,同时采用煤自燃特征信息识别预判方法,实现大面积采空区煤火灾害的动态预判,采用数据融合算法实现燃煤自燃分级预警,为煤自然发火的危险性判定提供决策支持,为煤矿现场自然发火由被动治理向主动预防提供指导。

a. 不同地点煤自然发火早期预报。

b. 预警规则的建立。以 CO 为例,选择"趋势指标"为 CO,"预警梯度"为 $5\times10^{-6}/d$:"主指标"为 CO,"关注值"设为 $24\times10^{-6}/d$,"危险值"设为 $100\times10^{-6}/d$;"辅助指标"为 C_2H_4,"关注值"为 $1\times10^{-6}/d$,"危险值"为 $5\times10^{-6}/d$。预警梯度就是把前一天内的 CO 数据值作分析拟合为一条直线,它的斜率就是梯度。当预警梯度值处于$(5\sim10)\times10^{-6}/d$之间时为蓝色预警;当预警梯度值处于$(10\sim15)\times10^{-6}/d$之间时为黄色预警;当预警梯度值处于$(15\sim20)\times10^{-6}/d$之间时为橙色预警;当预警梯度值大于 $20\times10^{-6}/d$ 时为红色预警,如图 3-19 所示。

c. 预警分级。在工作面概况图中,CO 浓度值正常时,显示绿色;当 CO 浓度达到关注值时就变为蓝色预警,蓝色预警持续 3 d 就变为黄色预警;当 CO 浓度达到危险值时就变为橙色预警,持续 3 d 就变为红色预警。当 CO 浓度降低后红色预警和黄色预警不会变为橙色预警和蓝色预警,如图 3-20 所示。

d. 预警界面。预警界面包括火灾束管监测预警、火灾实时监测预警和防灭火辅助决策界面,能实时查询、监测指定地点的温度及气体浓度情况,按照限值设置判断方法实现煤自燃程度的预警,并可实现历史数据查询。

e. 配套煤矿火灾信息精确监测系统,建设集气体、温度等热动力灾害信息为一体的预警系统,共布置火灾信息管理系统 1 套、火灾信息管理及智能决策平台 1 套。

③ 矿井自燃火灾智能防控系统

a. 矿井智能联控注氮系统。

矿井智能联控注氮系统根据火灾智能预警情况,实时智能决策注氮防火控制方案,对注

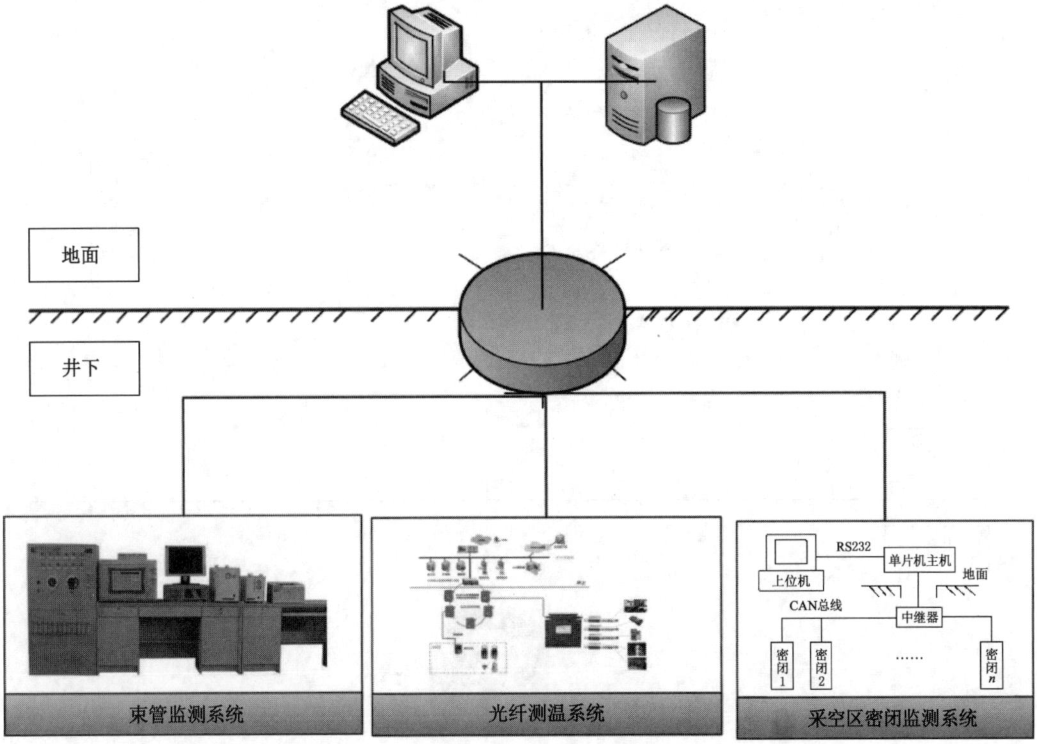

图 3-19　火灾隐患分析与预警系统结构示意图

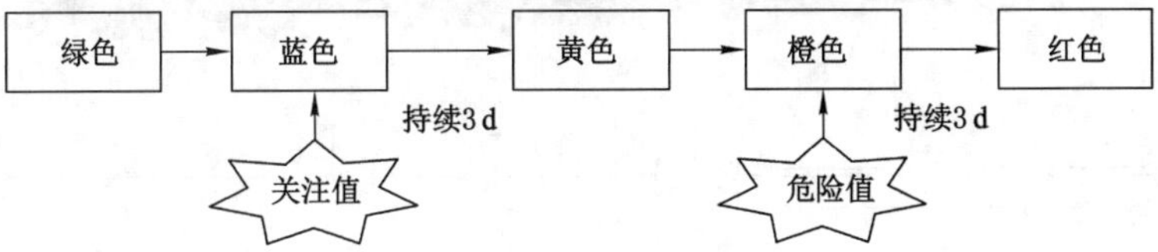

图 3-20　分级预警示意图

氮系统进行远程自动开停控制和流量控制，动态调整注氮时间和流量，防止自燃火灾的发生，如图 3-21 所示。

矿井智能联控注氮系统包括地面主站、地面主交换机、光纤收发器、环形以太网、防爆网络交换机、注氮控制分站、注氮控制电磁阀、流量传感器等。多个井下注氮控制分站分布在制氮机硐室，每个井下分站的输入端均与信号采集模块相连，每个井下分站的输出端均通过联动装置与注氮系统相连，每个井下分站均与防爆网络交换机相连，防爆网络交换机与光纤收发器相连，光纤收发器经地面主交换机与地面主站连接。

b. 矿井智能联控灌浆系统。

矿井智能联控灌浆系统是一套集智能压力控制、无级配浆、灌浆工艺控制、灌浆成果分析与处理以及无线接入云服务器等功能为一体的智能系统，以智能“一键灌浆”替代传统的人工灌浆，实现灌浆全过程智能化施工及管理。灌浆系统、管路须做好日常维护，当灌浆系统接收到火灾隐患分析与智能预警系统发出的开启信号时，执行机构开始执行灌浆系统启

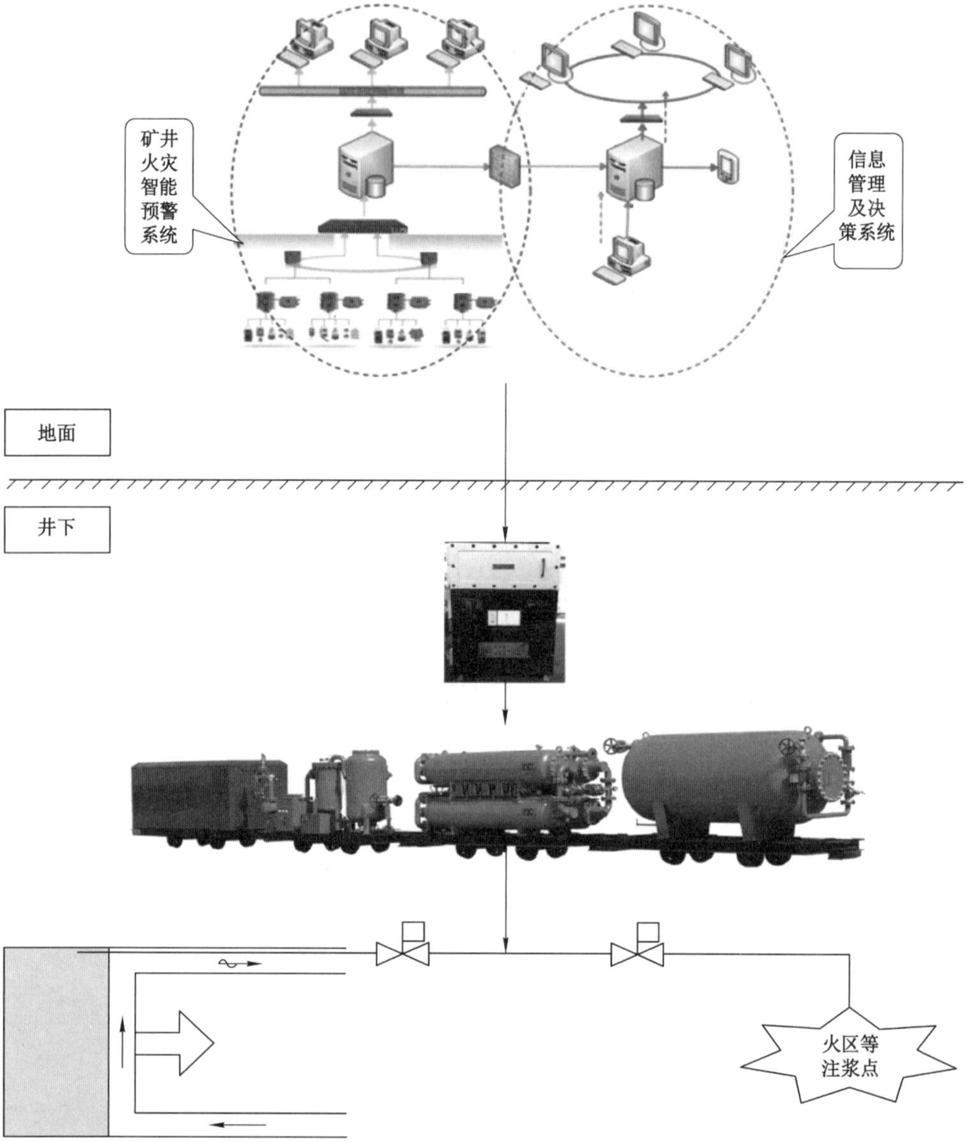

图 3-21 矿井智能联控注氮系统示意图

动功能，防爆电机、螺杆泵、定量送料总成、无级调速机、悬浮剂料箱、供水系统、渣浆泵相继启动，浆液开始通过预先铺设的管路，由相应的电磁阀调节泵入采空区，如图 3-22 所示。

c. 矿井智能联控阻化系统。

在工作面设备列车上根据情况设置阻化剂喷洒装置、配液箱、执行机构等联动阻化剂喷洒系统。系统由执行器、CO 传感器、隔爆电磁阀、阻化剂喷洒控制组件四部分组成。执行器接收 CO 传感器及火灾隐患分析与智能预警系统发出的信号，启动或者关闭喷洒系统，喷洒系统启动时，吸取配液箱中的阻化剂水溶液，通过管道续接至工作面，以汽雾形式喷洒至采空区和工作面两端头，如图 3-23 所示。

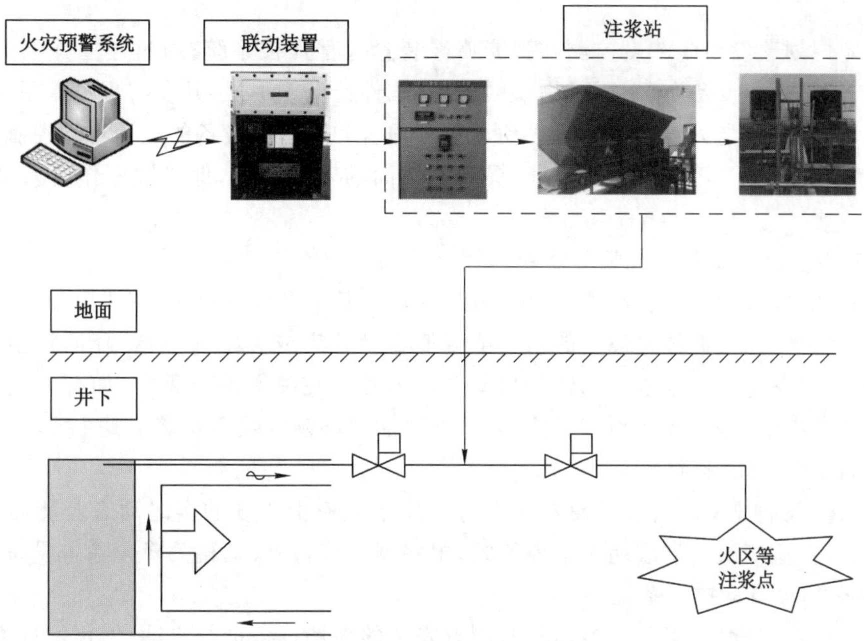

图 3-22　矿井智能联控灌浆系统

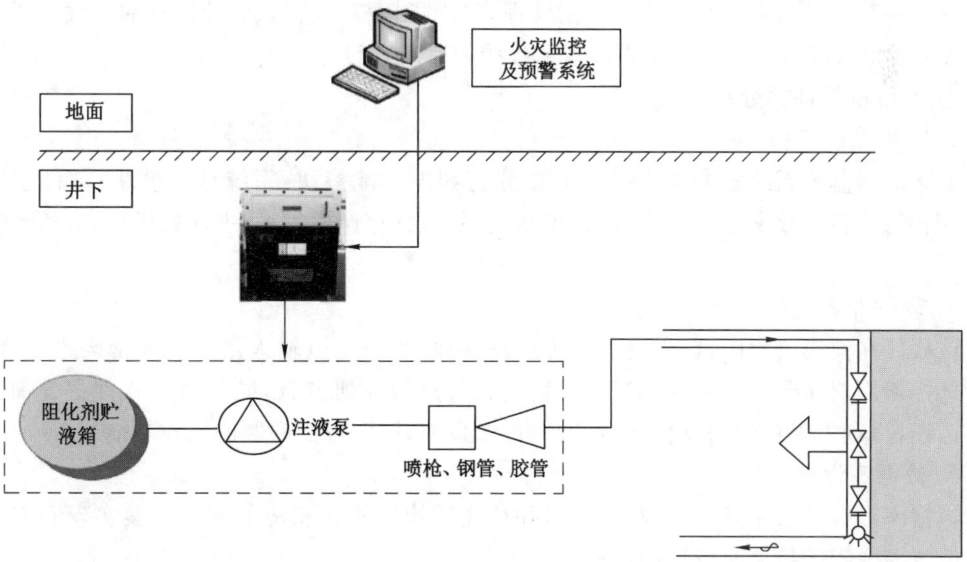

图 3-23　矿井智能联控阻化系统

3.9.4　粉尘管控

《煤矿智能化建设指南(2021 年版)》有关智能粉尘灾害监控系统的目标及要求：实现对粉尘浓度的实时监测、数据分析、上传及超限自动报警，在矿井粉尘易超限区域建设呼吸性粉尘及总尘监测设备、智能喷雾装置及智能降尘装置，实现粉尘浓度智能监测及远程降尘控制。

煤矿应规划建设粉尘浓度监测和智能喷雾装置远程操控系统;通过建立井下降尘喷雾控制系统,优化降尘设备布置;通过物联网技术、软件技术等手段,开发实现喷雾系统的地面远程监控,实现对粉尘灾害的实时远程动态监测预警和对降尘设备的远程自动控制,进一步降低井下粉尘浓度,改善井下作业环境,提高工作面的安全水平,保障井下作业人员的身心健康。

(1) 粉尘浓度监测和智能喷雾装置远程操控系统功能

监控软件可与煤矿的安全监控系统连接,并作为其子系统运行,可在线监测煤矿井下巷道中的粉尘浓度,并根据预先设定的粉尘浓度值自动开启或关闭喷雾器,降低粉尘浓度,改善工作环境,实现巷道粉尘浓度的远程自动监测监控。在喷雾的过程中,如有人员通过,光电传感器会发出电信号,控制喷雾暂停,人员通过后自动恢复喷雾状态。其主要功能如下。

① 粉尘动态智能监测预警

通过粉尘及通风系统智能传感器实现对监控区域粉尘浓度的实时动态监测,设置粉尘浓度临界值,在监测值达到或超过临界值时,报警器报警,并联动相关降尘除尘设备。

② 喷雾远程自动控制系统

通过远程监控软件,可以对各喷雾监测点安装的现场设备进行启动、停止等远程控制。

③ 指挥调度分级管理技术

喷雾状态通过网络传送到各级监控终端,各部门可随时了解井下喷雾系统运行状况,同时用户可根据自身权限进行灵活的级别管理,实现指挥权、监视权和控制权的管理配置。

(2) 粉尘浓度监测和智能喷雾装置远程操控系统建设方案

① 上位机软件部分

a. 软件功能机构

喷雾远程监控系统根据需求可以大致分为如下功能模块:系统登录模块、软件注册模块、数据通信模块、数据显示模块、远程控制模块、数据存储模块、数据回放模块、分析预警模块等。

b. 软件业务流程

该软件在使用过程中,首先进入系统登录界面,用户可以输入用户名和密码进行登录,或者选择新用户注册。然后判断当前安装的软件是否注册授权,同时进入软件主界面。若软件已授权,则实现正常的监控功能;若软件未授权,则实现受限制的监控功能。

c. 数据库设计

数据库设计可采用云技术与云平台,并且能够快速构建相应的解决方案实现私有云与公有云之间数据的扩展与应用的迁移。

② 传输层

传输层主要任务是为喷雾远程监控系统提供稳定可靠的数据链路,实现喷雾现场控制器、现场设备与控制室之间的数据传输。传输层采用 TCP/IP 网络协议,以建设的井下万兆工业光纤环网为骨干,配以必要的有线网络或无线基站。

喷雾远程监控的通信传输利用矿井已有的通信网络,只需要在现场控制器端增加网络通信终端;通过交换机进行网络配置,并结合相应的网络管理软件,通过控制室监控计算机实现网络的管理和监控。

网络传输平台主要由基站、网络延伸器、本安光端机、本安交换机、矿用电源、井下环网、矿用网线和矿用通信线缆等组成。网络延伸器能够通过双绞线提供不小于 2 km 的可靠信号传输。远程监控系统层次结构图如图 3-24 所示。

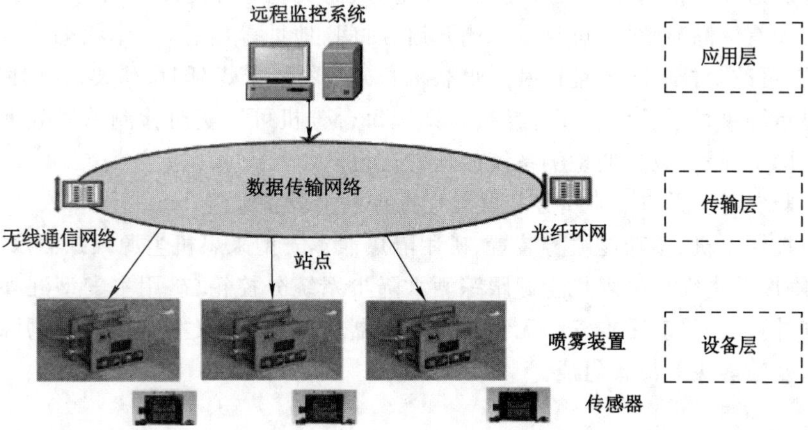

图 3-24　远程监控系统层次结构图

③ 现场层设备

分站主控箱采用网络通信模块设计，网络通信接口为 RJ45 转 RS485。分站主控箱可以设置喷雾状态的基本参数，并把参数和设备信息转发给上位机软件。分站主控箱预留 4 路输入和 4 路输出，两路 RS485 通信接口，一路用于连接粉尘传感器等通信设备，另一路连接分控箱控制器。

④ 多功能喷雾装置

a. 大巷喷雾装置：具有大巷喷雾人体感应停喷功能。通常情况下，装置处于常喷状态，当有人通过时装置停喷，当人通过后装置继续喷雾降尘。

b. 定时大巷喷雾装置：采用微电脑时控开关对喷雾时间进行设定，实现某日期、某时间段的喷雾，并实现人过停喷、人过后继续喷雾的功能。

c. 转载点喷雾装置：传感器（开停或触控）有信号时，进行喷雾降尘，经延时自动关闭。

d. 水电联动装置：具有水电联动喷雾功能，检测水压可开机信号进行喷雾降尘。

e. 防尘防火喷雾装置：具有防尘和防火两项功能，可单独使用，防尘根据煤尘源降尘，防火检测设备温度降温防火。

f. 防尘红外喷雾装置：具备防尘和红外人体感应停喷功能，防尘为设备启动进行防尘，有行人通过停喷，经延时自动开启喷雾。

g. 采煤机尘源跟踪喷雾系统：在采煤机割煤移动过程中，装在采煤机上的红外位置传感器可根据移动方向和位置，向控制器发射信号。控制器根据这些信号，计算出水幕的位置，控制相应的电动阀，在采煤机的下风端间隔一定道数（间隔道数 $l=1\sim5$）形成数条水幕随采煤机移动，同时打开水幕的条数（同喷条数 $n=1\sim5$）、喷洒时间（喷雾延时 $t=0\sim999$ s）根据现场情况可在控制器上或通过集中控制器用红外遥控器设定，从而对采煤机作业产生的大量粉尘进行有效的阻隔和降尘，实现采煤机、架间喷雾联动。

h. 移架自动喷雾除尘系统：当移架时，操作液压手柄，装在降架管路中的压力无线发射器检测到降架压力大于 10 MPa 工作，向控制器发射 1 s 无线触发信号，控制器收到经过编码的信号后，控制移动作业支架下风端间隔一定道数（$l=1\sim5$）水幕打开，延时喷洒降尘。支架下风端可以同时打开水幕条数（$n=1\sim5$）、喷洒时间（$t=0\sim999$ s）可根据现场情况在控制器上或通过集中控制器用红外遥控器设定，从而实现每台支架移架时联动。

主控箱配有液晶显示屏，可显示球阀开启、时间、地址等信息，工作状态一目了然；同时配有遥控器，可改变控制箱地址以及采煤联机、移架联机、采煤延时、移架延时时间。

液晶显示屏可显示及设置喷雾参数。系统每台分机可以实时检测总线数据的传输，并在液晶显示屏上显示，以方便检测系统的正常运行。

(3) 粉尘浓度监测和智能喷雾装置远程操控系统设备配置

系统由控制主机、多功能喷雾装置、矿用隔爆兼本安型采煤机尘源跟踪洒水降尘系统主控箱、矿用隔爆兼本安型采煤机尘源跟踪洒水降尘系统分控箱、矿用本安型红外发送器、矿用本安型红外接收器、矿用本安型无线压力发送器、矿用隔爆兼本安型直流电源、矿用本安型电动球阀及喷雾头等设备组成。

3.10 智能化经营管理系统

煤矿经营管理，是指煤矿企业为了满足社会需要，为企业自身的生存和发展，对企业的经营活动进行计划、组织、指挥、协调和控制。其目的是使企业面向用户和市场，充分利用企业拥有的各种资源，最大限度地满足用户的需要，取得良好的经济效益和社会效益。

煤矿应建立统一的智能化经营管理平台，支持煤矿各业务应用的全面一体化集成，打通管理孤岛、数据孤岛；构建"人财物一体、产运销一体、业务全面互联互通"的智能化经营管理平台，覆盖煤矿的管理决策、财务、生产、人力、物资、机电、计划预算、安环、调度、项目管理等领域；建设数字化决策体系，实现经营数据、生产数据、绩效数据、管理分析数据等实时展现，为经营决策提供参考，为经营管理提供依据，为生产提供数据，为绩效评估提供指导；建设设备全生命周期管理系统，整合设备管理台账、设备运行数据、设备维护记录等，针对特定设备提供专家运维建议，实现设备的全生命周期管理；强化运销体系智能化管理，构建完整运销体系，实现一体化集中运销；利用移动应用、条码技术，提高业务效率，降低人工成本，实现矿山管理的智能化。

矿井建设完善的智能化经营管理系统，能够对生产系统与管理系统的数据进行有效融合，通过数据分析与模型构建进行矿井排产、分选、运输等的智能调度；建立智能决策支持系统，实现市场分析、煤质管理、生产调度管理、材料与设备综合管理、能源消耗管理、综合成本核算等的智能化运行。

3.10.1 生产调度系统

生产调度管理具有组织、指挥、控制、协调的职能，是煤矿经营管理的中心环节，针对矿内每日生产信息进行监督管理，记录每日的生产、销售、提煤、提岩、排矸以及生产调度各事件，然后将各生产数据和计划数据相比对，形成对生产的跟踪数据。数据保存后可以进行查询、输出操作。

生产调度系统将每日生产信息分为 7 个部分，分别为原煤生产信息、原煤销售信息、提煤信息、提煤验收信息、提岩信息、排矸信息、生产调度记事。总体结构如图 3-25 所示。

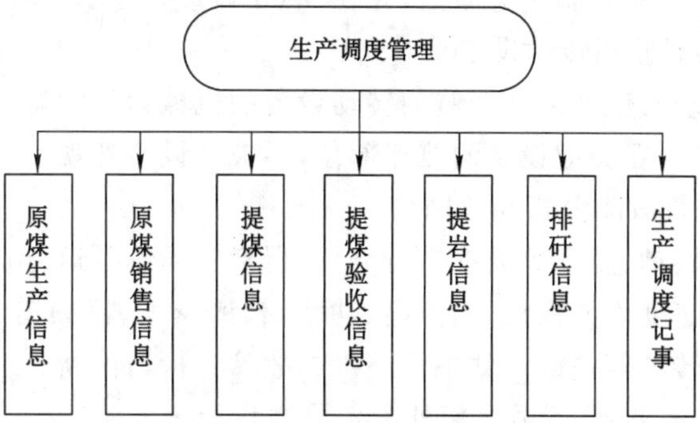

图 3-25　生产调度系统结构图

3.10.2　机电设备安全运行与可靠性管理系统

(1) 系统概述

机电设备安全运行与可靠性管理系统主要由传感器、数据传输装置、设备监测与诊断平台三部分构成。结合煤矿设备运转情况，系统采集主要设备的振动、温度等数据，完成煤矿设备在线化、数据化。系统利用“设备管理＋互联网”的模式，为管理人员提供设备监测与服务管理平台，实现对设备的远程监测、故障预警、故障分析，为设备维护管理人员提供数据支持。

机电设备安全运行与可靠性管理系统建设目标如下：

① 建立转动设备的在线健康监测体系

通过建立监测体系，设备管理者均可以通过系统对转动设备的运行安全生产态势进行辅助管控，系统不仅能够提供基于关键设备监测数据的多维分析、报表查询、故障预判等功能，还能够通过终端 App 开发等多种形式实现监测工作的可视化、移动化。

② 故障诊断与预测性维护

系统通过对转动设备的振动、温度数据采集，实现趋势预警；通过对转动设备的振动频谱数据分析，实现转动设备日常运行中的振动数据的特征提取、关联规则制定，达到有效识别异常数据及提高安全生产管理水平的目的，为设备故障早期预报、预警提供有效支撑，为设备运维降本增效提供支持。

③ 建立设备信息综合平台

建立统一的设备信息综合管理和信息共享平台，进行集中化管理。系统可以通过标准的接口，接入不同型号的 DCS(distributed control system，分布式控制系统)或 PLC 系统的数据，方便不同的部门能及时有效了解设备运行状况，指导组织生产。

④ 设备数据资产管理

系统可生成转动设备运行分析报告，形成转动设备的优化分析建议及运维指导，形成数据资产。

(2) 系统功能

① 转动设备在线状态监测

系统通过振动、温度以及其他传感器对输送机等转动设备进行在线监测;采用振动温度一体传感器监测滚筒的振动、温度等参数,并在 Web 和移动终端实时显示运行数据。

② 采用无线传感器监测转动设备

系统采用无线振动与温度传感器监测转动设备的机械运行状态,无线传感器无须布线、钻孔,只需要用磁座吸附在关键设备的测点部位,不破坏设备外观。

③ 对转动设备进行故障分析与诊断

系统通过对动态振动、温度等数据进行分析,得到转动设备运行状态的各种参数和图谱(包括加速度峭度、加速度均方根值、幅值谱、功率谱、谱密度、倒频谱、包络谱等),实现对转动设备的轴承、齿轮、转轴等关键部件进行精确的故障分析与诊断。

④ 采用开放式数据平台,不需要额外配备检测装置

该系统可以接入设备原有控制系统的运行数据,包括主电机电流、电压、油压、温度、转速、各种保护状态等,与温度、振动数据实现信息融合。在发生故障时,系统可多方位、多维度诊断设备故障原因,避免从单一参数或者维度对设备运行状态判断失误的情况。

⑤ 采用 B/S 架构,用户不需要安装软件

个人计算机(personal computer,PC)上无须安装软件,用户可随时随地了解设备的运行状况。用户能够通过 PC 浏览器或手机终端随时随地监测设备的运行状况,接收报警推送信息。

⑥ 故障预警信息自动推送

当设备发生异常情况时,设备管理人员的移动终端上会收到推送信息,从而可第一时间了解设备异常状况,实现设备运行状态的实时把控。

⑦ 分析历史运行数据,预测设备的劣化趋势

系统通过对设备历史运行数据的分析,提前判断设备故障,对设备进行预测性维护和保养,最大限度地延长设备使用寿命。

⑧ 对监测设备定期出具运行维护体检报告

系统自动统计故障列表和热点高频故障,对设备运行状态进行评估,并出具运维体检报告。

⑨ 通过远程专家问诊系统,为设备出具故障诊断报告

系统配备数名输送机领域专家,为设备出具故障诊断报告。

⑩ 设备维保管理

系统可对设备维保记录进行管理分析,包含维保频率分析、历史记录查询等;对关键设备维护前后、故障前后的监测数据进行专题分析,实现关键设备维护质量及故障维修质量评估。

⑪ 提供与智能生产管理系统的接口

系统软件具有 API(application program interface,应用程序接口),可以和智能矿山、智能工厂等顶层系统相连接,将故障诊断系统整合到智能矿山或智能工厂大系统中,作为大系统底层的数据采集与分析部分。

(3) 系统组成

系统主要由设备层、数据采集和传输层、服务层、展示层组成,具体包括以下部分:被监测设备、无线振动温度传感器、无线网络协调器、远程智能传输单元、远程服务器、专家系统、远程 PC 客户端、移动客户端。以下重点介绍数据采集和传输层、服务层、展示层。

① 数据采集和传输层

a. 无线振动温度传感器:用于监测设备关键部位的振动、温度。

b. 无线网络协调器:用于管理无线传感器网络,接收和传输无线传感器采集的数据。

c. 远程智能传输单元:接收无线网络协调器的数据,并传输至服务器;提供多种方式(4G、Wi-Fi、有线网络)完成监测数据的上报和传输,以满足实际安装环境的要求,同时传送数据以满足分析、预警的需要;也可接入PLC、DCS等传输的信号。

② 服务层

服务层通过数据分析对采集到的监测数据进行存储、建模、挖掘、分析,包含设备管理、实时监控、故障报警、趋势预测、专家诊断、智能诊断等服务。

③ 展示层

展示层为用户提供多种服务接入方式,用户可以通过App、Web客户端访问系统,通过终端App可以实现随时随地监测关键设备运行状态的需求,从而提高维护工作的便捷性及效率。

(4) 系统设备性能

矿用本安型无线振动温度采集器采用压电晶体测量加速度信号,其分析频率为1 Hz~10 kHz,可以采集设备的动态振动加速度信号和设备表面温度信号。

远程数据采集终端箱与矿用本安型无线振动温度采集器连接。采集的振动、温度数据传输到远程数据采集终端,并通过4G、网线或Wi-Fi(3选1)等形式把采集的数据集中上传至服务器,其内部包括以下设备:远程智能传输单元、无线网络协调器。煤矿用机电设备振动温度监测装置主机采用壁挂方式安装在现场,除了接收振动传感器信号外,还可以接收温度、电流等各种模拟量以及Modbus信号。其内部可配置多种模块,根据要求上传监测设备的运行数据。

3.10.3 生产计划管理系统

生产计划是以月为单位制订的,对生产的各项项目统一规划。以某矿为例,具体的流程为:各生产部门提交当月生产计划→计划部门审核→各生产部门月计划整合→月计划分发至生产部门→生产部门根据计划生产→生产数据搜集整合→计划和生产数据比对。根据此流程逐步提高生产效率和生产的管理水平。

(1) 总体架构

生产作业计划分为两大部分,即生产计划和生产统计两部分。生产计划包括采煤工作面作业计划、掘进作业计划以及巷道维修作业计划。生产统计包括段队计划完成情况统计、各区回采掘进计划完成情况统计、各区开拓计划完成情况统计。

(2) 生产计划

生产计划内容如下:

① 采煤工作面作业计划;

② 掘进作业计划;

③ 巷道维修作业计划。

(3) 生产统计

① 段队计划完成情况统计;

② 各区回采掘进计划完成情况统计;

③ 各区开拓计划完成情况统计。

3.10.4 智能仓库管理系统

(1) 系统的总体结构设计

智能仓库管理系统采用B/S架构,这种架构可以方便扩展,特别适用于中、大型企事业单位多地多库房的综合化管理。整个智能仓库管理系统基本上按照物联网系统的逻辑结构分为三层,如图 3-26 所示。

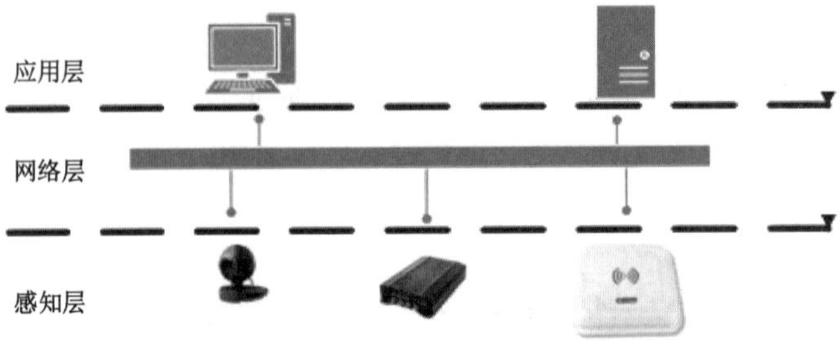

图 3-26 智能仓库管理系统逻辑结构

① 应用层:该层为智能仓库管理系统的核心层,这一层主要由系统数据库、智能仓库管理系统应用、网络中间件和用户访问终端组成,负责整个智能仓库管理系统的逻辑处理、数据存储以及人机交互。

② 网络层:该层为智能仓库管理系统的基础层,由于系统采用B/S架构,考虑系统实际应用场景为异地多仓库的管理,因此选用互联网作为数据传输通道,系统使用TCP/IP协议来进行信息的传递。这一层主要负责整个系统的数据传递,使整个系统能够进行跨地域多仓库的管理。

③ 感知层:该层为智能仓库管理系统的重点层,这一层主要由RFID(radio frequency identification,射频识别)读写器、RFID天线、RFID标签和摄像头等物联网的感应器所组成,负责为系统提供仓库物品或者人员进出等信息,这一层的存在使得系统解决了之前存在的管理不够精细等难题,实现了仓库物品的“物联化”管理。

(2) 系统功能

系统功能主要包括物品录入、流程表单管理、RFID标签管理、物品监控、网络摄像机管理、报表管理等。

① 物品录入模块:该模块为物品初始化模块,负责物品名称、生产厂家、规格型号、价格等物品详细信息的录入。在录入详细信息后,系统会将物品存入数据库,并生成该物品的唯一编码。系统通过该编码对物品进行管理。

② 流程表单管理模块:该模块根据系统实际使用要求初始化具体的物品管理表单,如物品的领用表单和归还表单,并通过工作流引擎的支持来实现表单审批功能。该模块可实现物品管理的电子化审核,不需要物品使用人员额外走签字流程,可加快物品流转和提升物品使用效率。

③ RFID 标签管理模块：RFID 标签原本可以存储 512 位数据信息，但考虑系统基于互联网访问，出于安全考虑，RFID 标签只存储对应物品的唯一 32 位编码。该模块主要负责控制指定仓库的读写器对具体 RFID 天线进行数据初始化工作。

④ 物品监控模块：该模块主要使用 RFID 读写器的高速读取功能，来感应物品的出入库情况。通过在每个仓库的门口放置 RFID 感应天线，来感应物品上面的 RFID 标签，并通过系统的逻辑判断，来记录物品的出入库情况。整个过程不需要人员再去系统中填写额外的信息，能够实现物品的实时监控管理，当物品未经允许被拿出仓库时，监控模块会触发报警装置进行声光报警。

⑤ 网络摄像机管理模块：该模块负责控制每一个仓库的网络摄像机，进行仓库实景的图像拍摄，并将图片返回到系统软件服务器响应路径进行存储。该模块能够实现出入库表单实时场景的记录，便于加强物品监管。

⑥ 报表管理模块：该模块主要提供物品出入库情况、物品库存情况的统计和查询，并提供智能模糊查询、多图标类型展现以及 Excel 报表等功能。

3.11　智能化综合管控平台

我国现阶段煤矿在信息化建设道路上已经有了较大的进步，很多煤矿子系统都实现了信息化，如综采工作面监控子系统、主运输控制子系统、地面供电监控子系统、井下供电监控子系统、通风系统监控子系统、选煤厂控制监控子系统、安全监控子系统等。

3.11.1　各子系统对平台的应用需求

信息融合是一个实时的连续的过程，它多层次、多方面地对多源信息进行探测、联想、估计以及组合处理，其目的是获得精确的被测目标的状态、一致性估计和完整的实时评价。智能矿山感知网络系统包含大量同构和异构传感器，由于矿井复杂环境的影响，针对单一传感器信息感知主要存在两方面问题：

① 很难保证系统的准确性、可靠性。由于传感器测量精度的限制及环境中干扰因素的影响，测得的数据与实际会有些偏差，更为严重的是，井下复杂环境中众多有害气体的侵蚀会使有些传感器丧失监测能力。传统的解决办法是单传感器多次测量或多个传感器测量数据取平均值，这样虽然能在一定程度上提高测控系统测量的可靠性，但无法满足系统实时性的要求，不准确的测量数据仍会使最终测量结果受到影响。

② 难以全面反映、分析、预判矿井的安全态势。煤矿安全是一个综合性问题，涉及人员、环境、设备、管理等多方面因素，且各因素相互关联、影响，单一的信息子集的简单罗列难以全面反映、分析、预判矿井的安全态势，如果可以将各种信息全面搜集、有机融合、综合展现，则能够更好地对煤矿安全生产进行管控。

多组件传感器信息融合是提高信息采集精度和可靠性，提供多维信息的保证。物联网技术的应用，在全方位感知矿山安全的同时也极大地增加了信息表现形式的多样性、信息数量的巨大性以及信息关系的复杂性，因此信息融合技术必然成为物联网信息处理的关键技术之一。信息融合技术对多级的、多方面的来自物联网的大量数据进行处理，快速感知井下环境的安全状况，能够获得比单一传感器更高的准确率，以及更有效和更易理解的结论，充分体现了物联网所具有的信息互补与协同感知的特征。

3.11.2 智能化综合管控平台概述

智能化综合管控平台基于模块化、组件化的技术架构设计思路，将5G、物联网、人工智能、智能控制等新一代信息技术与煤矿生产、安全、经营管理等方面进行深度融合，为煤矿企业集成各业务系统数据及感知层数据，形成具有自感知、自决策、自执行的智能化平台，为上层业务应用提供统一的数据汇聚与技术支撑。应建设智能生产服务和调度平台、业务综合管理系统、煤矿智能化综合协同控制平台，实现矿井各业务系统的数据共享服务与智能协同管控。

在建设智能化综合管控平台过程中，根据《煤矿智能化建设指南(2021年版)》提到的要求和愿景，要围绕检测实时化、控制自动化、安全本质化、管理信息化、业务协同化、知识模块化、决策智能化的目标进行相应的业务模块应用设计，实现煤矿地质勘探、巷道掘进、煤炭开采、主辅运输、通风、排水、供电、安全防控、经营管理等各业务系统的数据融合与智能联动控制。

生产煤矿在现有基础上进行智能化升级改造可以按照“三步走”的方法逐步实施：首先，根据煤矿实际情况与建设需求，对具体业务系统进行技术与装备升级，以提高单个设备、主要系统的自动化、智能化水平为出发点与着力点，并逐步实现以核心装备控制系统辐射其他主辅系统，实现装备控制系统的自动化、智能化；其次，开展网络平台、数据中心等升级改造，汇聚生产工艺、生产环境等信息；最后，通过大数据、5G、人工智能等信息技术建立相关业务智能工作流，再进行系统的整体集成，实现基于智能化综合管控平台的一体化智能协同管控。

3.11.3 智能化综合管控平台架构

应用层(云平台)：应用层包含智能模型训练、数据计算引擎、协同管理、生产管理、安全管理、能效管理、经营管理、决策分析、应用门户以及基于GIS地图的“一张图”综合展示等业务应用，通过统一访问入口、统一权限综合管理、个性化定制应用等功能展示，为煤矿从业人员、管理人员、监督人员提供高效、直观、便捷的信息获取的应用平台。

使能平台(边缘侧)：使能平台包括业务使能平台(综合智能管控平台及智能化应用服务)、数据使能平台(煤矿工业大数据平台)及集成使能平台(煤矿生产协同执行控制平台)。业务使能平台主要负责对接上层业务，为上层业务提供接口及应用支撑；数据使能平台负责数据存储及分析；集成使能平台负责与第三方子系统进行通信，集成第三方子系统的数据、接口及消息并将信息存储至数据使能平台。

业务子系统层(端侧)：业务子系统层是整个系统的数据来源基础，包括综采协同控制、综掘监控、全煤流平衡控制、辅运智能调度、一通三防安全协同控制、水处理系统监测、设备故障诊断等现场作业过程数据，以及摄像机、麦克风阵列、机电设备监测传感器、环境监测传感器、位置传感器等监测监控设备商提供的数据访问接口。

智能生产服务和调度平台：该平台基于微服务架构，包括应用融合平台、数据服务平台、技术研发平台。应用融合平台以统一设计的应用架构为基础，提供功能完善、流程统一、体验一致的业务应用环境，以及标准接口的集成环境；数据服务平台以数据架构为基础，提供数据存储、数据应用、数据分析和大数据挖掘功能；技术研发平台以技术架构为基础，统一技术规范和标准，提供开发、测试、运维一体化的技术研发服务，并提供建模工具、算法编排工具、页面组态工具、流程表单等可视化低代码开发工具，支撑应用构建。

业务综合管理系统：建设立足于煤炭企业管理和经营职能的业务综合管理系统，实现对煤矿相关生产、安全、运输、生产计划、物资统配、配煤、经营的管理、监测、统计、分析和预测，为煤矿的统筹管理提供科学的决策依据，包括生产数据、安全数据和经营数据的统计、分析、存储和应用。围绕煤矿生产情况，实现矿井生产、安全、经营数据的统计与分析。

煤矿智能化综合协同控制平台：建设煤矿智能化综合协同控制平台，打通安全监测监控、人员定位、融合通信、工业视频、矿压监测、电力监控等多个子系统间的数据传输壁垒及信息“孤岛”，实现自动决策、灾害隐患实时监测预警。

3.11.4　智能化综合管控平台功能

(1) 智能化基础信息平台

智能化综合管控平台的矿山基础信息的搜集与获取，通过煤炭工业大数据实现对煤矿生产监测监控、安全生产管理、企业经营管理等系统中海量数据进行采集、整理与计算，并通过具有低时延的5G向相关系统业务组件发出特定指令，实现井上、井下在同一平台的数据融合、分析决策、协同控制与联控联动。

智能化基础信息平台的核心功能：

① 数据采集与生产监控。在煤矿企业实施安全生产过程监控、历史查询、多形式数据分类统计、分级告警管理和可视化操作等，实现对煤矿作业现场安全生产状况的实时动态监视。

② 基于三维矿山模型的扁平化管理。运用GIS、3DMine等平台建立矿山模型，实时对矿山建设情况动态属性、静态属性、空间变化等数据进行编辑管理，实现生产装备动态演示、数据采集监测，对生产系统、安全监控系统、主辅运输系统、人员定位系统等系统地质属性及坐标数据进行可视化管理、扁平化操控。

③ 多数据融合与多系统联动。基于物联网、矿井模型及大数据运算，实现固定场景下的可视化展示、数据融合与多系统间联控联动，打破传统系统“孤岛”。

④ 多组件集成对接融合。智能化基础信息平台应实现矿井消息预警、任务调度、事件驱动、工作流确定等多组件间信息对接，满足多种场景下的统一调配控制。智能化基础信息平台与智能视频分析平台对接，对智能视频分析平台所识别的异常事件进行捕捉，并截取异常视频记录，利用各组件数据分析实现对异常事件的判断、控制。智能化基础信息平台与煤矿各专业业务系统对接，抽取安全、生产数据要素，实现与生产调度协同管控应用、风险综合防控管理应用的数据融合与业务联动。智能化基础信息平台与企业经营管理系统对接，打通经营管理与安全生产业务之间的数据通道，实现煤矿安全、生产、运营全要素的统一管理。

(2) 生产调度协同管控平台

生产调度协同管控平台，充分结合煤炭企业安全生产管理的流程和特点，以生产过程优化运行、优化控制与优化管理为核心技术功能模型，通过分布式实时数据库系统实现对矿井自动化、智能化设备的实时数据采集、存储管理与监控；以标准数据接口(普联业务集成服务平台)为桥梁，通过数据深度挖掘等技术，分别抽取涉及产、供、运销等系统的管理数据，搭建煤炭企业高层集中监控、统一调度、高度共享、快速反应、有效预控、综合分析的一站式登录和调度综合管理信息平台。

生产调度协同管控平台主要职能包括生产调度管理、班组管理、关键场所数据融合协同管控，为决策层、管控层、应用层提供全方位、全过程、多角度的企业生产、安全、经营动态信息，最终成为提升决策层综合调度能力的有效手段和信息化平台。

① 生产调度管理。围绕年度、月度生产计划，实现计划分解、日常调度、专题调度、调度台账管理等调度核心业务流程数字化管理，并通过调度指令与事件调度实现调度指挥中心与科室、区队、班组之间的分级调度。

② 班组管理。通过班前会管理、接班管理、班中巡查、交班管理、班后会管理等实现班组管理过程数字化，实现煤矿班组与调度指挥中心的数据共享与协同管理。

③ 关键场所数据融合协同管控。实现基于三维精细模型下煤矿安全生产关键场景（包括综掘工作面、综采工作面、主煤流线、辅助运输线、生产保障场所、供配电场所）的数据融合、业务联动与协同控制。关键场所数据融合协同管控应用与机器人集群协同控制系统进行对接融合，实现煤矿井下危险作业或劳动强度大作业场景下的无人化、少人化集群协同调度控制。

（3）风险综合防控管理平台

风险综合防控管理平台以煤矿安全风险防控为核心，围绕风险辨识—管控措施落实—风险监视与评估—异常联动处置的多重风险防控机制，建设风险识别与评估、精准交互式培训、重大风险融合监视、网格安全指数评价、隐患闭环管理与辅助应急救援等核心功能模块，实现全矿风险危害要素的全方位感知、实时监视、动态评估、异常联动处置，保障煤矿安全生产高效有序运行。

① 风险识别与评估。企业管理中常用的风险评估方法有风险因素分析法、模糊综合评价法、内部控制评价法、分析复核法、定性风险评价法、风险率风险评价法等。按照煤矿企业实际情况，因地制宜，采取适合的风险等级评估方法对风险进行等级评估，针对风险造成危害事件的频率、可能性及危险性等因素，制定风险管控措施，形成风险清单库。

② 精准交互式培训。应用虚拟现实、虚拟增强等技术，综合员工作业场所存在的风险、生产作业工序、技能素质、违章记录等因素，实现员工培训需求的精准推送，基于煤矿特种作业人员岗位实操培训、重大灾害逃生演练及在线答题训练等培训方式，提高员工培训主动性，使人员风险管控措施有效落地。

③ 重大风险融合监视。利用人员巡检、传感器监测与智能视频等风险监视手段，基于安全风险四色图，实现煤矿安全网格及风险点的安全等级可视化，以及煤矿水、火、有害气体、顶板、粉尘等重大风险实时监测、动态评估、异常预警与联动控制。

④ 网格安全指数评价。基于安全网格管理思路，对综掘工作面、综采工作面等煤矿重点作业区域进行安全网格细分，融合网格内地质赋存条件、各风险危害要素、人员巡检履职、人员违章记录、安全隐患等信息，以安全指数实现各网格安全等级评价。

⑤ 隐患闭环管理。基于标准的隐患治理流程，实现发现—五定（定人员、定时间、定责任、定标准、定措施）—治理—督查—复查的隐患闭环管理，动态反映风险点及风险等级变化。

⑥ 辅助应急救援。在灾害发生时可实现应急组织查询、应急物资查看、灾变区域人员

定位、逃生路线动态规划、环境变化实时监测、多媒体灾变信息发布、语音广播联动、应急救援预案执行等，以便及时准确地掌握灾变及应急救援动态，辅助应急调度指挥。

(4) 设备组件精准运维检测平台

设备组件精准运维检测平台，实现平台运行过程中涉及的实时数据处理性能、历史数据存储性能、服务器资源占用情况、在线用户数、模块操作记录、设备或装备在线状态等信息的感知、采集与处理，以运维监测模块在智能化综合控制平台实现各类关键运维指标可视化。通过看板查看各模块运行状态，当发生异常时进行异常预警提醒，以任务派单方式进行异常情况跟踪处理，实现平台可靠稳定运行。

① 单组件、单指标异常检测。在单组件、单指标检测方面，主要有静态阈值算法、铜级算法、时序性检测算法等。这几种算法适用于不同的数据，在企业生产过程中往往是结合起来使用的，核心是根据数据特征的不同采用不同的算法或者组合来进行异常检测。

② 生产日志异常检测。日志数据中往往隐藏着很多有价值的信息，甚至直接是异常的根本原因。检测平台通过自动智能的日志模板解析算法从日志中自动提取出不同的模板和变量，进而针对模板所覆盖的日志数量进行智能的异常检测，帮助运维人员实时在海量日志中发现异常日志。人们在实践中发现，日志的异常检测不能全部依赖于算法，同样需要结合运维经验，比如运维人员设置哪些模板对于运行是有意义的需要检测的，哪些可以忽略，甚至直接设置关键字等。通过运维经验即规则的设置加上算法的检测，日志的异常检测才能取得预期效果。

③ 业务明细多维度定位。在业务系统、组件装备特定指标发生异常时，自动从多个维度属性组合中分析其异常原因，基于大数据运算，将在之后的智能化进程中逐步实现一定程度上的故障智能决断、智能排除。业务组件多维度定位，在各生产装备组件出现异常时，可以准确快速地对比异常前后的数据进行定位式分析，自动从不同维度找出异常的组件或联动设备组合，为煤矿企业管理提供更加高效、快捷的处理方式，相较传统人工排查的方式，大幅度提高了处理问题的效率，针对日常微小问题更具有“碾压式”的优势。

④ 软件部分异常指标定位。该运维监测部分主要针对软件部分的相关模块组件，如操作系统、数据库、网络等关键指标是否有变化。以操作平台主机为例，通常用 CPU、MEM、I/O 等几方面的指标，如 CPU 利用率、内存利用率、磁盘繁忙率、网络进出流量、机器负载等几十个基础性能指标，相较传统监测方式，省去大量人力、精力。智能型监测方式通过运用聚类、核密度估计、极值理论等算法，可以快速判断并定位到哪些指标与自己的历史、其他机器的波动情况不同。

例如，当智能运维平台检测出某个交易指标响应时间异常之后，多维度分析表明来自某两台处理机请求响应时间异常导致整个功能号延时增加，同时通过异常机器指标定位到这两台处理机的 CPU 指标出现异常。从检测到功能号异常，再到定位问题，并进行具体处理，整个过程可以在 1 min 内完成。

(5) 决策分析综合管控平台

决策分析综合管控平台通过统一标准规范、统一应用规范、统一数据接口及统一应用模式，融合煤矿主数据、地质地测数据、实时监测数据、安全生产管理数据及决策分析结果，应用大数据分析模型，实现综合管控安全指标、生产指标、运营指标态势分析及预测。

① 安全指标分析。应用专业模型算法对煤矿重大风险进行专题分析，并对网格安全指

数进行动态评价。重大风险专题分析主要融合水、火、有害气体、顶板、粉尘等重大风险数据，以知识图谱分析为基础，应用行业安全生产知识库、重大风险分析模型及风险危害性演化模型进行煤矿重大风险分析与预警预测，为煤矿重大风险防控及安全保障应用提供决策依据。安全指数动态评价指应用安全指数评价体系，综合各网格内地质构造、风险分布状况、风险实时监测情况、作业人员、安全巡检记录、隐患记录等数据，综合评价网格安全指数，结合事故致因理论诊断风险异常发生的根本原因，准确定位风险异常发生源头，并提供异常处置措施及建议。

② 生产指标分析。利用大数据技术对煤矿各项生产指标（如采掘比、百万吨掘进率、设备停机率等）及影响生产的各类因素进行分析，指导生产管理人员对生产影响要素进行排查治理。

③ 运营指标分析。应用多维分析、关联分析、趋势分析等方法，对企业主要运营指标（生产效能、采出率、吨煤成本、人均效能等）进行分析，辅助企业运营决策管理。

（6）人员精准定位管控平台

《煤矿智能化建设指南（2021 年版）》对智能矿山建设中的人员精准定位作出了明确要求：采用精确定位技术，实现井下人、车等目标的精确定位、人员状态分析、考勤、调度管理，满足井下复杂巷道的全覆盖需求，具备轨迹数据展示及分析功能。

煤矿企业所采取的传统人员定位方式是通过人员定位分站与工作人员随身携带的标识卡实现的。系统人员定位分站的无线收发数据板将低频的加密数据载波信号经发射天线向外发送；人员随身携带的 KGE26 标识卡进入低频的发射天线工作区域后被激活（未进入发射天线工作区域标识卡不工作），同时将加密的载有目标识别码的信息经卡内高频发射模块发射出去；接收天线接收到 KGE26 标识卡发来的载波信号，经分站主板接收处理后，提取目标识别码，通过 DPSK 或 RS485 远距离通信线传送至地面监控计算机，完成矿井人员自动跟踪定位管理。

由于传统人员定位方式定位精度有限，易受干扰，卫星定位多适用于室外，而红外、超声波和惯性导航技术仅适用于环境稳定的室内定位，难以满足井下人员定位高精度的系统需求。通过不断地进行技术研发与革新，现阶段人员定位系统采用基于 UWB/ZigBee 的精确定位技术、高带宽 Wi-Fi 通信技术融合一体化精确人员定位系统，静态定位精度不大于 30 cm（UWB）、3 m（ZigBee），且此部分平台产品支持 UWB、ZigBee、RIFD 等多种定位技术无缝融合，以适应煤矿不同环境的布置需求。

智能矿山建设中的人员精准定位管控平台可实现矿井目标精确定位、动态与静态跟踪、双向呼叫、报警求助、限员管理、预警救援、考勤统计、区域禁入、二三维 GIS 展现、数据加密存储、多系统融合联动、数据上传、系统自诊断、历史数据记录查询、统计分析以及入井唯一性身份检测等功能。

① 平台系统功能

a. 系统的精确定位功能：静态定位精度≤30 cm；采煤工作面及顺槽、掘进工作面定位精度≤1 m；系统最大巡检周期应不大于 5 s；系统传输误码率$\leqslant 10^{-8}$。

b. 系统具备联网接口，具备灵活数据上传功能，上传数据低延迟，能实现人员定位系统与其他系统和矿井智能化分析平台的融合和接入，能实现与安全监测等系统的联动。

c. 定位站至定位站之间最大传输距离需满足大于 2 km 的要求。

d. 具有双机热备功能，从工作主机故障到备用主机投入正常工作时间应不超过5 min。

e. 需有强大的储存人员信息能力，可准确统计工作面内人数。值得注意的是，在建立人员定位系统平台时，应当细化平台功能，如当工作面人数超过规定人数时，系统具备报警及报警输出功能，可通过通信装置语音报警，并警示违规人员撤离；系统服务器可查询该工作面区域的进出历史记录、当前人员，并可生成各类统计报表；系统可显示井下的总人数、井下各部门的总人数、井下各区域的总人数、当前的基站等告警信息，并生成报表。系统可根据人员的姓名或通过工号、卡号方式，以图形方式显示此人当前所在区域；以文字方式显示这些人当前在井下的精确位置，可调取轨迹列表或回放轨迹。

② 丰富的可定制化管理功能

a. 具备携卡人员下井总数及人员、出/入井时刻、下井工作时间等显示、打印、查询等功能，并具有超时人员总数及人员、超员人员总数及人员报警、显示、打印、查询等功能，具备Web访问查询功能。

b. 具备携卡人员出/入重点区域总数及人员、出/入重点区域时刻、工作时间等显示、打印、查询等功能，并具有超时人员总数及人员、超员人员总数及人员报警、显示、打印、查询等功能。

c. 具备携卡人员出/入限制区域总数及人员、出/入限制区域时刻、滞留时间等显示、打印、查询、报警等功能。

d. 具备携卡人员下井活动路线显示、打印、查询、异常报警等功能。

e. 具备携卡人员卡号、姓名、身份证号、年龄、职务或工种、所在区队班组、主要工作地点、每月下井次数、下井时间、每天下井情况等显示、打印、查询等功能。人员考勤管理功能，能够准确统计工作人员入井、出井时间，并可按班次、按部门生成日考勤、月考勤统计报表。

f. 具备按部门、地域、时间、分站、人员等分类查询、显示、打印等功能。

g. 系统数据存储需要满足不少于2年的数据存储能力。具备历史数据导出备份功能。

h. 具备防止修改实时数据和历史数据等存储内容安全性功能。

③ 唯一性监测功能

系统应具有识别卡工作是否正常和每位下井人员携带1张卡唯一性检测功能。通过唯一性检测装置的时间小于3 s，误识率≤0.5%，拒识率≤1%。

④ 双向呼救功能

在定位识别装置上应集成紧急呼叫功能，井下出现紧急情况时，井下携卡人员可以通过识别卡的呼救按钮，将紧急情况告知地面系统，地面系统接到紧急呼救后，采取应急援救方案，同时地面也可以在出现紧急情况时，向井下携卡人员发出紧急寻呼。

⑤ 基于5G的人员定位装备实例

针对煤矿井下故障维护效率低下、巡检流程标准化难度高等问题，行业开发了5G＋AR巡检与远程诊断系统，系统具备实时巡检、实时采集、实时定位、实时互联、远程诊断、近感探测、语音视频通话、人机交互等功能，并可实现人岗匹配的生物特征识别，对边缘死角单岗作业人员进行定位监控与预报警联动等功能。矿用本安型辅助显示终端通过USB数据线插入具有USB通信接口的5G手机或终端，并安装相应适配程序，可以接收并处理图像、声音和其他数据，进行第一视角的新型人机交互，如图3-27所示。

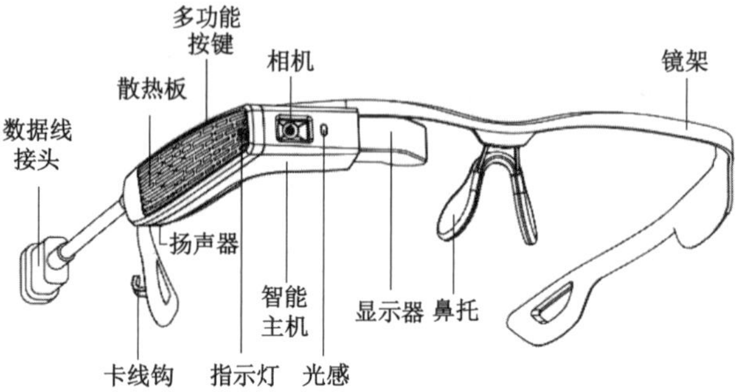

图 3-27 AR 辅助显示终端示意图

3.12 智能化选煤厂建设

选煤厂，是指对煤炭进行分选，除去原煤中的矿物杂质，并把它分成不同规格的产品的煤炭加工厂。其主要产品是精煤和块煤，此外还有中煤和煤泥等副产品。选煤厂按产品用途分为：① 炼焦煤选煤厂，生产低灰分精煤，供炼焦用；② 动力煤选煤厂，生产火力发电、蒸汽机车、锅炉的燃料煤和化工用的原料煤。

3.12.1 选煤厂的基本概念

从矿井中直接开采出来的煤炭叫原煤，原煤在开采过程中混入了许多杂质，而且煤炭的品质不同，内在灰分小和内在灰分大的煤混杂在一起。选煤就是将原煤中的杂质剔除，或将优质煤和劣质煤进行分门别类的一种工序。选煤后所产生的产品一般有矸石、中煤、乙级精煤、甲级精煤，选煤后的成品煤通常叫精煤。通过选煤，可以降低煤炭运输成本，提高煤炭的利用率。精煤一般主要用于炼焦，它要去硫、去杂质等，以达到炼焦用的标准。

选煤方法主要有重力选煤、浮游选煤和特殊选煤。常用的方法是重力选煤，主要是依据煤和矸石的密度差异而实现煤和矸石分选的方法。煤的密度一般为 1.2～1.8 g/cm^3，矸石密度一般在 1.8 g/cm^3 以上，在选煤机内借助重力把不同密度的煤和矸石分离。重力选煤又可分为跳汰选、重介质选、溜槽选、斜槽选和摇床选等。

我国选煤厂采用的最广泛的选煤方法是跳汰选，其次是重介质选和浮选，其他方法均用的很少。这里介绍的是重介质浅槽分选。其工作原理是将悬浮液通过两个部位给入分选槽体内，从下部给入的为上升流，作用是保持悬浮液均匀稳定，同时有分散物料的作用；从侧面给入的为水平流，作用是保持上部的悬浮液的密度稳定，同时形成由入料端向排料端的水平介质流，对上浮煤起运输作用。入选煤进入分选槽后，在调节挡板作用下完全浸入悬浮液中，开始分层，精煤等低密度物浮在上层，矸石等高密度物沉在底层。在下沉过程中，与矸石混杂的低密度物由于上升流的作用而再充分分散继续上浮。在水平流的作用下，浮在悬浮液上面的低密度物由排料口排出成为精煤产品。在刮板作用下沉到底部的高密度物由机头溜槽排出成为矸石产品。

选煤厂的三个最基本工艺过程是分选前的准备作业（破碎、筛分、分级）、分选作业、选后产品的处理作业。同时重介质选煤又包括五个大的流程:煤流、介质流、循环水系统、煤泥水和清水。

(1) 分选前的准备作业

破碎:把大块物料粉碎成小颗粒的过程叫作破碎。用于破碎的机器叫作破碎机。

筛分:用带孔的筛面把颗粒大小不同的混合物料分成各种粒级的作业叫筛分。筛分所用的机器叫筛分机或者筛子。在选煤厂中,筛分作业广泛地用于原煤准备和处理上。按照筛分方式不同,分为干法筛分和湿法筛分。

(2) 分选作业

选煤是利用与其他物质的不同物理、物理-化学性质,在选煤厂内用机械方法去除混在原煤中的杂质,把它分成不同质量、规格的产品,以适应不同有户的需求。按照选煤厂的位置与煤矿的关系,可将选煤厂分为矿井选煤厂、群矿选煤厂、中心选煤厂和用户选煤厂。我国现有的选煤厂大多是矿井选煤厂。

(3) 选后产品的处理作业

① 产品脱水、脱介

精煤经脱介筛脱介、脱水后进入离心机进行二次脱水后入精煤带式输送机。中煤、矸石合用一台双通道脱介筛,筛面中间隔板将中煤和矸石分隔。筛上中煤和矸石分别经带式输送机运到中煤、矸石卸载点外运。

② 介质循环回收

精煤、中煤、矸石弧形筛和脱介筛一段进入合格介质桶再用。精煤、中煤、矸石脱介筛二段筛下物为稀介质;精煤稀介自流到精煤稀介桶后打到磁选机,中煤、矸石稀介自流到中煤、矸石稀介桶打到中煤、矸石磁选机,以上磁选精矿流入合格介质桶循环再用。

③ 介质添加

使用质量合格的磁铁矿粉添加,具体过程为用高压水($P=0.5$ MPa)把磁铁矿粉冲入收集坑内,用泵打至磁选机磁选,磁选精矿流入合格介质桶实现介质添加。

④ 粗煤泥回收

精煤磁选机尾矿到精煤尾矿桶后用泵打到分级旋流器分级,旋流器底流用高频筛回收粗煤泥,筛上物掺到精煤中。脱泥筛筛下水和中煤、矸石磁选机尾矿水进入煤泥桶,经泵打至分级旋流器分级,旋流器底流进入高频筛,高频筛筛上物掺到中煤中。旋流器溢流、高频筛筛下水去浮选。

⑤ 浮选及浮选精煤压滤

旋流器溢流经过矿浆准备器进行矿浆预处理后进入浮选机进行煤泥浮选,浮选精矿进入浮选精矿池,经泵打到压滤机,压滤后得到浮选精煤,其与精煤脱水筛筛上物以及高频筛回收的粗精煤一起由带式输送机运至精煤堆场。

⑥ 煤泥压滤

浓缩机底流用泵打到煤泥压滤机,压滤后得到煤泥产品,滤液做循环水。

⑦ 跑、冒水处理

选煤厂内介质桶跑、冒水设一专门收集坑收集,然后用泵打到矸石、中煤脱介筛二段,进入稀介桶,磁选回收。选煤厂内煤泥桶、水池跑、冒水也设专门收集坑收集,正常工作时间用泵打至中煤筛,停车时打到浓缩机。

3.12.2 智能化选煤厂的含义

《智能化选煤厂建设 通用技术规范》(T/CCT 005.1—2020)对智能化选煤厂的定义为：充分利用智能选煤技术，完成智能化选煤厂的基本要素建设，最终实现无人或是少人干预、智能决策、自动执行的选煤厂，称为智能化选煤厂。

在现有已建成选煤厂的基础上应进行一定程度的设施升级、智能化改造，以主要工艺环节、重要装备、安全防控智能化为建设重点，逐步形成无人操作设备、无人值守系统的应用，提高分选工艺过程的智能化水平。对于新建选煤厂，开展基于 BIM 技术的数字化设计与施工管理，建设选煤专家知识库，实现重点生产单元、管理过程的智能化，形成完善的分选过程智能感知、智能控制、智能管理与智能决策，主要工艺环节、主要操作岗位及重要设备实现智能无人操控，建成安全、节能、环保的智能化选煤厂。

智能化选煤厂基本架构分为四层，即设备层、控制层、执行层、决策层。设备层主要包括机电设备及检测仪表、保护装置等；控制层主要包括生产管理集中控制系统、设备状态监测系统、视频监控系统、调度通信系统、安全监测系统等；执行层主要包括生产管理、机电管理、质量管理、安全管理、经营管理等；决策层主要包括智能分析、智能控制、智能管理、辅助决策等。

3.12.3 智能化选煤厂基本特征

① 智能化。在选煤单机设备、选煤系统自动化的基础上，采用物联网、大数据、云计算、人工智能等现代通信与信息技术，实现自动检测、自动采集数据、自动诊断、智能决策等，在确保选煤生产、选煤管理等基本功能的基础上，实现煤炭产率和效益最大化。

② 一体化。在标准智能化选煤厂体系架构下，统一软件、硬件及网络要求，统一选煤相关数据的采集、存储、交换、分析、处理、治理等标准，实现信息互联互通、智能控制、智能管理，避免信息孤岛；统一管理计算资源、网络资源和存储资源等基础设施资源，实现资源最大化利用，避免重复建设；统一应用信息化平台，对选煤厂的不同业务进行交互、组合，避免投资浪费。

③ 自适应。根据入选原料特性、设备条件、各方需求等影响因素，采用大数据、人工智能技术自动调整控制策略、分选参数及管理方法等，实现煤炭分选、企业管理等全厂智能化。

④ 自学习。基于选煤厂日常生产、管理数据，利用模式识别、神经元网络、数据挖掘等机器学习方法，识别选煤厂生产、经营中关键指标的关联性和内在逻辑，获取智能选煤厂有效知识，实现生产控制及管理智能分析与决策。

⑤ 智能分析与决策。利用机器学习、数据挖掘等分析技术，对煤炭分选、产品结构、工艺效果、配煤装车、浓缩加药、设备管理、经营管理等控制与管理策略的有效性进行评价，为智能化选煤厂的控制与运营提供科学的决策依据，实现智能控制、智能管理。

⑥ 可控制。在无人干预、少人值守的状况下，保证选煤装备和工艺处于受控状态，满足安全生产和经济运行要求。

⑦ 可观测。通过传感测量、计算机及网络通信技术，实现选煤厂安全生产和经营管理各环节的感知，为智能化选煤厂提供可观测的数据资源。

⑧ 可互动。支持信息展示与发布功能，控制和管理人员应能够准确、及时获取相关信

息并发出指令，实现人、机、环、管互动，可与上下游企业和上级管理单位及行业协会进行信息交换与共享。

3.12.4　智能化选煤厂建设内容

(1) 选煤厂集中控制系统

选煤厂主要生产流程设备实现远程或集中联锁控制，整个分选系统从煤流运输、分级手选(实现智能选矸)到重介浅槽、重介旋流器等主选设备实现远程集中控制和联锁控制。智能化选煤厂要实现生产过程数据的实时收集、存储与历史浏览功能，以及完成煤炭分选工艺后续的生产指标确定、生产操作、生产效果分析和智能预测工作。选煤厂智能化建设硬件方面主要包括智能化集中控制系统、智能化浓缩加药系统和智能化压滤系统三部分。

① 智能化集中控制系统

集中控制系统对煤炭出入仓、分选工作系统、煤炭运输、设备操作控制、人员管理等方面进行全面控制和监控。智能化集中控制系统的核心是数据的传输、储存、处理，主要包括网络系统、集控云平台、数据库与系统安全。智能化选煤厂的网络应分为控制网络、管理信息网络和视频监控网络。网络带宽应能满足后续数据量急剧增加的需求，保证数据的传输速度与安全。云平台包括公有云平台、私有云平台和混合云平台三种模式，通过对云平台的选择，实现选煤厂生产数据、装备信息、监控视频等细致化分析处理，从而进行专业化管理。数据库与系统安全，对于常规的结构化数据应当采用当前主流的关系型数据库，对于非结构化数据应根据数据性质研究合适的存储方式。应考虑数据量急剧增长后的容量空间，并便于后续数据分析的读取。系统安全分为网络安全和数据安全，网络安全保障采用网络防火墙，数据安全保障通过建设数据泄漏防护系统，打造安全、可信、规范的工作环境，实现对数据安全管控及泄漏防护保障。

② 智能化浓缩加药系统

选煤厂分选工艺中浮选、煤泥沉降以及带式压滤机中需要添加药剂，以实现煤、矸石、煤泥的彼此分离，调整煤与矿物杂质的表面性质，增加煤与矸石颗粒的亲水性差异，从而达到精确分选的目的。

现阶段应用于国内选煤行业的自动加药系统成套设备可实现人工设置参数，制备指定浓度溶液并可调节泵送药剂量。但药剂添加比例、给料量等重要参数不能随煤质变化进行智能化调整，只能人工计算。而我国煤泥水系统状况复杂，原煤中末原煤含量波动大，入选率波动大，工艺设备参数不稳定，从而造成煤泥水系统运行效果差，尤其是煤泥水沉降环节。大多数选煤厂煤泥水处理生产工艺中多添加高分子絮凝剂加速煤泥水中煤泥颗粒的沉降，易导致循环水水质变差，煤泥水处理与生产需求不协调，从而制约选煤厂生产运行，增加生产成本。

根据选煤厂煤泥水工艺流程特征，对现有选煤厂进行智能化升级改造，智能加药系统主要工作原理为：将浓缩机入料浓度作为加药量依据，将沉积界面厚度参数作为反馈信息，控制箱程序计算分析，发出阳离子与阴离子加药量信息；通过调整电动阀门调节控制阳离子与阴离子的加药量，实现煤泥水加药系统智能化控制；浓缩机工作参数信息送入调度室，通过集控平台界面数字化显示信息。

浓缩药剂智能添加，通过检测浓缩池溢流水浓度，合理控制药剂添加量。并将现有的自动加药机通过 PLC 通信引入集控室控制，实现自动配药、加药一体化、无人化。根据变化情况，来自分选系统的煤泥水经过管道进入浓缩机，在药剂的作用下实现煤泥快速沉降，浓缩机溢流进入循环水池作为生产循环用水，浓缩机底流采用压滤机脱水处理得到湿煤泥。

浓缩系统包含通信模块、界面仪、计量泵等设备，实现自动加药、药量精准控制。

a. 智能加药系统通信模块，将加药机、浓缩机相关信息纳入集中控制系统，根据界面仪反馈的数据自动调节加药机加药量，以达到闭环控制的效果。

b. 在浓缩池相应位置设置界面仪，在线监测循环水的澄清层和压缩层界面变化情况。

c. 为保证系统的灵活性与可靠性，加药系统应设置两种操作模式——自动控制模式、手动控制模式，通过选择实现模式切换，防止因设备故障而影响生产。

将加药装置接入集控系统，实现加药装置智能远程控制，具体功能如下。

a. 加药装置控制信号远程操作，包括给药时间设定、给药泵启停、搅拌电机启停、加药泵启停、补水阀开关、转移阀开关、加药泵频率设定。

b. 加药装置调节所需参数远程查看，包括浓缩机驱动电机电流等。

c. 浓缩机入料浓度检测及澄清层高度检测装置，实现给药时间、加药泵频率的智能调节，无须人工干预。在保证煤泥水处理效果的同时，该装置可降低药剂消耗量，从整体上降低煤泥水处理成本，提高选煤厂经济效益。

在生产过程中，根据历史经验数据，由系统自动给定一个初始加药量(前馈调整)，随后根据界面仪和浊度计的检测结果，对浓缩机溢流情况进行动态跟踪，进而对加药量进行反馈调整。同时，该系统能够对浓缩机生产情况进行自动统计分析，结合模糊控制理论，寻找絮凝剂和凝聚剂加药量与主选系统原煤处理量和煤种、浓缩机入料浓度和流量、溢流澄清水层和浊度等间的相关性，从而使加药系统逐渐稳定。

③ 智能化压滤系统

压滤是处理煤泥、回收分离介质水、实现液固分离的重要工序，压滤脱水环节是煤泥水系统的核心。压滤设备是实现水资源循环利用和煤泥回收的关键设备，压滤机生产是一个循序渐进的过程，主要涉及补料、进料、卸料以及停机运行等过程。

现阶段选煤厂采用的压滤机，若为单台布置时，大多已实现自动化控制；而当现场布置多台压滤机时，往往需要安排多名作业人员控制压滤机运行，压滤机煤泥脱水及生产效率均不能有效保证。因此，实现压滤系统的智能化控制对提升选煤厂生产线效率具有重要意义。

压滤系统智能化需增设通信模块，通过通信模块将压滤机与集控系统连接到一起，实现互联互通、数据共享，实现压滤机的远程控制和联锁控制，实现压滤机与压滤入料泵、煤泥刮板输送机的联锁控制。

应在每个浓缩池底流泵入料口安装 1 台浓度计，并接入控制系统，实现浓缩池底流浓度的在线监测；控制系统根据浓缩池底流浓度及入料桶液位，实现底流泵的自动控制。当浓缩池底流浓度达到一定数值时，系统自动开启底流泵，开始抽煤泥压滤。当浓缩池底流浓度下降到一定数值时，系统自动停泵。

在每台压滤机滤液槽上安装 1 台微小流量计，并接入控制系统，实时在线监测压滤机滤液水的流量，通过监测滤液水的流量来判断压滤机结束过程，并自动控制入料泵的启停和煤泥卸料。整个压滤入料、脱水压榨、卸料等过程全部实现自动化控制，达到压滤车间的无人化值守、有人巡视。系统重点实现集控系统与压滤系统的对接，采集压滤系统的数据作为控制节点，通过压滤自动控制系统实现联动控制，包括压滤机与刮板输送机之间、压滤机之间的联动控制；实现压滤机的整个行程控制的无人化，主要指注料结束自主判断、卸料的自主判断、卸料状态的监测。

(2) 煤质智能监测分析与密度自动控制系统

为实现密度的有效调节，对原煤入选皮带和产品皮带的煤样数据进行有效监测，完成历史数据、实时数据的采集汇总，通过对大数据的分析，建立数学模型，完成对原煤密度组成、精煤产率、效率以及分选密度等的预测。根据原煤、末煤、精煤在线测灰仪的测量信号自动修正重介密度控制系统参数，从而及时调整分选指标。根据精煤在线测灰仪以及化验数据，将预测值和实际值进行对比分析，利用人工智能控制思路，建立指导生产和决策的最终模型。对末煤系统、块煤系统进行升级，完成密度控制系统补加水、煤泥分流量的自动调节。通过煤质数据分析与控制系统的建立解决传统重介人工操作存在控制不准确、不及时的问题，保证精煤产品质量稳定性和精煤产率大幅度提高，实现选煤厂的经济效益最大化。

① 煤质智能监测分析

在原煤入选皮带和产品皮带上增加在线测灰仪和电子皮带秤，并将数据统一回传至集控系统，实现对煤质的有效监测。

② 密度自动控制

对块煤浅槽分选系统密度控制自动化进行完善，在原有浅槽密度控制系统基础上进行程序改造，根据设置的密度，自动调节分流阀与合介补水阀；并且对密度控制上位机界面与厂内集中控制系统进行整合，增加缺介报警功能、合格介质溢流报警功能、合格介质液密度不合格报警功能等；完善密度控制系统中各参数的历史数据、历史曲线等，为出现问题后的反馈分析提供数据基础。

在原煤、末煤、精煤、矸石皮带上安装在线测灰仪，对重介选煤系统精煤产品灰分进行在线检测，根据实时检测的产品相关煤质数据，结合产品指标要求，通过数据模型分析，实时改变分选密度目标值，在原密度控制系统上增加自动模式，利用模糊 PID(proportional integral derivative，比例-积分-微分)算法，解耦控制重介系统补水、分流量等密度控制相关指标，实现分选密度智能调节，达到目标分选密度值，从而满足产品质量稳定控制要求，提高产品合格率和产率；并且对密度控制上位机界面与厂内集中控制系统进行整合，增加缺介报警功能、合格介质溢流报警功能、合格介质液密度不合格报警功能等；完善密度控制系统中各参数的历史数据、历史曲线等，为出现问题后的反馈分析提供数据基础。

控制系统完成功能：

a. 由于介质密度直接影响精煤和中煤灰分，要求在选煤过程中，系统自动控制密度稳定在所需的密度值上，以保证产品质量。

b. 随着重介选煤过程的进行，介质悬浮液中煤泥含量不断变化，要求系统自动控制悬浮液中的煤泥含量，使煤泥含量在合理范围之内。

c. 在选煤过程中，要求保证旋流器入口压力稳定。入口压力变大表明管路或旋流器堵塞，入口压力变小表明管路、旋流器有跑漏或者液位过低，要求系统能实时报警、语音提醒并进行故障记录。

d. 对合格介质桶的液位和煤泥介质桶液位进行实时检测，并且由控制系统自动调整，保证液位不能过低也不能过高。

e. 自动控制分流开度、加水阀、补水阀,实现密度控制系统分选密度的稳定控制。传统PID调节控制算法,受到阀门、水泵等设备硬件本身的制约,设备本身频繁开闭造成设备的损坏率太高,因此,要求自动控制系统使用人工智能结合计算机控制方式进行自动化控制,根据现场实际历史数据的分析和汇总,保证密度值的稳定以及设备的可靠运行。

数据分析完成功能:

a. 通过对煤质数据的分析,建立数学模型,完成对原煤密度组成、精煤产率、效率以及分选密度等的预测。

b. 接入测灰仪数据,根据精煤在线测灰仪的测量信号自动修正重介密度控制系统参数,从而及时调整分选指标。

c. 根据化验数据,将预测值和实际值进行对比分析,利用人工智能控制思路,建立指导生产和决策的最终模型。

d. 采集原煤、精煤、末煤、矸石皮带秤数据,统计分析不同分选密度下的产品产率。

e. 实现对产品结构的预测,获得各密度级的分配率数据,实现某一分选密度下的产品结构的预测,通过预测值和实际值的比较,利用数理统计方法计算出更贴近实际的产品的产率和灰分。

(3) 选煤厂智能感知系统

建立智能化选煤厂3D可视化系统,通过3D可视化数据采集与监控系统实现在3D环境下展示全厂生产状态;对厂区、楼层、设备等实体进行三维建模,利用虚拟现实技术结合输煤系统的结构、设备布局以及监测与控制的任务要求进行二次开发,达到三维动画效果,并以缩放方式方便地观测被测控点(部位)的状态或参数,结合各个参数的性质分别以曲线、表格等形式进行实时显示、存储与历史数据调用等。

① 系统软件构架

3D可视化数据采集与监控系统须分别支持C/S与B/S方式浏览数据,通过智能设备即时访问和分析;具备实时触控操作采用的安全区设计。

系统软件需具备实时数据库系统模块、GIS模块、设备故障诊断模块、三维可视化监控模块、移动终端监控模块、Web发布模块、调度管理模块等。

② 功能要求

a. 3D可视化数据采集与监控系统部署于选煤厂系统平台服务器和客户机,具备移动端展示功能。

b. 实现选煤厂运营及生产系统的实时可视化,面向Web和移动端的应用,Web和手机App的3D可视化融入已有的选煤厂数据管理平台。

c. 完成选煤厂生产过程和所有设备的三维建模,与现有集控系统、数据管理系统的实时数据库进行动态交互,实现缩放动画、定位动画、旋转动画等功能。系统可以定位设备机械部件的三维物理位置、进行参数配置以及查看运行状态。

d. 要求系统能够支持业务流程定制,和原有选煤厂的审批流程进行闭环管理,可利用拖拽配置方式定制工作流程,驱动系统,可生成事故报告、归档设备运行报表、发送报警信息等。

e. 要求系统与现有的集控系统、配电系统、设备故障检测系统、决策支持管理平台进行数据对接,实现数据的共享互通,以及相关联业务数据的综合分析,集成现场实时生产、安全、设备信息，实现全厂设备运行状态的3D展示、场景漫游以及设备故障定位、设备巡检、设备参数的实时调用、设备报警的实时提醒等功能。

f. 要求系统与现有的视频监控系统、大屏随动控制系统闭环管理，直接接入视频监控系统，当现场生产或者现场设备有故障时，实现系统平台与视频监控系统的双向报警联动。

3.12.5 选煤厂智能汽车装运系统

选煤厂厂区构建精准装车系统，具备车辆位置、车厢内物料高度等信息的自动感知与建模功能，实时计算车辆边缘位置与物料装载状态，自动提示司机配合完成装运，提升选煤厂生产效率与管理水平，实现厂区车辆管理智能化。

(1) 装车闸门改造

实现物料装车闸门开度的精准控制，通过控制装车闸门的开度实现对装车量的调节。

(2) 车辆识别

在每个仓下进车通道前安装视频识别摄像头，实现车牌号的识别，通过车牌号与数据仓库中车辆信息的比对实现对车辆的识别，需要特别说明的是，车辆信息需提前录入数据仓库。

(3) 车辆装载

对仓下装载车辆根据车辆信息进行车辆建模，在计算机中构建出车辆的三维模型，包括车头、车身、车轮的三维模型。通过现场传感器实现对车辆在仓下的精准定位，定位信息可反映车辆距离车道边缘的信息，以及车辆和落料口的位置信息。通过仓下激光传感器获得车内物料装载高度信息。

(4) 手机App

在装车仓车道入口处设二维码，通过扫描二维码司机可看到装车的视频信息及提醒司机向前行驶的信息。

3.12.6 选煤厂电力监控系统

(1) 智能供配电系统

在智能化选煤厂中通过数据采集、配电管理平台和影音监控功能完成一体化的电力系统自动化，实现配电室的无人值守，保证生产过程的安全性、可靠性和经济性。在选煤厂集中控制系统中建立电力监控中心，可以实现整个电力系统的数据采集、运行状态监视、远程集中控制，查询和统计整个系统的运行数据、运行记录、故障报警记录信息，实现远程监视设备运行情况、远程操作控制、故障报警以及报表查询与打印功能。

在设置智能配电系统时，由于选煤厂在电力系统中属于二级负荷单元，因而配电设备一般选择的是10 kV/6 kV以下的设备。选煤厂配电室高压配电柜和低压配电柜分别为10 kV/6 kV和660 V/380 V。其中，高压配电柜的设备主要包括四个部分，即直流屏、F-C柜、PT柜以及断路器柜。现阶段，我国F-C柜、PT柜以及断路器柜采用的开关设备主要是移开式设备，同时配备相应的装置，如保护装置和监控设备等。一般情况下，这些装置采用的都是以太网通信接口，因而能够实现控制、监测、调试以及通信四个方面的工作。然而，在对柜内使用环境监测过程中还存在一定的不足。

一般来说，高压配电柜采用的是10 kV/6 kV。在长期运行过程中，开关的触头以及母线连接的地方经常会存在老化等问题。同时,由于高压配电柜是相对比较封闭的,在运用的过程中是难以打开的,且触头位置也不方便观察,因而很难做到有效的预测。在这种情况下,必然会导致事故的发生。因此,在设置无人配电系统时,应在触头位置设置超温警报监测系统。低压配电柜是配电系统的终端单元,对于选煤厂的正常运行有重要的影响。以往选煤厂低压配电柜电机回路仅仅是向上级提供相应的开关量。在故障发生时,电机回路自动停机,然后配电室相关人员进行故障检查和原因分析,并给予适当的处理。也就是说,传统低压配电柜保护器在返回信号方面比较单一。同时,在故障检查和维修过程中,需要大量的人力资源等。因此,智能化配电系统应运而生。

智能化配电系统的优势在于所有仪表都具有通信功能,如保护器、控制器以及电度表等。保护器中不仅设置了多种监测功能,还实现了对故障的记录和保护功能。总之,智能配电柜系统具有较好的监控系统,能够进行风险预警以及预防潜在故障的发生。智能配电柜产品的应运而生,如ABB厂家推出的MNSIS产品,能够实现对柜内用电环境进行监测,还能够实现及时监测用电回路的运行情况,具有前瞻性。同时,在智能化系统中,所有设备均接入通信网络,能够提高工作效率以及解放劳动力。

(2) 远程停送电控制系统

① 建立网管式停送电管理流程,实现安装电力监控客户端软件的电脑与安装App监控软件的手机之间的停送电申请审批,停送电申请、审批完成后,自动生成电子版停送电申请单。

② 在系统监控主机上的停送电操作按照严格的操作流程,具有授权、安全操作闭锁、操作、电子挂牌、摘牌等功能,保障停送电的可靠性和安全性。

③ 操作完成后自动将操作记录补充到电子版停送电申请单内并保存,同时将操作完成信息反馈到申请人、审批人的电脑或移动终端上,能够方便按照日期、设备编号、参与人员等各种方式检索查询。

(3) 安全操作闭锁

① 远程/就地操作闭锁

在配电柜抽屉面板上安装远程/就地转换开关,当开关转向远程位置时,能通过监控主机远程实施断路器分合闸,闭锁柜门面板上的分合闸按钮进行手动操作;当开关转向就地位置时,就地能用柜门面板上的分合闸按钮进行手动操作,闭锁监控主机远程实施断路器分合闸。特殊紧急情况,无论在就地还是远程状态下,通过执行机构机械分闸可以实现紧急停电。

② 停送电电子挂牌、摘牌

通过监控主机远程实施断路器分合闸,操作人员需要输入密码后进行停送电电子挂牌及摘牌,就地设备上的智能开关控制模块根据电子挂牌信息进行停送电闭锁,保证停送电安全。

③ 防止带电误操作

现有抽屉柜手把机械闭锁功能保留,即断路器在合闸状态不能推进/抽出抽屉。在停电操作完毕后若系统监测到实际没有停电,进行操作失败报警。抽屉试验、运行转换手把在试验位置时,不能进行断路器分合闸。

(4) 视频及音频监控系统

智能配电系统的主要功能在于全方位实现信息监控。而视频监控系统和音频监控系统是对信息监控功能的一种完善和补充。视频监控系统和音频监控系统，主要是通过安装摄像头、监听器以及对讲系统等实现监控的。这些系统的安装和完善，能够将配电柜与监控画面很好地联系起来，为相关工作人员提供更加直观的环境信息，以便进行及时有效的控制。同时，对于配电系统中出现的故障，也能够及时锁定故障出现的位置，进而实现无人值守配电系统的远程监控功能。

(5) 电力能耗分析

① 采集电力能耗数据，实现现有电量数据的自动抄表、自动统计计算、自动生成所需报表，并进行多维度分析汇总，涵盖能耗报表总量走势分析、总电耗的偏差分析、电耗分项统计分析、重点耗能设备耗能分析及节能分析报告等。

② 电能消耗统计：能源管理与分析，统计和展示全厂设备的能耗数据。

③ 能源消耗分析：针对系统中设备的实际运行性能，分析其节能潜力，并指导运行人员实现节能运行。

④ 能源消耗预测：在掌握能源消耗大量数据的基础上，逐步建立能源消耗模型，分析能源消耗发展趋势，动态预测能源消耗数据，并对改造提供建议。

⑤ 系统运行与诊断：对系统或设备运行的不合理状况或各种故障进行及时诊断，并指导运行人员进行运行优化。

3.13　智能化园区

智能化园区是整合了园区的消防、安防、停车、访客、会议管理、考勤、购物、餐厅等业务系统，形成全面感知、实时互联、分析决策、自主学习、动态预测、协同控制的智能园区管控系统。通过智能化改造建设，煤矿企业员工、管理者、运营者、到访者能够感受到煤矿管理运营的便捷、高效。

智能化园区解决方案实现面向行业的园区数字化转型，赋能产业创新发展和服务体验升级，促进园区移动端、云端、本地端、感知端的互联互通，减少园区各系统内耗及铺张浪费，增加园区人员使用黏性、提升办公效率，推动园区的可持续发展，实现园区“数据全融合、状态全可视、业务全可管、事件全可控”。

智能化园区建设应具备以下特点：

① 智能园区智能运营中心：向园区管理和决策人员实时展示煤矿各项业务的关键指标，实现园区的统一管控。

② 智能园区数字平台：包括 AI 智能分析子平台、智能边缘子平台、物联网子平台、地理信息系统子平台、位置服务子平台、数据集成子平台、业务子平台和数据服务子平台等子系统，实现数据接入、数据分析存储、业务逻辑服务和开发服务；建设智能园区云平台，提供高可靠性的云服务，部署数字平台和应用系统。

③ ICT(information and communication technology，信息与通信技术)基础设施：包括智能园区专用网络、通信网络和边缘节点；建立智能园区办公网、视频网、运营商通信网络、Wi-Fi 等网络基础设施；根据园区实际应用状况，部署边缘节点的物联网关、边缘视频管理和智能分析。

3.13.1 智能化园区安全系统

① 安全帽识别：在工作视频区域内，通过AI算法检测工人是否佩戴安全帽，对没有佩戴安全帽者进行告警；截取未戴安全帽人员头像，由管理员前去处理，以保障工人的安全。

② 人员危险识别：AI单帧姿态和多帧动作高效识别，室内/室外人员跌倒或其他危险动作AI识别。

③ 人流进出统计：支持画面的人数进出统计，可自定义画线区域，实现园区人员流动管理。

④ 吸烟行为识别：园区内或重点防火区域，利用检测算法和人体骨骼关节点检测算法识别危险行为；井口吸烟高危行为识别。

3.13.2 园区电力系统安全防护

① 环境检测：对变电所等特殊区域，通过AI及时识别烟雾明火，发现异常温度主动告警。

② 周界智能检测：针对变电所或机电设备附近，及时检测出事先设定范围内的异常行为，如快速移动/遗留/移走/越线/入侵/区域进入/区域离开/徘徊等，保障电力设备及人员安全。

③ 机器人自动巡检：机器人代替人工，实现7×24小时全天候巡检，并实时上传检测数据，及时分析，及时发现问题。

3.13.3 煤炭全过程智能化监控

建立煤炭质检智能化系统，利用互联网、物联网、云平台、智能制造等新技术、新理念，大力发展现代煤炭物流产业，在集成配套设备的基础上运用设备自动化、物联传感和网络通信技术，通过"采、制、封、存、取、化"无人干扰的样品流转现场管理，实现车号自动识别、煤炭自动计量、自动采制样、自动交接样、化验数据自动提取。

利用网络将煤炭入场、计量、采样、制样、化验、接卸、堆卸、配煤、售煤等环节及涉及的设备工况进行全过程管理，为管理者、经营者、访客提供远程可视化服务，从而实时了解煤炭质检过程，做到质检过程公开、透明、公正；将煤炭验收相关设备进行统一管理，在掌握设备数据的基础上，构建煤炭产业园网络架构，层层分析，统筹规划，精确掌握煤炭信息，为企业经营决策提供依据。

3.13.4 智能化园区交通管理

实现园区内交通智能化管理，对进入园区的普通车辆的通行和停车进行智能化管理，具体功能如下：

① 车牌识别：对出入园区的车辆进行车牌自动匹配，实现快进快出。

② 违停告警：对园区内的违规停车车辆进行检测并主动告警上报。

③ 超速识别：及时识别出园区内超速行驶的车辆，并上报管理人员。

④ 车辆定位：作业运煤车/工程车定位、测速、行为管理。

3.13.5 园区访客管理

智能化园区实现接待访客全流程管理，提升访客的在园体验及办公效率，具体功能如下：

① 泊车导航：实现余位显示，停车导航，并通过客户的手机 App 进行导航。

② 住宿安排：提前给客户发送房间号、密码/二维码、刷脸认证。

③ 餐饮预约：向客户手机终端发送就餐位置和餐桌号。

④ 会议室安排：提前通知会议室准备，位置导航。

⑤ 下井预约：到访者如需下井，可以提前预约下井服装/胶鞋(码数)，并提前预约下井车辆。

3.13.6 园区智能化集控调度中心

智能园区内集中管控系统利用计算机自动控制和网络信息技术，对煤炭生产运行设备实现全自动管控，建立设备远程控制模块，实现远程遥控操作和在线状态监测；同时对无人值守、煤样输送、煤样管理、煤炭信息、视频监控、门禁、化验室网络等系统进行整合，集成为统一的监视控制平台，实现对设备的远程集中管控；并将煤炭运销、交易服务、信息服务、物流服务进行整合，形成定制化、标准化的煤炭生产中心和标准化运营中心，建成煤炭交易一站式、便利化和公开透明的智慧园区。

3.14 本章小结

本章是全书的核心内容，重点介绍了智能矿山的建设内容。主要内容包括智能矿山建设原则、智能矿山基础设施建设、智能化掘进系统、智能化综采系统建设方案、智能化运输系统、智能化通风系统、智能化供电与供排水系统、智能化安全监控系统、智能化经营管理系统、智能化综合管控平台、智能化选煤厂建设、智能化园区等，论述了各方面的重点智能化建设内容。但由于篇幅所限和智能矿山的不断变化发展，本章内容只是基本情况的论述。

第4章 智能矿山应急系统建设

4.1 紧急避险系统建设

智能矿山应急系统是智能矿山建设的重要组成部分，旨在确保矿山安全生产和高效应急响应。因此，智能矿山应急系统建设需要结合先进的技术和管理手段，实现对矿山安全生产的全面监控和预警，提高应急响应能力和效率，确保矿山安全生产和高效应急响应。

4.1.1 现状及存在的问题

随着科技进步和管理水平提高，煤矿安全形势大幅持续好转，然而我国开采地质条件复杂，煤矿安全事故无法根本上避免，仍然时有发生，建设紧急避险设施是必要的。近年来，借鉴国外先进经验，国家出台一系列规定、通知强调加快推进煤矿紧急避险系统建设，2011年以来原国家安全生产监督管理总局下发《煤矿井下紧急避险系统建设管理暂行规定》(安监总煤装〔2011〕15号)等文件旨在保障煤矿安全，加强紧急避险建设，把工人安全放在重要的位置上，同时开始了我国煤矿紧急避险系统从无到有的建设实践，避险设施在全国范围内做到基本覆盖到位。

紧急避险系统是在煤矿井下突发紧急情况下，为遇险人员紧急避险和逃生提供生命保障的设施、设备、措施组成的有机整体。该系统可为遇险人员安全逃生、紧急避险提供支持和保障。避险设施能够在逃生路径被阻和逃生不能的情况下，为无法及时撤离的遇险人员提供一个安全的密闭空间。该密闭空间对外能够抵御高温烟气，隔绝有毒有害气体；对内能够供给氧气、食物、水，去除有毒有害气体，创造生存基本条件；并能为应急救援创造条件、赢得时间。

目前，已经形成了“救生舱/临时避难硐室＋永久避难硐室＋生产井筒”为主的避险逃生模式，配套的压缩氧自救器、可移动救生舱、永久避难硐室、专用通风管路等装备设施逐步发展完善，并在全国范围内推广，能够满足中东部井田范围较小矿井的避险逃生需求。紧急避险逃生模式建设及配套装备主要由矿井开拓方式、巷道布置状况、人员分布情况、灾害事故类型、主要风险因素等矿井内在因素决定，并受装备技术发展水平、管理制度、逃生人员素质等外在因素影响。

随着中东部煤炭资源的枯竭，我国煤炭开采重心转向西部，西部地区原煤产量占全国总产量比例持续上升。与中东部相比，西部地区煤炭资源丰富，资源禀赋条件好，煤层埋藏浅、厚度大、地质条件相对简单，适合大规模机械化开发。以山西、陕西、内蒙古、宁夏、甘肃五省(区)为例，截至2014年年底，保有查明资源储量约8 947.74亿t，占全国的58.4%；截至2018年6月，共有煤矿1 261座，其中大中型煤矿1 160座，占92%，总产能约23亿t。

现有“救生舱/临时避难硐室＋永久避难硐室＋生产井筒”为主的避险逃生模式不能完

全满足西部地区大中型矿井的避险逃生需求。西部地区大型井田具有明显区别于中东部矿井的地质条件和开采特点，概括为“两长一大，两多一浅，一集中”，以神东矿区为例：大巷长度长，普遍在 2.5 km 以上，最长达 20 km；工作面推进距离长，顺槽长度普遍在 3 km 以上，最长达 6 km；井田面积大，面积普遍在 50 km^2 以上，最大达 200 km^2；可采煤层 3 层以上，采掘工作面普遍 5 个以上；埋深普遍在 200～300 m，最深不超过 600 m；井筒位置多集中于井田边界的工业广场。

4.1.2　新型紧急避险逃生模式

通过搜集事故调查报告并查阅相关资料以及现场调研等一系列工作，分析总结得出矿山自救器是最重要、最有效、最经济的紧急避险装备。一般情况下，煤矿井下事故早期影响范围较小，事故的进一步发展和次生事故的发生会波及整个矿井、救生舱和避难硐室，强大的爆炸冲击波会使救生舱倾倒和变形。水灾淹井后，较大的水压会使水灌满救生舱。因此，遇险人员要抓紧时间逃离危险区域，到达地面，地面是最安全的。进入救生舱和避难硐室避险，是无法安全撤至地面时的无奈选择。煤矿井下紧急避险逃生的理念：地面最安全，遇险人员应尽一切可能撤至地面。当巷道被堵塞，遇险人员无法安全撤至地面时，选择进入避险设施避险，等待救援。

“救生舱/临时避难硐室＋永久避难硐室＋生产井筒”的常规紧急避险系统，避险为主，逃生为辅，未形成逃生路线的全程防护。逃生路线前端：救生舱拆装搬运困难，临时避难硐室一次性使用，建设周期长，均与采掘面的快速推进不相适应；逃生路线中部：逃生路线长，救生舱或临时避难硐室内一次更换自救器无法保证安全逃生；逃生路线末端：永久避难硐室避险人数及防护时间有限，建设数量不满足全矿井避险需求，仅能被动避险；逃生通道（井筒）位置和数量依据生产需要建设，集中于井田边界工业广场，不能保证灾害情况下人员安全撤出。

根据西部矿区特点及我国避险逃生装备技术水平，提出大型井田自采掘面至地表的覆盖逃生路线全程的避险逃生模式——“可移动式救生过渡站＋永久避难硐室＋逃生通道”。即前端采用过渡站替代临时避难硐室和救生舱，解决与采掘面快速推进不相适应问题；中部采用过渡站与长时自救器相配合接力逃生，解决逃生路线长、自救器防护时间有限的问题；末端采用大直径逃生通道与避难硐室相结合，增加全矿井安全出口的数量，解决安全出口过于集中的问题，实现避和逃的统一，如图 4-1 和图 4-2 所示。

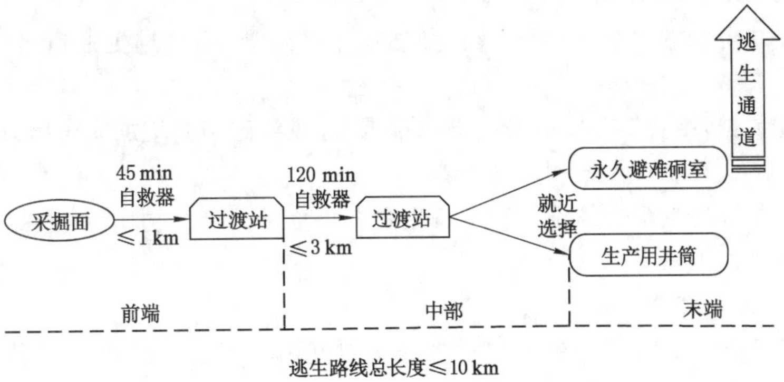

图 4-1　大型井田避险逃生模式

图 4-2　井下接力逃生

(1) 逃生路线的关键参数

依据统计数据,逃生人员在井下熟悉黑暗环境中逃生速度约为 0.7 m/s,成人剧烈运动 4 h 需要较长时间休息及能量补充。根据理论计算及模拟试验,目前使用的压缩氧自救器有效防护时间约为额定防护时间的 2/3。考虑一定的安全系数,据此可确定逃生模式的关键参数:

① 逃生路线前端

为了携带方便,井下人员工作期间通常佩戴质量较轻的额定防护时间为 45 min 的自救器,其有效防护时间约 30 min,在此期间逃生距离为 1 260 m,考虑进入过渡站的时间损失和一定的安全系数,首个过渡站至采掘工作面的距离 $D_1 \leqslant 1$ km。

② 逃生路线中部

为减少更换自救器的次数,增加有效逃生时间,过渡站内宜配置 120 min 长时压缩氧自救器,其有效防护时间约 80 min,在此期间逃生距离为 3 360 m,考虑进入过渡站的时间损失和一定的安全系数,过渡站之间的距离 $D_2 \leqslant 3$ km。

③ 逃生路线末端

逃生人员体能限制了逃生路线上过渡站的数量,应保证逃生人员在需要较长时间休息或能量补充之前到达逃生通道,即 4 h 内可逃生距离 10 km,由此确定逃生路线全长 $D_0 \leqslant 10$ km。

④ 逃生通道之间的距离

受逃生路线全长的限制,中部过渡站数量应不超过 2 个,两逃生通道之间的距离 $D_3 \leqslant$ 6 km。

依据上述数据,结合矿井实际开拓开采部署,即可确定需要增加安全出口的位置。

(2) 逃生路线关键节点配套设施和装备

逃生路线关键节点配套的设施和装备主要有可移动式救生过渡站、救援逃生车和配备逃生通道的永久避难硐室。

① 可移动式救生过渡站

澳大利亚 Mine ARC 公司针对自救器防护时间限制了逃生距离的问题,研究了“过渡站+接力站”的逃生方式。在撤退路线不安全或撤退不可行时,过渡站可以提供人员避险的空间,避险时间有 36 h/48 h/96 h 不同规格,同时可以换戴自救器接力逃生。过渡站防护强度为 15 psi，即 0.1 MPa，功能简单，不仅具有避险功能，还具有接力逃生功能，可以为逃生人员提供一个安全的更换自救器的环境。通过自救器接力的方式逃生，如图 4-3 所示。

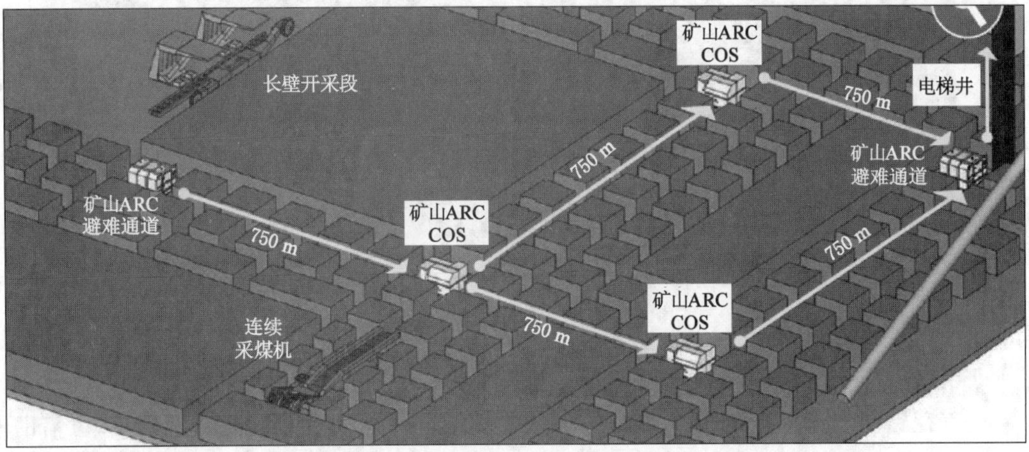

图 4-3　澳大利亚接力逃生示意图

借鉴澳大利亚接力逃生经验，自救器过渡站具有避险和逃生功能，成本比救生舱低。一般情况下，高瓦斯和瓦斯矿井在建设采区(或区域)永久避难硐室的基础上，可用移动式救生过渡站替代采掘工作面临时避难硐室。移动式救生过渡站能够提供自救器更换的安全环境，必要时用于避险，与救生舱相比取消有毒有害气体去除、降温除湿系统，仅接入矿井压风，配备压缩空气瓶，维持 200～500 Pa 正压，防止有毒有害气体侵入；两端过渡室与补给室之间悬挂气体阻隔帘，保证气密性的同时减轻自重；不同方向两个门 L 形贯通式结构，减少爆炸冲击；站体材质选用屈服强度超过 600 MPa 的特种钢，整体抗冲击能力超过 0.1 MPa。与救生舱相比，移动式救生过渡站长度由约 10 m 缩短至 6.0 m，质量由 16 t 以上降至 4.5 t，支架搬运车可轻松搬运，实现了快速移动，能够与工作面快速推进相适应，如图 4-4 和图 4-5 所示。

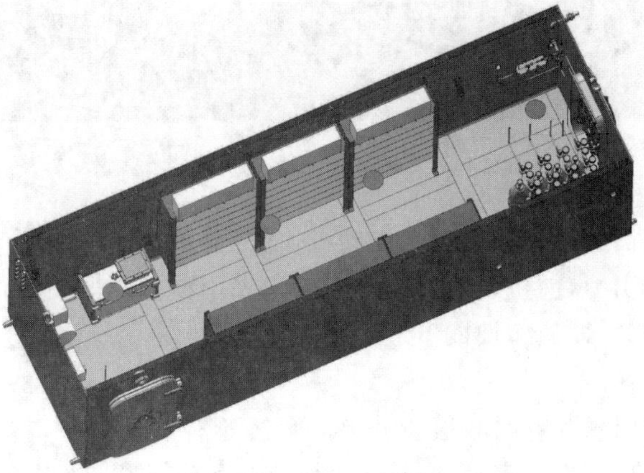

图 4-4　可移动式救生过渡站

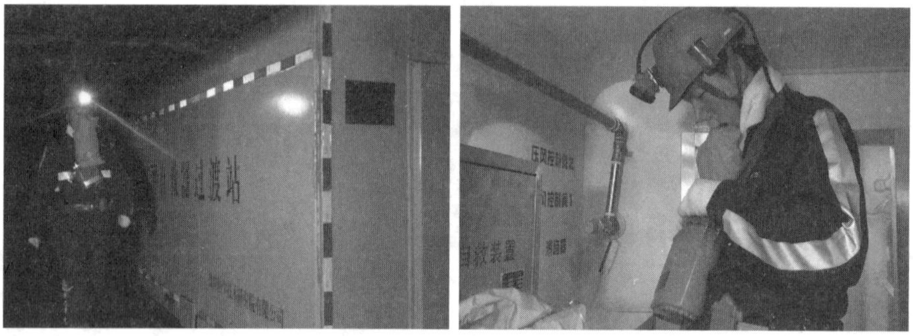

(a)　　　　　　　　　　　　(b)

图 4-5　过渡站实物图及使用

② 配备逃生通道的永久避难硐室

大直径钻孔作为逃生通道与永久避难硐室相连，逃生人员在到达逃生通道后，可借助永久避难硐室的避险功能进行体力恢复，并与地面进行联络等待救援。该方式突破了避难硐室额定防护人数限制，多个盘区可共用，减少了硐室建设数量。通道内配备逃生螺旋梯或配套矿井救援提升系统。

③ 救援逃生车

德尔格公司研发了 MRV 9000 型救援逃生车，该车专为矿山灾害设计，配备与外界隔绝的车载呼吸系统，既可用于向灾区运送救援人员，也可作为一定条件下逃生人员的逃生装备，如图 4-6 所示。

图 4-6　MRV 9000 型救援逃生车

MRV 9000 型救援逃生车采用柴油发动机，功率为 95 kW。其静液压四轮驱动通过行星齿轮提供很高的牵引力，前桥（转向桥）和后轴均采用独立悬架设计，在崎岖不平的道路上行驶时有极好的抓地力，即使爬坡或下坡的坡度高达 40%，在最高 35 km/h 的速度下能够保持最佳操控性和油耗。

带附加座椅的双门驾驶室与救援舱分离。救援舱有 6 个座位，其中 2 个可以转换为担架供伤员使用。为防止有毒有害气体侵入，驾驶室的气密结构、救援舱、舱壁的所有焊缝、车顶、防滑地板以及所有门和舱口均采用特殊密封措施。

车辆配备生命支持系统，保证驾驶舱和救援舱维持 100 Pa 的正压。该系统可在两种模式下运行：

a. 清洁空气模式。

在大多数救援行动中使用的清洁空气模式下，来自气瓶的空气混合物通过管道和流量调节器连续输送到操作员驾驶室和救援舱。空气供应量的调节取决于驾驶室和救援舱中的矿井救援人员数量。根据标准，必须向每人提供大约 40 L/min 的氧气，以清除通过安全阀呼出的二氧化碳或危险气体混合物，并将用过的氧气返回大气。

b. 冲洗模式。

由于在矿山逃生或救援人员离开车辆后，部分受污染的矿井空气通过车门进入驾驶室和救援舱，开启供气量高达 1 000 L/min 的冲洗模式，将受污染气体排出，此时车内人员应佩戴自救器或呼吸器。当气体测量装置记录到空气达到正常规定质量时，矿山救援人员和被救助的受害者才可以关闭他们的呼吸器。

该车可以在不适合呼吸的空气中行动 4 h，还可以选择 20 种选配设备。其中，外部气体监测设备安装于车辆外部，传感器连续监测爆炸下限和 O_2、CO_2、CO、H_2S 气体浓度，车辆的所有乘客都可见这些监测值。外部安装的热成像仪有助于在尘土飞扬、烟雾弥漫的环境中确定人员的方位，如图 4-7 所示。

图 4-7　救援逃生车示意图

救援逃生车在美国、澳大利亚、俄罗斯等多个国家得到了应用，我国尚未引进该设备，也未见有类似设备的报道。

(3) 逃生通道逃生方式选择

立井井筒中可以安装的逃生装备包括罐笼、旋梯、折返梯；采用大直径钻孔形式时，内部逃生装备可以选择螺旋梯和胶囊式提升舱。折返梯一般应用于生产井筒兼做逃生通道的情况，因为折返梯占用的空间较大，需要井筒断面较大，断面利用率低。正常生产井筒兼做逃生通道时可以正常生产的设备作为逃生装备，但必须充分考虑矿井灾害的极端情况，即电气化设备不能正常工作，因此必须设置非电气化的逃生装备。逃生通道规划时应尽可能利用生产井筒，在生产井筒内设置非电气化逃生装备。

为了降低施工难度和建设成本，优选大直径钻孔作为逃生通道的优化、补充形式。其逃生装备可以选择螺旋梯、胶囊式提升舱。折返梯作为立井的逃生装备，在副井和风井中应用较多。大直径钻孔逃生通道，由于受到空间限制，中间需要增加供风、供电管路，折返梯不适合作为其逃生装备。

螺旋梯作为立井(大直径钻孔)内的逃生装备优点：① 无须等待救援，自主逃生；② 可实现多人连续逃生；③ 结构简单，可靠性高；④ 使传统的爬梯方式转变为踏步方式。缺点：① 螺旋梯逃生距离较长，对于埋深较深的水平，逃生体力受到考验；② 施工难度较大；③ 配套逃生钻孔直径要求较大，矿建费用较高。目前此种方式仅限于理论研究阶段，尚未有实际应用的报道。

胶囊式提升舱机械化程度高，提升速度快，可实现多井共用，但需要针对矿区特点进行选择。其优点：① 采用撬装式结构，便于车载运输；② 机械化提升，节省体力，速度快；③ 一台装备可满足多个矿井使用。其缺点：① 只能同时施救 1～4 人，人员越多，需要的钻孔直径越大；② 只能被动等待救援，不能主动逃生；③ 一次性投资较大，车载式运输还会增加修路等费用。国内已有多个厂家研发此类装备，并开展了工业性试验。

① 基于逃生时间

采用登居民楼的方式开展逃生人员佩戴自救器登梯试验，结果表明：45 min 自救器有效防护时间约为 30 min，在此时间内攀登楼层高度 95 层，折合 243 m；登梯后期人员进入高强度无氧运动，逃生效率下降；安全系数按照 1.2 计算，螺旋梯适用逃生深度 202 m，如图 4-8、图 4-9 和图 4-10 所示。

图 4-8　登楼梯模拟逃生试验

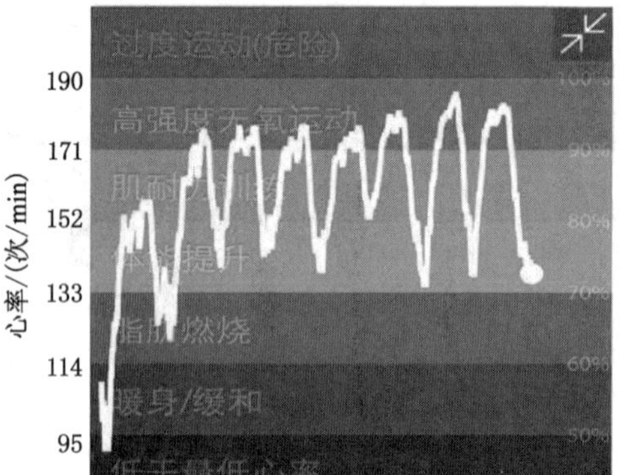

图 4-9　登楼梯试验典型心率变化

② 基于施工技术水平

综合考虑行人空间宽度、中部立柱直径等因素，适用螺旋梯的大直径钻孔净直径应不小于 1 500 mm，护壁钢管质量 0.70 t/m，采用下管提升能力较大的托底法下护壁钢管，最大提升质量约 200 t，因此现有下管技术施工深度不超过 280 m。

因此，煤层埋深 202 m 以浅采用螺旋梯，埋深超过 202 m 采用提升舱。

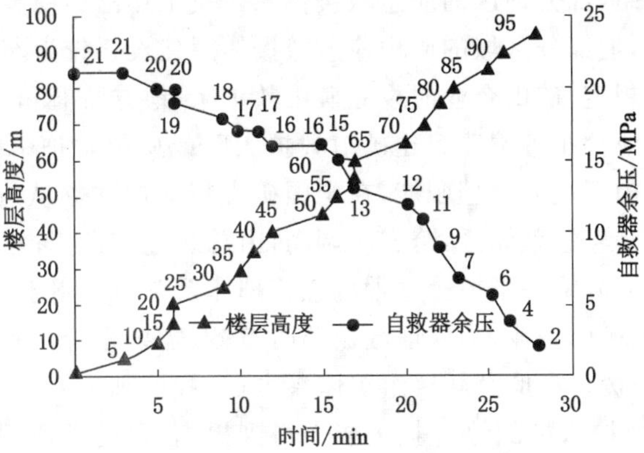

图 4-10　登楼梯高度及自救器余压变化

4.1.3　示范工程建设

“可移动式救生过渡站＋永久避难硐室＋逃生通道”的避险逃生模式在大柳塔煤矿得到了示范应用，建设了示范工程。井下依据逃生模式确定的关键参数布置了过渡站，并根据生产条件动态调整位置；在 5-2 煤六盘区建设了额定防护人数 100 人的永久避难硐室，施工了与之联通的大直径钻孔，净直径 660 mm，孔深 244.6 m，孔斜偏距 250 mm，孔斜度 1.02‰，与预先施工的避难硐室准确贯通，下管过程安全顺利，如图 4-11 所示。

图 4-11　救援提升试验

4.2　矿山应急救援体系建设

4.2.1　发展现状

自中华人民共和国成立以来，我国就加强矿山救护队及应急救援体系建设，矿山应急救援队伍经历了从无到有、从小到大、从弱到强的过程。目前，我国依托大型矿山企业在全国范围内建设有 7 支国家矿山应急救援队和 14 支区域矿山应急救援队，已初步形成矿山救援的纵向体系和横向网络，部分地区的应急救援体系建设工作已经稳步展开，救援队伍开展救援行动已经相当成熟，但部分区域的矿山应急救援体系建设仍较为滞后，急需进一步加强建设。《矿山救护规程》规定，矿山企业应设立矿山救护队，地方政府和矿山企业根据本区域矿山危害、生产规模、企业分布等情况组建矿山救护大队或矿山救护中队。目前，我国根据矿山救护队的特点和矿山行业的管理职能，在全国矿山行业内建立从应急管理部矿山救援中心到矿山救护小队的垂直管理体系：跨省区调动，由总队统一指挥；省区内调动，由支队统一指挥；区域内调动，由大队统一指挥。这种应急管理体系普遍适用于大多数矿山企业的应急救援，但对于一些偏远矿山企业，为保证救援及时有效，需要多个区域矿山救护队签订联动协议，联合开展事故救援。在应急救援组织体系方面，我国加大对应急救援的投入力度，并不断扩充救护队伍，救护队员的综合救援能力得到提高，可处理所服务矿区内的中小型事故，但应对某一类重特大事故时，救援能力显得较为薄弱，迫切需要处理透水、顶板坍塌、火灾等事故的专业救援力量，协助救护队开展救援任务。在应急救援技术及装备方面，我国已自主研发出大量的应急救援装备，积极开展应急救援技术的交流与研究，但整体看，仍存在一些难题没有解决。

我国政府对矿山企业的安全生产工作越来越重视，但由于我国矿山数目多、分布广泛、地质结构复杂、井下环境恶劣多变、开采周期长、巷道服务年限长，矿山应急救援体系建设面临着一些问题：① 应急救援管理体系缺乏联动机制，应对重特大事故的能力不足；② 资金投入不足、组织机构不健全；③ 部分救护队装备落后、配套性差；④ 缺乏应急演练与培训综合基地，演练效果与实战差距较大；等等。

矿山应急救援体系建设的发展是一个漫长的过程，随着科学技术的不断发展，矿山应急救援体系正向信息扩展、高度集成、综合应用、自动控制、预测预报、智能决策的方向发展。

4.2.2 关键技术

我国的矿山应急救援体系建设虽然起步较晚，但是发展较快，在矿山救护队的建设及保障系统等方面已经形成较为完善的应急救援体系。矿山应急救援流程框图如图 4-12 所示。

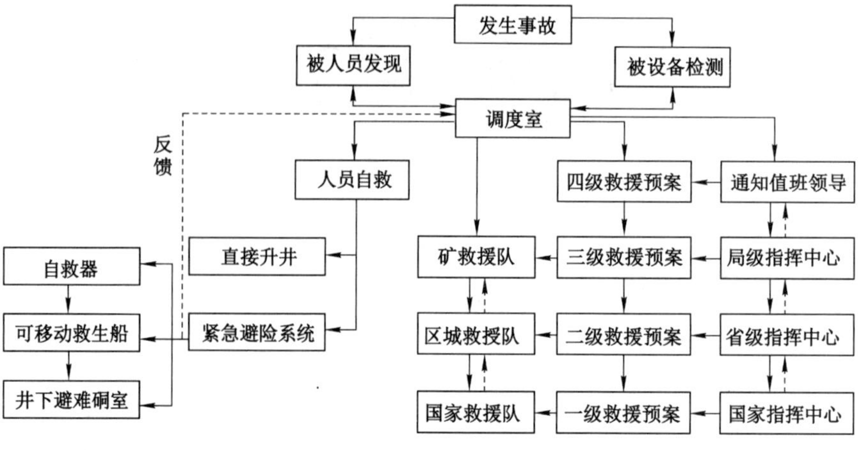

图 4-12　矿山应急救援流程框图

近年来，一些技术和设备在应急救援方面的投入，使得安全生产又多了一道保障。

(1) 应急避险技术及装备

煤矿应急避险技术及装备构成了井下应急避险系统，井下应急避险系统建设可为井下工人提供可靠的安全保障。当井下发生火灾、瓦斯煤尘爆炸、瓦斯突出等灾害时，井下应急避险系统可为无法及时撤离的避险人员提供一个安全、封闭空间，为应急救援创造条件、赢得时间，也是煤矿安全的最后一道防线。目前，煤矿井下应急避险系统一般包括以下几个方面：① 用于瓦斯等灾害防治和事故预警的监测监控系统；② 用于应急救援和遏制超定员生产的人员定位系统；③ 用于遇险人员逃生和自救的紧急避险系统；④ 为遇险被困人员提供新鲜空气的压风自救系统；⑤ 为遇险被困人员提供饮用水的供水施救系统；⑥ 用于通知井下作业人员避险、报告井下被困人员安全现状的通信联络系统。

(2) 灾区检测侦测技术

煤矿灾害发生后，在抢险救灾时，必须先对灾区及高危险区域的气体进行快速检测，以得到准确分析结果，特别是对矿井可燃气体爆炸危险性及火灾危险程度的准确判别，防止二次事故的发生，保证井下救灾人员安全。在遇险人员救援方面，对遇险人员准确位置、生命特征进行快速、准确的侦测及定位显得尤为重要。20 世纪初，世界主要产煤国家开始研究各种可燃易爆气体检测技术，特别是 20 世纪中后期，随着电子技术的高速发展，出现了很多先进的检测方法和技术。目前，随着技术的进步，可燃易爆气体检测技术日臻完善，如各种气体的快速检测便携仪、便携式气相色谱仪、煤矿束管监测系统等，同时也涌现出一些新的先进装备与技术，如超宽带脉冲雷达生命探测仪，在遇险人员救援方面起到了重要作用。现阶段，灾区探测机器人在救援工作中的作用也越来越大。

(3) 救灾通信技术

随着现代通信技术的发展，各种频段的无线通信设备不断涌现，如很多短距离无线通信设备在煤矿应急抢险通信中的作用越来越明显，其中 WMN、ZigBee、Wi-Fi、Bluetooth、UWB 等技术在煤矿灾害监测和应急处置中逐步得到应用。当矿难发生后，矿井上下人员的通信联络是应对矿山灾变的重要一环。另外，矿山应急救援可视化通信技术也得到了快速发展，其从矿山灾变后井下无线通信链路的建立，救护队员生命体征和灾变现场环境参数的采集、存储、传输、显示、报警，以及复杂环境下的音视频通信等角度入手，通过分析矿山救援通信系统的设计理论，形成可以快速组网的具有传输语音、视频和灾区环境参数数据等多媒体信号的矿山救援应急通信技术，实时、准确地把灾区救援过程中的信息传送到井下救护基地和地面救援指挥部以及各级救援指挥中心。全面系统地研究建立救护队员安全信息平台，对保证救援活动科学有效地进行以及保障救护队员的自身安全，并整体提升应急救援能力，最大限度地降低灾变带来的各种损失，从而增强矿山救援决策能力与构建国家快速高效应对体系具有重要作用。

(4) 灾后救援技术

矿山生产安全事故发生后，积极有效地实施应急救援对最大限度地减少人员伤亡和财产损失、尽快恢复生产、迅速稳定矿区秩序起着至关重要的作用。煤矿井下一旦发生重大灾害，如瓦斯爆炸和冒顶事故时，由于高温、高压及爆炸冲击波的作用，井下巷道和设备将受到严重破坏，冒落的顶板岩石把逃生通道堵塞，致使人员被困。同时，巷道中往往充满有毒有害气体，极易引发次生事故，威胁井下人员和救援人员的生命安全。另外，在处理矿山事故，特别是处理大型的外援灾害事故时，要求参与救援的应急救援队伍应有独立的作战能力，必须要有功能齐全的救援装备保障，能同时提供两个小队的人员和一个中队的所有救援装备，并具有供电、通信、指挥等功能。

(5) 应急救援模拟演练技术

应急救援模拟演练是随着计算机技术、虚拟现实技术的发展而产生的。通过虚拟现实技术真实再现煤矿水、火、瓦斯、冒顶、煤尘等灾害事故发生时的场景，学员有一种身临其境的感觉，能够熟知煤矿灾害发生时的灾前征兆、灾害发生的过程、灾后的场景，从而实现对事故发生的惨烈后果做最直接的展示，增强人们对事故的认识，提高安全生产的责任心。系统通过生动形象地描述事故发生过程和事故原因，可为煤矿重大事故分析、事故汇报、安全培训、逃生演练等提供新的技术支持，对事故发生后的救援工作也具有指导性作用。同时，系统通过仿真救灾现场的严峻条件，使学员在负载的情况下，经受各种恶劣条件的考验，完成各种预设任务，从而真正提高队员的抢险救援能力，增强队员的身体素质和心理素质。应急救援模拟演练技术的研究，可降低救援演练的投入成本，增加推演实训时间，在保障安全的前提下，完成矿井事故应急救援模拟演练任务，提高应急救援模拟演练技术水平。

(6) 人工智能在提升应急救援能力中的应用

① 应急救援队伍日常管理。采用基于人工智能技术开发的信息管理系统有助于对应急救援队伍的日常管理，具体优势体现在以下几个方面：a. 可以对人员队伍结构合理性进行分析，为后续的人员队伍优化提供一定的参考建议；b. 及时掌握队伍人员的训练、学习进度以及质量，为改进训练、学习内容提供建议；c. 对各类安全生产事故进行统计分析，建立事故预防、处理档案，为事故发生时人员调动、安排提供指导；d. 可以生成应急救援工作日志，为后续的应急救援工作计划制订及工作阶段总结提供参考；e. 提升应急救援装备存储、保养以及使用管理能力，为装备的维护保养、更新等提供建议。

② 模拟训练智能化。矿山应急救援是一项专业性很强的工作，灾害发生环境具有有毒有害气体浓度高、湿度高、可见度低等特点，同时我国绝大多数矿井为井工开采，井下应急救援空间狭窄。救援队员在进行训练时生理、心理状况均会随着外界环境变化发生改变。通过引进人工智能技术，实现模拟训练智能化，模拟救援队员在井下遇到水害、瓦斯灾害、火灾、顶板冒落等灾害时心理、生理状态。根据外界环境因素对救援队员有关影响，预测井下复杂、恶劣环境对应急救援造成的影响，从而便于后续制定更为安全、高效的应急训练方案。

③ 应急救援队伍救援能力智能分析。通过人工智能技术对应急救援队伍、单个救援人员的各项数据进行分析，综合评估应急救援队伍、单个救援人员的作战能力，所有的评估结果均可实现可视化、量化，从而充分了解应急救援中存在的劣势、优势等，为后续的针对性优化提供指导。具体体现在：a. 作战训练精准化。制订的作战训练计划可以具体到单个应急救援中队、单个应急救援人员，可以根据作战训练情况进行实时监督管理。b. 人员挑选智能化。采用人工智能技术可以根据技术比武以及现场救援情况挑选具有特殊能力的救援队员，有针对性地进行培训。c. 动态评估应急救援能力。通过录入日常训练考核项目达标情况数据，在管理系统内可以自动画像，通过数据分析对应急救援能力进行动态评估。d. 精细化管理。应急救援大队可以采用手机端及时发布、更新以及调整应急训练任务，各个应急救援中队、小队及时反馈自身训练完成情况，从而做到应急救援训练的实时跟踪、查询，实现对应急救援各级队伍的整体作战水平系统性分析，以及应急救援队伍精细化管理。

④ 灾害危险性智能评估。当井下出现瓦斯灾害、水害等灾害时，不仅会造成巷道、各类设备损坏，而且会有大量的有毒有害气体产生。传统的灾区环境侦察通过应急救援队员携带呼吸器进入灾区现场侦察，从而获取现场实际灾害资料。而采用人工智能技术，在井下灾区采用人工智能机器人，就可实现对灾区现场环境取样监测、分析。采用人工智能技术可以实现数据融合处理并对灾害情况进行智能评估分析，布置在灾害现场的人工智能机器人可对灾害现场进行持续的监测，分析现场环境。根据监测结果，可及时调整应急救援方案，从而减少应急救援过程中的人员伤亡、财产损失。

⑤ 灾害救援指挥决策智能化。在应急救援过程中，采用人工智能技术对采集到的大量数据进行分析评估，并依据救援队伍综合作战能力，为现场灾害应急救援决策制定提供智能化建议。一般情况下，出现重大灾害时应急救援决策是依据矿井生产图纸、生产计划以及现场侦察出来的事故信息综合作出的。但是当事故发生后，应急决策者急于救援井下被困人员，不管现场条件是否允许，有可能做出一些不客观的决策，轻则延误救援时机，重则会造成额外的人员伤亡以及财产损失。采用人工智能技术可以对井下侦察出的实时情况、矿井应急救援能力进行综合评估，并对救援人员行走线路实时监控，便于制定更为合理的救援决策，实现应急救援管理工作的可视化、可量化。矿山出现灾害时应急救援首要任务是救援井下被困人员，但是若井下出现冒顶、水害等造成人员被困，常规的探测手段很难具体发现被困人员位置，可以采用人工智能机器人对被困人员精准定位，远程对人工智能机器人采集到的数据进行分析、对灾害情况进行评估，根据定位、评估结果制定救援方案，从而实现科学营救。

⑥ 救援人员身体状况监护。为在现场救援一线工作的人员配备具备防爆功能的智能手表，每隔 20 min 对救援人员的身体状况进行全面检查，并可以实时对救援人员的生命健康数据（脉搏、体温、血压等）进行采集，根据采集结果实时预警，同时智能手表可以对救援环境进行实时监测，根据救援现场情况及时发出救援过程中面临的危险提示，从而提升救援人员安全保障能力。

将人工智能技术应用到矿山应急救援工作中，不仅可以提升应急救援能力，而且还可以增强应急决策科学化水平，从而提升矿山安全生产保障能力。

4.3　救护人员个体防护装备

4.3.1　发展现状

我国煤炭资源丰富，储量多，分布广，是我国的主要能源。但是煤矿的自然条件差、灾害多，时刻威胁着煤矿的安全生产及矿工的生命安全。对国有重点煤矿的调查表明，高瓦斯矿井和有煤与瓦斯突出灾害的矿井占 49.2%，煤层有自然发火危险的矿井占57.5%，有煤尘爆炸危险的矿井占 89.5%。此外，有些矿井还有冲击地压、岩爆、矿震等自然灾害，有些矿井受到地热高温的危害，有些矿井则受到岩溶水等威胁。因此防灾、救灾是保证煤矿安全生产、健康发展的一项十分重要而艰巨的工作。

矿山救护队是处理和抢救矿井火灾、水灾、瓦斯与煤尘爆炸、瓦斯突出等矿山灾害的专业队伍。矿山救护队配备精良先进的技术装备是促进矿山安全救援工作的基础和不可或缺的手段，也是提高救援实战能力的重要途径。《矿山救护规程》规定，矿山救护队的救护装备包括车辆、通信器材、灭火装备、检测仪器、信息处理设备、个体防护装备等。随着国家不断加大对应急救援工作的投入，救护装备也在不断地更新，一些高性能、救援更加高效的救护装备不断地配备到基层救护中队中，矿山救护队的装备建设已经取得了很大的进步。但由于多种原因，一些矿山救护队新配备的救护装备没能很好地发挥作用。

个体防护装备又称劳动保护用品，是为了保护劳动者在劳动过程中免遭危险、减轻事故伤害或职业危害而配备的防护用品。个体防护装备主要分为十大类，包括头部护具类、呼吸护具类、防护服类等。

大部分个体防护装备在防护性能、防护时间以及储备条件上，因基础材料的固有特性及缺陷而受到了制约，这给个体防护装备的发展造成了阻碍。新兴材料在某些方面具有比传统材料更为优异的性能，能够极大程度地弥补传统材料的不足。

随着我国改革开放的不断深入，各项政策措施相继出台，对个体防护装备行业的发展具有推动作用：一是政策导向，以人为本，维护职业健康安全，共建和谐社会成为时代主旋律，为个体防护装备生产经营企业带来福音；二是国家不断加大基础设施的投入，个体防护装备市场需求倍增，量、质并举；三是优胜劣汰的市场竞争法；四是成立协会，规范管理，个体防护装备行业已引起社会广泛关注。当然，还存在着一些制约因素：一是个体防护装备标准老化，产品多年一贯制，科技含量低，款式陈旧，亟待充实完善；二是新产品研发能力不强，具有自主知识产权的科研成果很少；三是个体防护装备专业领域缺少技术支撑；四是我国个体防护装备和国际大品牌相比，仍然存在一定差距。

个体防护装备的本质是发挥防护性，保障使用者的生命安全，其发展离不开产品本身功能性的加强。个体防护装备的功能性主要可分为三大类：可持续性、防护强度和可靠性。

随着市场上个体防护用品性能水平的整体提高，人们在选择防护用品时已经不仅满足于产品的功能性，舒适性也是重要考虑因素。人体生理上的舒适性包括吸湿性、透气性、保暖性、柔软性、伸缩性、质量和化学性等。

未来人们将进一步加强对个体防护装备原材料的研发，革新产品技术和生产工艺，增强产品防护性能，促进产品向多元化防护发展。

总体来说，个体防护装备未来的发展趋势有以下六点：科技性、功能性、人性化、民用性、环保性和规范化，如图 4-13 所示。

4.3.2 关键技术

个体防护装备被应用到各种各样的作业岗位和作业环境，作业特点和环境的千差万别对防护装备的具体要求不尽相同，多样化的市场需求成为防护装备创新的原始动力。随着工业的发展、科技的进步，人们对危害因素的认知上升到一个新的层面，防护技术也随之得到充分发展，新的防护产品不断出现，然而作业者对防护装备的要求不会只停留在具有某一防护功能的水平，同时还要求轻便、穿戴容易且舒适、维护便利。

个体防护装备的创新和微创新途径不仅仅局限于改进现有产品结构或改善某些功能，还包括利用新技术、新材料和新工艺的成果，创造出全新产品或者局部改进的产品，提升产品的人机工效性能，同时以价值工程方法，促进产品的功能和成本优化，增减产品功能及提高产品的适应性等。

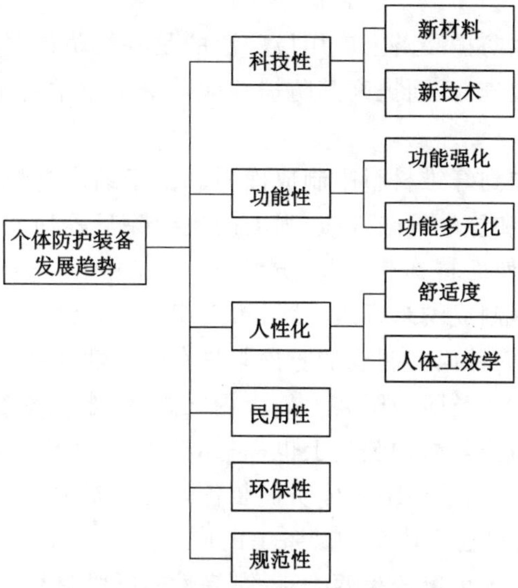

图 4-13　个体防护装备未来的发展趋势

下面简单介绍几种技术在个体防护装备上的应用。

(1) 电纺技术在个体防护装备上的应用

电纺技术将高电压施加在从微量注射泵中挤出的聚合物液滴或熔体之上，带电的聚合物液滴或熔体在电场力的作用下形成 Taylor(泰勒)锥，当电场力足够大时，聚合物液滴或熔体克服表面张力形成喷射细流，细流在喷射过程中经过拉伸、溶剂挥发固化或冷却，最终沉积在接收装置上获得纤维。经电纺获得的超细纤维除具有尺寸微小和比表面积大等特点外，还具有力学性能稳定、孔隙率高等特点。将电纺技术运用到救护个体防护装备材料的制造上，能够有效阻止有害气体的吸入，更具有良好的隔热性和透湿性。

当材料具有高接触角(＞15°)和低滚动角(＜10°)时，可以认为该材料具备优良的自清洁能力。自清洁材料在防护有毒、有害、腐蚀性液体危险化学品领域具有巨大的应用潜力。经过静电纺丝制备的超细纤维膜由直径从几纳米到几微米不等的超细纤维组成，与普通纤维织物相比存在多重尺度的粗糙度，且随着多喷头电纺、无针头多射流技术的出现，电纺生产效率大大提高，逐渐走上产业化、规模化的发展轨道。

电纺技术是批量制造超细纤维的重要方法，在防护服、防护口罩等个体防护装备领域具有重要的应用价值。因此，应高度关注基于电纺制备超细纤维非织造织物技术在过滤、自消毒、自清洁等领域的技术现状和发展方向，并逐渐完成其向个体防护装备研制的成果转化工作。

(2) 纳米技术在个体防护装备上的应用

纳米技术诞生于 20 世纪 80 年代，主要研究结构尺寸在 0.1～100 nm 范围内材料的性质和应用，其通过操纵单个原子、分子或者原子团、分子团来制造具有特定功能的产品。纳米技术融合了多门现代科学和技术，如量子力学、分子生物学、微电子技术、计算机技术、高分辨显微技术以及核分析技术等。与此同时，纳米技术也催生了一系列新的学科，例如，纳米物理学、纳米材料学、纳米生物学、纳米加工学、纳米电子学以及纳米计量学等。

目前纳米技术在个体防护装备上应用最广泛的是各类防护服装,主要通过纳米技术对防护服装面料性能进行改进,从而提高其防护性能。纳米技术对服装面料性能的改进可通过以下两种方式实现。

一是将纳米颗粒添加到纤维材料中制成面料。由于纳米颗粒具有抗紫外线、吸收可见光和红外线、良好的导电和静电屏蔽效应、强大的抗菌除臭等功能,因此将纳米颗粒添加到纤维材料中制成面料,可使面料具有吸湿、防腐、除臭、抑菌、防静电等性能。

二是直接将纤维材料制成纳米纤维,然后再编织成布。该种面料具有低密度、高孔隙率和大比表面积的特点,由该种面料制成的防护服具有透气性好、阻燃性能高、能挡风、可过滤细微粒子的作用。除了在各类防护服装上的应用之外,纳米技术在头部防护、眼面防护、呼吸防护、手部防护、皮肤防护等防护装备上也都有应用。纳米技术除了能有效提升个体防护装备的防护性能之外,还推动了传统个体防护装备向公共安全领域发展。

(3) 高新技术纤维材料在个体防护装备上的应用

高新技术纤维材料大致可以分为两类:一是高性能纤维材料;二是高功能纤维材料。其中,前者是指那些具有特殊的物理化学结构,以及性能和用途的化学纤维材料。该种纤维材料具有低磨损、耐高温的特性,不仅如此,还具有多种医学功能,如反渗透、吸附、倒光等。与此同时,高性能纤维材料还具有一定的物理作用和化学作用,可以有效避免高强度和高温给个体防护装备带来的损害。

高新技术纤维材料在个体防护装备中的应用可以进一步提高个体防护装备的环境适应性,有效降低个体防护装备的研发成本,进一步拓宽个体防护装备的应用范围。

随着科技的进步以及国家对安全的重视,个体防护装备在质量上将变得更加可靠,在种类方面也将更加多样。个体防护装备可为矿山工作人员增加最后一道防线,确保工人的身心安全,也可保证矿山的安全生产。

4.3.3 典型设备

(1) 化学氧自救器:化学氧自救器是生氧剂与人呼出气体中的 CO_2 及水汽发生化学反应,生成氧气的个人呼吸保护装置。化学氧自救器能实现人体呼吸与外界空气隔绝,不受外界气体的影响和限制,因此可以在各种有毒有害气体环境中及缺氧地区作为个人呼吸保护逃生之用。

(2) 安全帽:安全帽是重要的个体防护装备,在矿山中主要用于防止顶板坠落物、保护头部,在佩戴者头部受到冲击时,能够很大程度缓冲、吸收冲击力,使其免受伤害。安全帽按功能可分为普通型安全帽和特殊型安全帽。普通型安全帽一般用于存在一般冲击伤害的作业场所;而特殊型安全帽除了具有普通型安全帽应该达到的基本性能要求外,还具有一定的特殊防护性能,如阻燃性、绝缘性、防静电性等,如图 4-14 所示。

(3) 防冲服:防冲服能实现冲击地压危险区的个体人员的防护,防冲服主要包括防冲主体、束紧带、连接杆、弹簧、第一滑槽、净气罩、固定带等。其中,净气罩的过滤薄膜和活性炭板能够过滤工作人员吸入的气体,能够将气体内部的杂质去除,从而防止工作人员吸入灰尘等污染物,避免对人体造成伤害,如图 4-15 所示。

图 4-14　安全帽

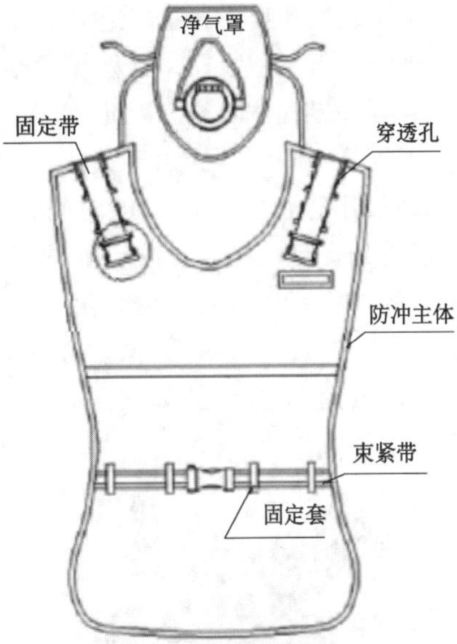

图 4-15　防冲服正面示意图

(4) 过滤式防毒面具:过滤式防毒面具是过滤式呼吸道防护装备,防护毒物主要取决于净化部位类型,当存在净化部位不能去除的毒物、缺氧、毒物浓度较高、毒物种类不明时不能使用,如图 4-16 所示。

(5) 内置式重型防护服:内置式重型防护服是隔绝式皮肤防护装备,采用连体式气密结构设计,材料具有较高的防护能力,可全面防护气态、气溶胶态、液态、固态有毒物质,且对多数毒物防护时间在 8 h 以上,与正压氧气呼吸器配合使用,如图 4-17 所示。

图 4-16　过滤式防毒面具

图 4-17　内置式重型防护服

(6) 氧气呼吸器及配套装备:氧气呼吸器是一种自带氧源的隔绝式再生氧闭路循环的个人特种呼吸保护装置,是救护指战员从事抢险救护工作的生命保障。

① 负压氧气呼吸器。我国绝大部分煤矿过去在抢险救灾中使用国产的隔绝循环式氧气呼吸器，即负压氧气呼吸器。这种呼吸器在使用时，人的呼吸系统与呼吸器低压系统形成循环方式，并且与外界气体隔绝。因此，它在煤矿救灾中起到了一定的作用，如图 4-18 所示。

② 正压氧气呼吸器。由于使用负压氧气呼吸器时，人在呼吸过程中的吸气处于负压状态，所以在使用过程中有 50％的时间存在外界毒气向系统渗漏的危险性，救护队员的生命安全不能得到保证。随着煤炭工业的发展，矿井采用了大量的合成橡胶、塑料等材料，在火灾发生过程中将产生大量的氰化氢、氯化氢等剧毒气体，这种情况下，口具、鼻夹脱落以及救护队员在灾区通过口具讲话，微量毒气的泄漏都将直接威胁佩戴人员生命安全。正压氧气呼吸器可以避免上述问题，如图 4-19 所示。

图 4-18　负压氧气呼吸器

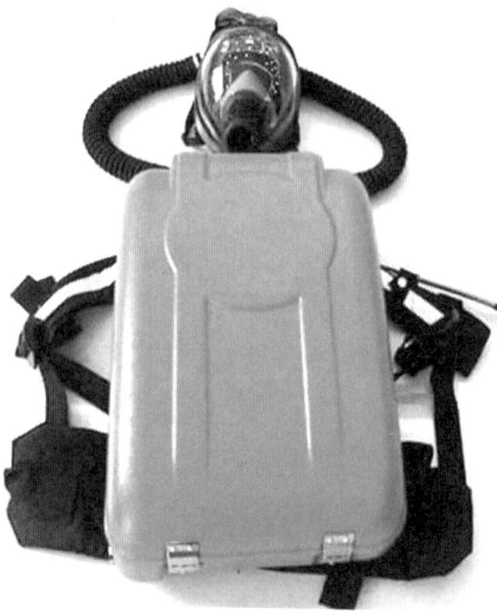

图 4-19　正压氧气呼吸器

(7) 气体检测仪器：救护队配备的气体检测仪器大体有两类，一类是手动机械式传统型检测仪器，另一类是自动电子式便携型检测仪器。

多种气体检定器主要用于矿山井下的气体检定，主要作用是检定出环境中存在的一氧化碳、二氧化碳、硫化氢、氧气等气体的浓度。该设备主要包括进气口、锥形阀门、检测管插座、活塞杆、温度计、手柄等，最常用的方式为气体的“三量”检查计算。一是气体的常量检查，首先在需要检测的地点将相应气体检定器的三通开关设置为与筒身平行，往返拉活塞 3～4 次进行换气，之后缓慢将拉杆拉出，并迅速将三通开关与筒身倾斜呈 45°；然后取检定管，用 100 s 的时间匀速将气体排完，观察变色环的位置，最终读出的数值为常量数值。二是微量检查，采用同样的方式进行检查，反复送气并观察变色环的位置，最终得出的数值为真实含量。三是浓量检查，同样是采用相同的方式，当气体浓度达到管子的额定值时，将没有完全送完的气体进行稀薄检查，得出结果乘以稀薄倍数，最终得出的数值为真实含量，如图 4-20 所示。

(8) 自动苏生器：自动苏生器是一种抢救遇险人员的工具，是进行人工呼吸的紧急救护装备，能够帮助人员正常呼吸，如图 4-21 所示。

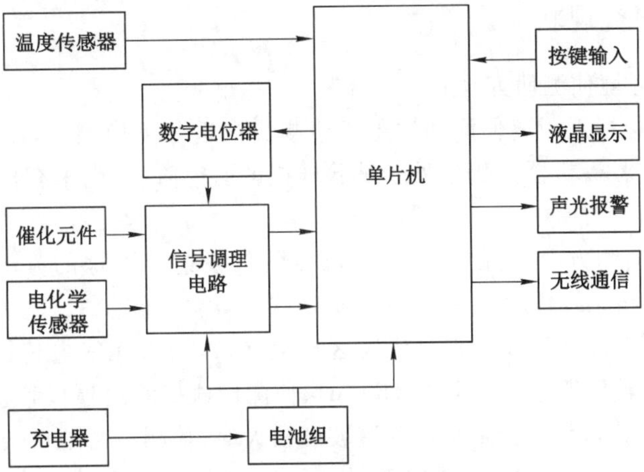

图 4-20　矿用便携式多参数气体检测仪总体结构

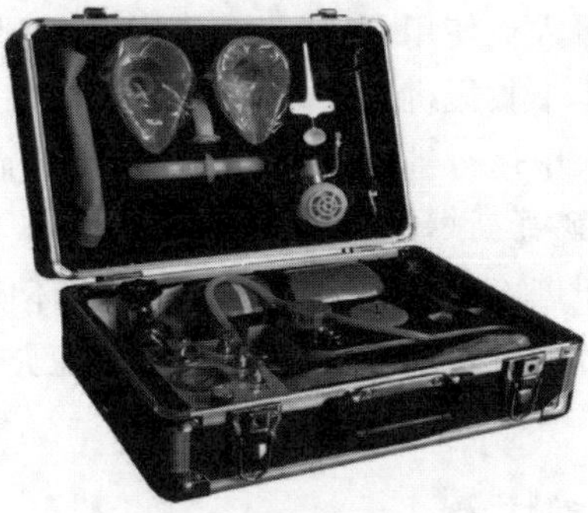

图 4-21　自动苏生器

4.4　灾区环境侦测技术与装备

4.4.1　简介

在我国矿山开采的过程中，经常会发生煤与瓦斯突出、瓦斯爆炸、火灾等事故。这些事故发生后，由于井下环境的不确定性，很容易发生二次事故，会对救援工作产生严重影响，影响救援人员的生命安全。因此，为了能够安全及时地救出井下被困人员，减少二次事故，对灾区的环境监测显得十分重要。为了提高救援效率，降低次生灾难事故发生概率，我国一直以来对煤矿灾害预警研究、灾害防治等工作高度重视。目前，相关部门对灾害救援工作与事故调查处理提出全新要求，希望能在灾区救援过程中提前获知发生灾害区域的环境参数，实现远程侦测。为了实现远程灾区侦测的目的，相关科研单位展开研究，并开发出多种井下远程灾区侦测系统。

4.4.2 国内外研究现状

(1) 国内灾区环境侦测研究现状

灾区环境侦测包括近距离侦测和远距离侦测。在近距离侦测中，以煤矿救援机器人为代表，但是我国煤矿救援机器人仍然处于试验样机的研究阶段，尚未有机器人参与矿难现场的救援。

在灾区远距离侦测方面，目前主要采用高压气体发射侦测球的方法，将 CH_4、O_2、CO、CO_2、温度等传感器和无线传输模块封装成侦测球；侦测球通过高压气体发射装置发射；侦测球检测到的 CH_4、O_2、CO、CO_2、温度等灾区环境参数，通过无线电传输至终端(救护队员携带)。该系统存在侦测距离近(不大于 50 m)、侦测球碰撞巷道顶板和巷帮后易损坏(虽然侦测球有防护措施)等问题。特别是当巷道坡度较大时，侦测球落地后会滚动，若向回滚动，侦测距离短；若向前滚动，无线通信距离不够，无法将灾区侦测参数回传。

(2) 国外灾区环境侦测研究现状

国外对于煤矿救援机器人的应用，目前据有关报道有如下两例：2006 年年初，美国西弗吉尼亚州萨戈煤矿矿难，救援人员使用 GPS 测定被困矿工的方位，然后从地面钻了 3 个深孔，通过深孔向井下派出了 1 个救援机器人以确定井下情况，这是救援机器人第 1 次应用于矿难的救援，但最终因机器人中途行进过程中陷入泥潭受阻而不得不放弃。2010 年 11 月，新西兰南岛西岸的派克河煤矿瓦斯爆炸事故救援中，由新西兰国防部提供的澳大利亚管道机器人经过防火花改装，试图进入矿井内部并对矿井内部环境进行探测，但由于这台救援机器人并不防水，经过水中时行走了仅 500 m 左右就发生短路，总工作行程不到其设计行程的 1/4。

4.4.3 灾区环境侦测关键技术

(1) 探地雷达侦测技术

探地雷达具有高探测分辨率和高工作效率的特点，目前已经逐渐成为浅部地球物理勘探的一种重要手段。与一般的电法探测技术相比较，探地雷达方法的优势在于它能直接识别地下目的体，不需要特别复杂的理论推演。煤矿井下环境复杂，而且存在瓦斯、水等，探测掘进面的凹凸不平，以及掘进机和钻孔的影响等，对于探地雷达井下探测来说，是一个较大的挑战。

探地雷达方法是一种用于确定地下介质分布的光谱(频率 1 MHz～1 GHz)电磁技术。探地雷达利用发射天线发射高频宽带电磁波脉冲，接收天线接收来自地下介质的界面的反射波，如图 4-22 所示。电磁波在介质中传播时，其路径、电磁场强度与波形将随所通过介质的性质和几何形态变化而变化。因此，根据接收到波的旅行时间(双程走时)、幅度与波形资料，可推断出介质的结构和形态。

(2) 无人机侦测技术

由于灾后矿井环境未知，在灾害抢险救援的决策指挥中，关键是需要快速获取灾后矿井的环境信息，采用无人机进入矿井进行环境侦测可以较好地解决这一问题。无人机不仅可以探测灾后矿井的环境信息，如瓦斯、一氧化碳等有毒气体，为救护队伍的安全提供信息，还可搜寻被困或受伤矿工的信息。

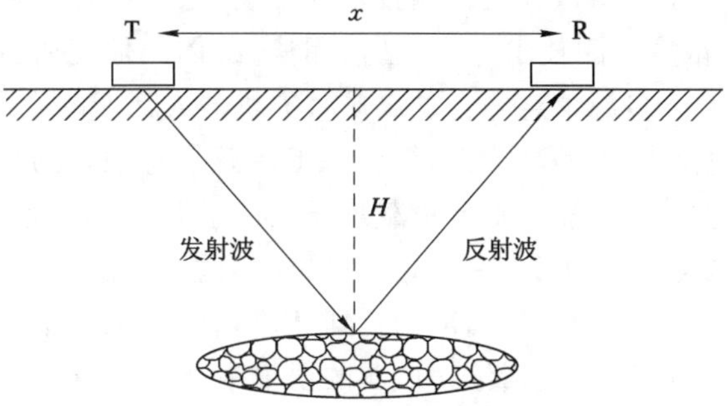

T—发射天线；R—接收天线；x—距离；H—深度。

图4-22　探地雷达原理示意图

单无人机在获取和处理信息方面存在效率低、环境侦测有盲区等问题。可以采用无人机多机协作探索，按照控制结构不同，主要可以分为两大类：一类是集中式协作探索；另一类是分布式协作探索。

分布式协作探索的每个无人机都拥有独立的控制器，这使得系统具有较好的容错性，所以将分布式协作方式运用于多无人机系统来探索矿井灾变环境可以降低出错概率。建立的机器人内部传感器的效率模型为减函数，机器人之间通过 Voronoi 图的划分来实现对未知环境的协作探索；一种基于分布式模型预测控制的多无人机协同探测策略，通过结合纳什均衡算法和粒子群优化算法，能大幅度减少算法迭代过程中的计算量。这些方法在一定程度上使移动机器人的拥挤问题得以解决，但总的来说上述方法考虑的因素都还不够全面，在对环境的探测过程中会存在小区域遗漏和重复覆盖问题，且探测时间和能耗都达不到理想要求。

(3) 煤矿救灾机器人突水水源、火灾、瓦斯浓度侦测技术

当煤矿发生灾害时，对煤矿突水水源、火灾、瓦斯浓度的侦测十分重要，关乎着救援工作的有效展开，防止由于井下环境不明而发生二次事故。

① 除了传统的突水水源侦测技术(水温水位监测法、水化学分析法、数理分析法)之外，还有基于无线自组网的煤矿救灾机器人突水水源侦测方法，利用煤矿救灾机器人搭载传感器，在巷道内通过巡检排查的方式对突水水源进行侦测，但效率较低。因此，提出基于无线自组网的煤矿救灾机器人突水水源侦测方法。重点在断层区域和陷落柱区域提前布置多种类型传感器，在传感器附近预设可唤醒的无线传感节点(此时节点处于休眠状态)，构建无线传感器网络。需要对突水水源侦测时，派遣煤矿救灾机器人抵达预设的无线传感节点附近，通过煤矿救灾机器人发射低频信号唤醒节点，在不需要煤矿救灾机器人大面积移动的情况下快速获取数据，对数据进行分析处理后判断矿井突水水源。该方法可有效提高突水水源侦测的效率和可靠性。

② 除了传统火灾侦测技术(感温式监测法、感烟式监测法、电磁辐射监测法)之外，还有基于大数据的煤矿救灾机器人火灾侦测方法。矿井火灾发生前，常伴有一些前兆现象，如巷道内有烟气且带有烧焦煳味、O_2 含量逐渐降低、空气的温度及湿度增高、C_2H_4 与 C_2H_2 浓度发生变化等。因此，提出基于大数据的煤矿救灾机器人火灾侦测方法。利用煤矿救灾机器人搭载多种类和多数量的传感器，监测煤矿井下温度、湿度、气体浓度、气味、风速等与火灾相关的灾变信息，采用大数据技术对这些信息进行快速分析处理，从而对煤矿井下火灾进

行侦测。该方法可弥补单一参数火灾侦测技术的不足，能有效提高火灾侦测的准确率。

③ 除了传统瓦斯浓度侦测技术（热导型监测法、载体热催化监测法、电化学监测法、红外监测法）之外，还有基于多源信息融合的煤矿救灾机器人瓦斯浓度侦测方法。为提高煤矿救灾机器人瓦斯浓度侦测结果的准确性，提出基于多源信息融合的煤矿救灾机器人瓦斯浓度侦测方法。通过煤矿救灾机器人平台搭载热导型传感器、载体热催化传感器、电化学传感器、红外传感器，实现多源信息采集，在传感器采集的数据中筛选出前后变化最大的数据，并对这些数据进行融合计算，从而得到精准的瓦斯浓度监测结果。该方法可弥补单一传感器瓦斯浓度侦测技术的不足，降低瓦斯浓度监测的误报率。

（4）目前矿井灾区环境侦测装备

矿井灾区环境侦测装备包括便携式灾区气体检测仪、远距离灾区侦测装置。便携式灾区气体检测仪主要用于检测灾区气体参数，主要有光干涉式瓦斯检测仪，热催化瓦斯报警仪，电化学一氧化碳、氧气、硫化氢检测报警仪，红外二氧化碳检测报警仪等。

最具代表性的远距离灾区侦测装置是中国煤炭科工集团重庆研究院有限公司研制的ZCJ5型环境参数超前检测装置，用于检测矿山救援队员前方50～100 m的灾区环境参数。

① 环境侦测器

环境侦测器主要功能为气体参数的测量，包含CO、CO_2、CH_4、O_2、温度等。环境侦测器在测量灾区环境参数的基础上，具备无线功能，可以将环境参数传输给井下救援分队。环境侦测器外观如图4-23所示，前端黑色橡胶保护套部分为环境侦测器的气体等测量核心部分；后面尾翼的设计主要目的是便于提高发射时的稳定性，也能增加发射距离。环境侦测器采用DS18B20数字温度传感器测量环境温度；同时为了能在黑暗的环境中回收环境侦测器，方便确定其位置，环境侦测器利用高亮发光二极管不停闪烁显示其位置。

图4-23　环境侦测器

② ZCJ5型环境参数超前检测装置

ZCJ5型环境参数超前检测装置（图4-24）由矿用本安型超前环境参数检测装置、发射器及环境参数接收仪等组成。该装置主要用于煤矿井下某些具有潜在危险的未知区域或人员难以进入的局部区域的非接触环境参数检测，以及灾害事故发生后的环境参数超前检测，如采空区探测、井下煤仓检修探测、废弃巷道重新启用等情况下的环境检测。

ZCJ5型环境参数超前检测装置功能特点：

a. 可同时对前方50～100 m某处的多个环境参数进行超前检测。

b. 具有数据无线传输、存储、上传和查询功能。

c. 设计合理、操作简单、安全可靠、机动性强。

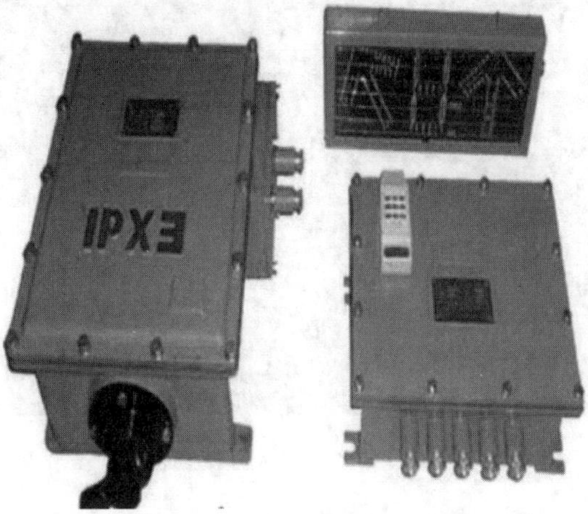

图 4-24　ZCJ5 型环境参数超前检测装置

③ 气动发射装置

井下灾区侦测系统中，关键设备是气动发射装置（图 4-25），它的功能是将环境侦测器发射至 100 m 以外区域。在系统中，气动发射装置利用高压气体作为输出动力，采用可拆卸设计，使用方式灵活。在平时训练时可使用大容量的高压气罐，在救援时使用便携式的一次性高压气瓶。大容量的高压气罐，管内填充的是压缩空气；而救灾时使用的一次性高压气瓶，填充的是压缩的 CO_2 气体。气动发射装置使用时先开启高压气罐或一次性高压气瓶，高压气体进入高压气室，当扣动发射扳机时，高压气体立即释放，将位于发射助推管内的环境侦测器发射出去。为满足 100 m 以上的发射距离要求，同时为了发射装置和操作人员安全，高压气体的压力一般控制在 20～30 MPa 之间。在使用时，根据煤矿巷道高度不同，可以调整气动发射装置的发射角度，获得最佳的发射距离。

图 4-25　气动发射装置

④ 救援机器人

矿山救援机器人最主要的要求就是爆炸性气体环境下的防爆设计，当前的矿山救援机器人以环境探测机器人为主，能够测量井下环境气体，如甲烷、一氧化碳的传感器是其必要的组成部分。同时矿井通信受到巷道的影响，无线通信与有线通信均存在缺点。矿山救援机器人可以替代救援人员探查井下环境，但是由于井下条件恶劣，目前的机器人设计水平不高，难以支撑机器人完成井下救援任务，如图 4-26 所示。

图 4-26　CUMT-V 型机器人井下侦测与灭火试验

4.5　矿山应急通信技术与装备

4.5.1　简介

矿山应急通信是一种救援队能够在灾后救援工作中有效通信的手段，能够在灾害发生之后实现井下与地面的交流沟通，及时与被困人员取得联系，获取地下环境的情况信息。在矿井灾害发生之前，一般地面与井下采用有线通信的方式进行交流，但是当井下发生灾害之后，有线通信系统往往会产生损坏，不能和井下保持有效联系，获取不了井下环境的实时信息，从而救援工作不能够有效进行，保证不了井下被困人员的生命安全，同时由于井下有线通信不能够与被困人员取得联系，获取不了详细的情况，在进行救援的过程中由于可能会产生二次事故，救援过程中会切断井下供电。因此，建立一套安全可靠的应急通信系统变得尤为重要。

4.5.2　应急通信系统等国内外发展现状

(1) 国外应急通信发展现状

在 20 世纪 80 年代，随着科学技术的进步，同时由于世界能源短缺，煤炭行业快速发展，从而促使透地通信系统快速发展，产生了很多现在依然可以利用的透地通信技术，其中最具代表性的是 PED 系统，是由澳大利亚公司开发的。

PED 系统是透地通信技术的一个里程碑，实现了地面对地下远距离通信。PED 系统所采用频率为超低频或者低频，该系统的天线根据所覆盖的区域大小形状、接收机离地表距离等状况设置，长达数十千米，在遇到灾害时容易损坏。同时由于环形天线的辐射效率较低，信号在传递过程中传输衰减比较大，需要发射信号功率较大。此外，由于功率和空间受限，PED 系统无法实现双向通信，只适合从地面到地下的单向传输。

2004 年美国科学家利用低频电磁波进行辐射，并将高温超导量子干涉器件作为接收设备，创建了一种在地下进行语音通信的方法。该方法利用语音信息压缩技术，将数字信号压缩后加载在高频载波上，穿透岩层传输，实现了地上与地下之间的语音通信。该项目包括便携式低频天线发射机、高温超导量子干涉接收器、模拟和数字滤波器、低频放大器、音频速率处理平台等设备。

在 2009 年国际科学博览会上，展览了一套由美国新墨西哥州少年亚历山大·肯德里奇发明的地下无线电传输系统，在传输数字信号时使用低频无线电信号来穿透大地，并编写了可以在低功率无线电通信条件下区分数据和噪声的算法。其测试结果在实际深度 288 m 区域收到了代码信号。

以上系统都采用了环形天线的设计来进行发射，这些透地通信系统虽然性能良好，但是有其局限性：一是环形天线的辐射效率低，同时信号在链路中传输衰减比较大，要想获得一定的接收信号幅值，则需要的发射信号功率较大；二是对于井下而言，由于功率和空间的限制，无法实现远距离双向通信；三是昂贵的价格限制了其在矿井通信及救援中的应用。

电流场通信理论是一种新型的透地通信传输理论，它与传统的环形天线无线通信系统有很大不同，克服了传统环形天线系统利用天线辐射的电磁信号进行通信的弊端，不需要采用大型环形天线，不用太大的发射功率，在接收端就可以接收到相对较高的电磁波能量。电流场通信方式如图 4-27 所示，在发射端将两个相距一定距离的电极置入地层，发射设备向发射电极两端施加携带救援信息的交变电压，形成的电流场将信号辐射出去；在接收端感应接收电极两端的电流场，得到的电压信号经过一系列的处理，就可以转化为有用信号，实现有效的地下无线通信。这种方式相比环形天线系统来说，既实现了无线通信，又不需要大尺寸的天线，而且要求的输入功率也不高，易实现双向通信，宜于推广。

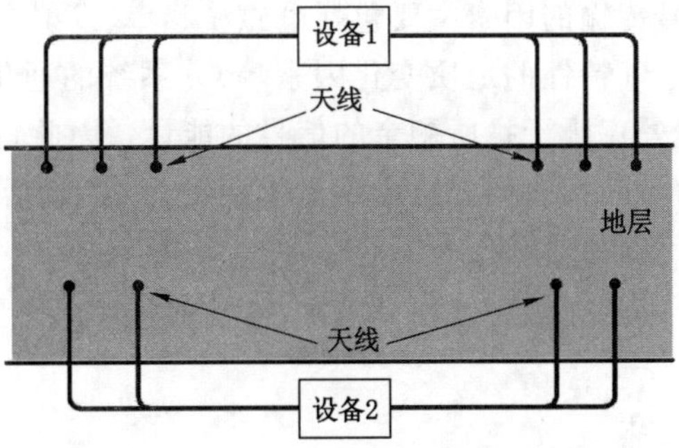

图 4-27　电流场通信方式模型

(2) 国内应急通信发展现状

我国应急通信技术起步较晚，相较国外我国应急通信系统发展还是比较落后的。国内对应急通信系统的研究现状，包括田学起对山东煤矿应急通信系统现状的思考，同时针对我国具体情况，很多该领域的科技人员开始研究适合我国实际需求的应急通信技术和管理体系。我国的应急通信系统建设应该围绕透地通信系统进行，目前国内的应急通信系统建设，以山东为例，按照我国的国家规范和相关要求，山东全部的生产矿井都安装了调度通信系统、无线通信系统、语音广播系统三套系统。

① 调度通信系统

调度通信系统有强插通话、多方通话、集呼、群呼、组呼、通话录音等功能，与矿井行政通信系统互联互通。矿井在主要场所和工作地点安装调度电话。调度通信系统不需要矿井井下供电，由地面交换机直接供电到电话终端。该系统优点是通话方便、安装维护简单，井下发生停电故障或停电检修以及一般灾变不会影响通信效果。

② 无线通信系统

无线通信系统由地面无线通信主站、不间断电源、避雷器、光缆、井下无线通信分站、矿用隔爆兼本安型直流稳压电源、矿用本安型无线基站以及无线手机组成。井下基站，主要覆盖大巷、车场和采掘工作面。无线通信系统各基站需要井下供电电源。无线通信系统优点是通信灵活，在采掘工作面、井下机电硐室和进风大巷任何地点都能接通。

③ 语音广播系统

语音广播系统由工控终端和系统主站、避雷器(安设在矿调度室)、有线电话语音盒、电缆、广播主机、监听音箱、麦克风、矿用本安型音箱、矿用隔爆兼本安型电源组成。系统具有广播、音频文件播放、区域广播、寻呼等多种功能。调度员遇紧急情况可通过系统主机直接向井下喊话、发送声音报警以及语音报警信号。矿井安装的语音广播音箱，主要覆盖各水平大巷、采区车场、采煤工作面上下巷开口处、掘进工作面迎头以外。语音广播系统的每个音响点均配有电源箱，需要独立供电，井下电源电压 127 V，可引自附近照明电源。语音广播系统优点是系统简单，安装方便，声音高，传播远，局部区域和人员密集地点都能通知到。

综上所述，在不考虑天线和接收设备的情况下，透地通信系统是最有可能实现真正的地下与地上人员之间无线通信的方式，而电流场通信方式则在天线和接收设备的要求上进行了进一步的改善。利用相比传统通信方式更少的硬件设施，系统更有可能实现地下灾害时的救援，提供地上救援人员与地下逃生矿工之间的通信链路。但其传输信号的优劣受多方面因素的影响。影响信号传输的因素主要包括电磁波频率、发射功率、地质因素(如电导率、深度和其他影响覆盖层电气特性的地质变化因素等)。系统的通信能力依赖传输信号透过地层衰减后，在接收位置处克服干扰所剩余的信号的能量。因此，天线的形式也影响发射和接收信号。此外，传输信号的接收同样也受到电噪声的影响，包括地上的和地下的、自然的和人为的干扰。

4.5.3 目前常用的几种关键技术

(1) PED 应急通信系统

PED 应急通信系统是一套超低频、信号可穿透岩层进行传播的通信系统。PED 应急通信系统由系统主机、专用调制器、超低频发射机、环形天线、系统与天线安全保护装置及接收机组成。系统的工作原理是采用超低频透地通信方式，系统信号由大功率发射机放大，经长度达数十千米的环形天线传输，信号穿透岩层传达到井下的接收机。接收装置与矿工灯帽电池连为一体，当有信号传来时，矿灯闪烁，同时接收机鸣叫，一条中文信息就会显示在接收机的液晶板上。

(2) 微地震波应急通信技术

微地震波属于波的一种形式，能量相较天然地震要小，具有横波、纵波和面波三种传播方式，传播的能量包括媒质所有质点振动动能以及弹性介质的形变势能。微地震波在经过岩层时，其中的一部分会因为被岩层等传输媒介所吸收而发生衰减，一部分会因克服内摩擦做功而转换成介质自身的内能，其能量在传播过程中会因被吸收而发生衰减。

微地震波的产生主要是利用磁致伸缩效应，当铁磁体材料被放置在外加磁场中时，磁状态的改变会导致自身的体积和长度发生变化，从而产生相应的微地震波。微地震波的接收主要利用微地震波传感器来完成，当微地震波信号从井下传输到地表观测点时，微地震波传感器的磁钢和线圈会形成相对运动，在运动过程中线圈会进行磁力线切割而产生感应电动势和电流信号，从而把机械振动信号转化为电信号，利用数据采集装置将这些电信号数据采集并存储起来。微地震波信号的识别和解调主要利用微地震波信号解调系统来完成。通过对井下信息和微地震波两者之间对应关系的分析，采用 VC++软件编程平台开发出一套微地震波信号解调系统，来对信号进行还原。

(3) 中频井下应急通信系统

中频信号在井下不需要特别的导线支持就可以传播得很远，还可以在一些井下的导体中传播，并且中频通信系统一般在 300～3 000 kHz 的频段运行，只要中频信号附着在良好导体上，就可以传播数千米之遥。中频信号可以同时在多重导体介质之间传递的特点，赋予了它多渠道应急通信能力，足以将井下信号传出井外，这将增加矿井失去电力供应情况下应急通信的成功概率。井下中频通信系统包括三个部分：中频收发机、导体介质和中频接收机。中频收发机可以同时作为收信器和发信器，能让工人用同一部机器执行两种操作。为方便联络，使用时工人应尽量与他们借以收发信息的导体介质处于同一位置。2009 年，长沙库塔智能科技有限公司向国家职业安全卫生研究所提供了第 1 套中频通信试用机，用以确定该项技术是否能与全向天线以及本质安全小型电池结合起来达到令人满意的通信效果。试用机在数个井工煤矿进行了测试，测得的中频信号沿导体的最大传播距离为 8 km，途中不需要借助其他设备进行信号放大。

(4) 超低频投递通信系统

美国洛克希德·马丁公司和加拿大 Vital Alert 通信公司都研发了超低频投递通信系统。前者研发的无线磁力通信系统通过电磁波传递声音、文字等信号，很好地解决了事故发生后井下人员与地面救援人员的联系问题。而 Vital Alert 公司研发的 Canary TM Link-IS 本安隔爆型投递通信系统利用磁导和先进的无线数字通信技术，在信号处于屏蔽状态的矿井环境中，仍能够保证双向语音、数据文本的通信。该系统凭借磁导技术、数字技术以及无线通信技术，能够透过岩层传播信号，可同时进行文本传输与语音传输。该系统还能与应急预警系统融合，从而达到井下地面交互通信的目标。此外，该系统设备标准的数据接口能够与其他通信仪器相连接，实现资源互通共享。Canary TM Link-IS 投递通信系统能在高度复杂的煤矿条件下与无线射频读卡器共用，联络井下幸存人员。

(5) Wi-Fi 无线通信系统

美国无线电公司研发的应急通信系统采用 500 m 间隔声光报警，支持应急电话呼叫、群呼和应急广播。该公司研发的应急搜救双向通信系统基本原理是：在井下应急避灾硐室预设透地通信设备，当井下灾害发生时，通过该设备以低速与地面进行通信，同时接收地面发出的应急通信信息。

(6) 矿工个人应急装备无线通信技术

澳大利亚科学院在第二次世界大战期间率先研究无线电物理学，并将研究成果应用于矿山通信。20 世纪 80 年代初期，澳大利亚推出个人应急设备——矿工个人应急装备的无线电技术。该设备上装有一块可显示 32 个字符的小型显示屏，可以向寻呼机一样收到井上传来的信息。目前，大约 95％的澳大利亚井工煤矿都给矿工随身配备了该设备。澳大利亚镁思锑矿山技术公司研发的 PED 矿用人员救生通信系统以超低频无线通信技术为基础，其发射的无线信号能应对各种复杂地理环境，实现重要数据传输。该设备通过发射机和大型环状天线传送超低频无线信号，通过预先设置在井下的接收器接收信号。

(7) 井下应急双向通信技术

目前，澳大利亚科学家成功试验了一项无线电通信技术，该技术能够使信息穿过数百米深的井下岩石。该技术还可以预先设置信息内容，矿工即使在受伤的情况下，也可以通过按动按钮来传递信息，从而可确定矿工的位置，精度在 35 m 左右，并可在紧急情况发生时为搜救人员提供救援指导信息。澳大利亚镁思锑矿山技术公司研发的 ImPact 矿用无线通信系统，基于地下 Wi-Fi 网络，形成了有线光缆与无线网络为主体，煤矿井下基站点为延伸的井下巷道无线网络。系统利用矿用本安型手机、矿用本安型定位标识卡等终端接入设备来实现语音通信和定位管理功能。系统组成：井上部分，包括光网络交换机、UPS(不间断电源)、系统主机、备机、语音网关等；井下部分，包括 NS40 矿用本安型通信基站、MP70 矿用本安型手机、T2 矿用本安型定位标识卡、矿用直流稳压电源、JB1X 矿用本安型通信接线盒等主要设备。

(8) 泄漏电缆通信技术

早在 20 世纪 50 年代末，德国科学家发现利用井下广泛分布的金属导体为媒介，可以实现既像无线电，又像有线电的通信，并将之称为“感应电话”。但是，由于各种杂散电流的存在，这种信号经常受到干扰。受生物通信的启发，在“感应电话”的基础上，人们提出了一种基于仿生学原理的无线电漏泄通信技术，或称之为泄漏电缆通信技术。为使无线信号覆盖井下工作空间，泄漏电缆通信系统不需要在井下安装基站，其主要通信媒介是一种横向屏蔽得到适当削弱的通信电缆(每段电缆 400 m 左右，电缆之间由中继放大器连接)，因此该系统不仅能够在纵向上像有线电缆那样传输信号，也可以在横向上向外发射和接收无线信号，事实上它是一种无线/有线的综合通信平台，该平台可以传输普通的语音信号、摄像头采集的视频信号、各种监测和控制设备采集和发出的数据信号。

4.5.4 目前常用的几种设备

在矿山发生灾害之后，为了防止发生二次事故，且保障救援人员与井下被困人员的生命安全，矿山应急通信系统的设备应该具有以下几种特性：

① 由于在煤矿井下具有瓦斯等可燃性气体和煤尘，无线通信设备要求是安全性能好的本安型防爆设备。

② 由于井下空间狭小，巷道倾斜、拐弯和分支，巷道表面粗糙，并且有许多阻挡物体，无线通信设备抗干扰能力要足够强。

③ 由于井下地质环境复杂，有水、有尘，无线通信设备应有防水、防尘、防腐、耐机械冲击等性能。并且设备故障率比较高，无线通信设备应具有足够的抗故障能力，确保井下救援工作顺利进行。

下面列举了几种较为常见的应急通信设备。

(1) RB2000 型井下无线通信系统

RB2000 型井下无线通信系统，是一套工作于中频频段、单工制式的矿井救灾通信设备。它借助井下电缆、管道等金属导体传导电磁波，需要和正压呼吸器配套使用。该系统由基地台和移动台组成，基地台设置于基地指挥部，装备 8 m 环形天线，救护队员使用移动台，中频感应操作配置自动调谐器，可在井下恶劣环境中锁定通信波段，输出高强度信号，确保达到理想的通信效果。RB2000 型井下无线通信系统包含救援基站、环形天线或长波长天线(LWA)以及 3 个 SC2000 型便携式无线对讲机。RB2000 型井下无线通信系统是中频感应无线电设备,设计合理,具有理想的通话范围。救援时可利用该通信系统的便携特点,将所有可用到的无线联络都整合在一个系统里,如图 4-28 所示。

图 4-28　RB2000 型井下无线通信系统

(2) PXS-1 型声能电话机

PXS-1 型声能电话机是抢险救援不可少的有线通信装备(防爆兼本安型),其结构简单,不需要电源,通话清晰,可与呼吸器配套使用;加上配有对讲扩音器,传出的话音更加清楚,有效通信距离不小于 8 km。

PXS-1 型声能电话机(图 4-29)由手持式发受话器、声频呼叫讯号器、面罩式发受话器、对讲扩大器等组成,是依靠声能进行通话的本安型电话机,能够在有煤尘和瓦斯爆炸危险的煤矿井下安全使用。其工作原理是,通话时,发话器中与平衡电枢连接的金属膜片发出振动,产生输出电压;该信号在受话器中由模拟器转换成音频发出,使受话人听到声音;同时,音频信号进入扩大器放大,使周围人员也能听到声音。

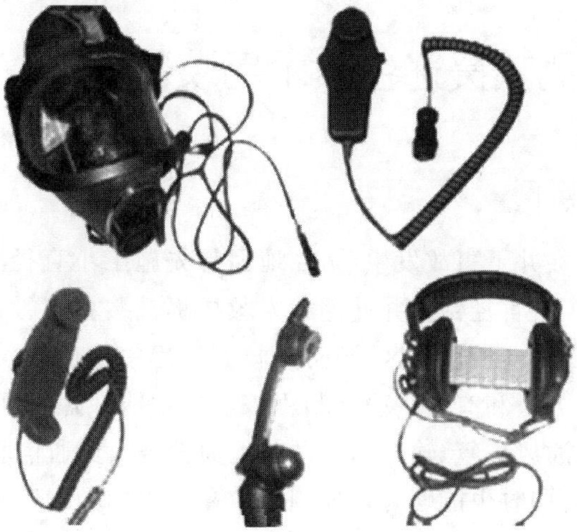

图 4-29　PXS-1 型声能电话机

(3) KTT9 型灾区电话

KTT9 型灾区电话适用于矿山坑道、灾区、地下防空设施、地下商场仓库、山洞、隧道、边远山区、电磁波无法传输的场所等地。KTT9 型灾区电话(图 4-30)由一条 400 m 长通信电缆、电源通信盒、专用耳麦、连接线、充电器组成。同时,借鉴当今先进的有线电话设计,KTT9 型灾区电话采用数字集成电路,灵敏度高、节能,具有非语音手动报警、可在甲烷和煤尘环境中使用、多站接力可连续通信等功能。电源通信盒使用硅胶整体灌封,耳麦做胶封防水处理。KTT9 型灾区电话通话效果清晰、可靠,可以连续不间断通话、边放线边通话。

图 4-30 KTT9 型灾区电话

(4) KJT-75 型救援通信设备

KJT-75 型救援通信设备由主机、辅机和袖珍发射机组成,供进入灾区的救援人员使用。救援人员通过辅机收听传来的话音,使用袖珍发射机向主机发话。救援人员随身携带放线包,救灾作业时放线,并与基地主机保持联络,通信导线兼作救援人员的探险绳,同时基地主机可以对救援人员实施救灾指挥。

4.6 大直径钻孔救援逃生技术与装备

4.6.1 定义及典型案例

大直径钻孔救援是在井下事故发生后,在地面首先施工小直径生命通道孔为被困人员提供生命支持,然后施工大直径钻孔并使用载人救援提升装备将被困人员提升至地面的救援方式,可有效避开大面积巷道坍塌区域、防止救援过程中遭遇二次事故且救援效率高,是矿山应急救援的一种新方法和有效手段。利用该项技术能在短时间内打通一条救生通道,为被困井下灾区的矿工通风供氧、输送给养及与地面救援人员通信联络,甚至作为救援舱升降被困矿工的救人通道;同时也能够有效控制事故蔓延,为矿山应急救援赢得充分的时间。该项技术的快速发展,可解决单靠井下救护存在的手段单一、力量薄弱、技术落后等问题。采用地面救援与井下救护相结合的方法,达到完善救援体系的目的。

国内外已有多个采用大直径钻孔开展矿山救援的成功案例。1955 年，德国 Dahlbusch 矿 3 名矿工通过深 42 m 的大直径钻孔升井获救；1963 年，德国 Lengede Mathilde 矿 11 名矿工通过孔径 480 mm、深 56 m 的大直径钻孔升井获救；1998 年，奥地利 Lassing 矿，救援钻孔孔径 660 mm、深 60 m，1 名矿工获救；2002 年 7 月，美国宾夕法尼亚州 Quecreek 煤矿，9 名矿工被困 95 m 井下，4 d 后完成直径 660 mm 地面大直径钻孔，采用直径 610 mm 救生舱提人升井，如图 4-31 所示。

图 4-31　Quecreek 煤矿矿工获救用的救生舱

2010 年 8 月 5 日，智利圣何塞铜矿发生塌方，33 名矿工被困井下。依靠地面施工钻孔以及胶囊式“凤凰号”救生舱，被困 69 d 的 33 名矿工陆续由 624 m 深的井下升井获救，创造了世界矿难救援的奇迹，如图 4-32 所示。

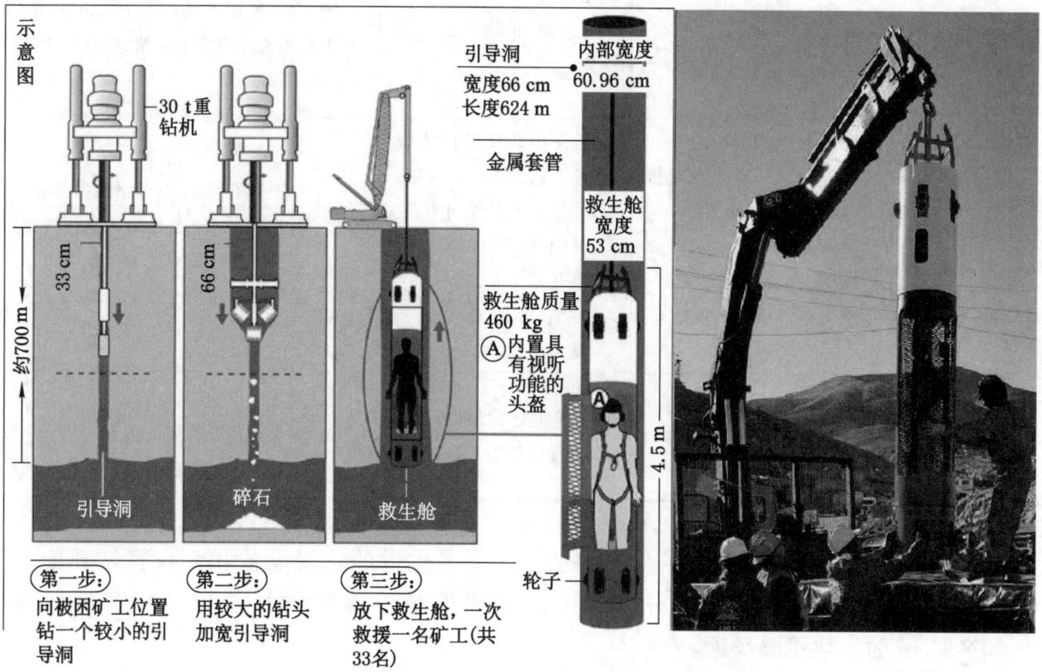

图 4-32　智利大直径钻孔救援方案及救生舱

2015年12月25日，山东省平邑县石膏矿发生坍塌，采用大直径钻孔救援技术成功救援井下200多米被困36 d的4名矿工。这是我国第一例通过大直径钻孔成功救援的案例，意味着大直径钻孔救援成为我国矿山事故应急救援新的方法和途径。

典型矿山钻孔救援案例分析如表4-1所示。

表4-1 典型矿山钻孔救援案例分析

事故矿山	美国宾夕法尼亚州 Quecreek煤矿	智利圣何塞铜矿	中国平邑石膏矿
事故发生时间	2002年7月24日	2010年8月5日	2015年12月25日
事故原因	采矿中穿透邻矿采空区，引起透水事故，9人被困	矿井通道冒顶坍塌，33名矿工被困井下	相邻矿井关停废弃多年，岩层全面垮塌形成矿震，引发该矿顶板岩层坍塌，当时井下15人下落不明
地层条件	地层厚度73 m，矿体上覆60 m粉砂质泥岩地层，岩性致密无含水性，地层很稳定，地表耕植土层与泥质风化岩地层适宜钻探施工	地层厚度660 m，矿体上覆400 m火成岩地层，地表砂砾下伏砂质泥岩地层。地层稳定，无含水地层，适宜钻探施工	地层厚度220 m，矿体上覆80 m砂泥岩互层，其中10 m砂岩段裂隙发育，含水丰富，再上部136 m石灰岩地层，其中钻遇2 m古溶洞，黄泥充填，还有3 m地层为岩溶发育段，赋水性强。地表层未查，耕植土层4 m。另外，坍塌地层仍处在蠕变阶段，钻探施工十分困难
灾害程度	废弃矿井巷道在高处，该煤矿的透水已浸漫到矿井口，矿井水短时间内无法疏干，被困人员处在水面以下60 m的独头巷道中	巷道两处坍塌，坍塌长度不清楚，修复困难大，被困人员处在680 m深的井下避难硐室	矿井下坍塌地段不清楚，地下水下泄情况不明，被困人员在井下220 m处，矿工有没有藏身之处不清楚
采取的救援措施	1. 采取钻孔和矿井同时排水措施，降低气压； 2. 采取正循环空气钻井技术施工大孔径救生孔； 3. 成孔后救生舱提升救人	1. 施工小孔径探查钻孔，与井下被困人员取得联系； 2. 采用导向孔钻井技术、正循环钻井技术施工救生孔； 3. 成孔后用救生舱提升救人	1. 首先井下搜救，井筒堵漏强排水； 2. 布置1、2、3、6号小直径钻孔探查； 3. 布置4、5号大直径钻孔救生； 4. 成孔后采用安全带提升救人
钻孔的关键技术	空气正循环钻进	1. 导向孔定向钻进； 2. 大直径钻头扩钻成孔	1. 大直径反循环钻进； 2. 下大直径套管隔离止水； 3. 气举反循环处理含水层塌孔事故

大直径钻孔救援需要具备一定的条件：① 具备先进的钻探设备和大口径钻孔配套设备；② 矿区技术资料可靠，定位准确，可以准确推断出遇险人员位置；③ 地面可形成20 m×30 m的一块平整场地。

国家安全生产应急救援中心相关研究指出，在以下五类情况下要慎用钻孔救援技术措施：① 充分考虑采空区和地质构造的影响。采空区的空腔会造成钻机动力失压、漏液，引起钻孔偏斜，遗留的支护材料会损坏钻头钻具。② 冒顶(垮塌)都是围岩失稳造成的，钻孔施工将会进一步破坏岩体的完整性。钻孔施工的压力一般为 3～5 atm(1 atm＝101 325 Pa)，尤其是潜孔锤钻进工艺的冲击旋转影响在半径 5 m 之内都可能对岩体造成破坏，处理矿井冒顶垮塌事故不应直接在被困人员位置及附近施工钻孔，以维持有效生存空间。救生钻孔在接近被困人员位置时必须采取特殊技术措施。③ 钻孔贯通含水地层必须采取堵水止漏措施。④ 矿井水灾事故中，当被困人员处于水下封闭空间(一般称其为“气囊”)时，不能单独运用钻孔救援措施，必须配合强制排水措施，防止钻孔造成“气囊”泄压。技术原则是人员所处空间气压与水压平衡。⑤ 矿井火灾、瓦斯爆炸事故救援中采用钻孔救援措施，要重视钻孔对风压、风流带来的影响，要采取稳定灾区通风系统的措施，防止火烟及有毒有害气体扩散。

4.6.2　快速垂直钻孔技术及装备

(1) 快速垂直钻孔技术

① 高精度人员及钻孔定位技术

目前还没有成熟的从地面探测矿井内人员的技术手段，生产用人员定位系统可以为灾变条件下人员的快速定位提供重要依据。事故发生后，可利用人员定位系统存储的数据，结合灾害类型、巷道布置、作业计划等判断人员所在区域和巷道区段，据此确定最优的救援钻孔终孔位置。美国曾运用地音仪探测定位，但有效测深不足 100 m 且对于移动物体带来的干扰没找到解决方案。有关研究试图采用瞬变电磁、大地音频、三维地震等技术寻找地下水体、空腔位置，辅助人员定位。

西安科技大学研发的矿山救援生命信息钻孔探测技术，在小直径钻孔打通后，将传感器送到预定位置进行探测，提取井下巷道的图像信息，进而判断有无被困矿工和环境信息。根据传感器类型的不同，生命信息探测技术可分为光学生命信息探测、红外生命信息探测、声波振动生命信息探测、雷达生命信息探测及气体生命信息探测等 5 种技术。在山东临沂石膏矿坍塌事故救援中，运用生命信息钻孔探测系统发现了 4 名被困矿工。

救援钻孔定位技术的任务是在矿井灾变发生的情况下快速提供井上、下目标靶位精确的三维坐标，其基础是矿井各种技术性基础资料。井下目标靶位需要根据矿山基础资料综合判定，因此，事故发生后首先应搜集以下基本矿图和资料，紧急状态下至少应具备精度满足±5 mm(图纸)的大比例尺采掘工程平面图、地质地形图、岩层柱状图，以及井上下对照图等。地面钻孔位置的测定目前多采取人工导线测量坐标定位，或采用卫星导航定位系统，或两种测量方法相互验证，从而大大提高定位的精度。

② 快速钻进高效成孔技术

大直径钻孔碎岩面积大、环空间隙大，钻遇地层包括厚度不等且松散破碎的覆盖层及多类型、较坚硬的基岩层，地层特征复杂多变，以正向钻进为主的地面大直径救援钻孔，须结合实际情况选择合适的钻进工艺。针对覆盖层钻进，应根据层厚、含水性等条件，结合大直径桩基工程的先进经验，优选钻进工艺；针对基岩层钻进，大直径集束式潜孔锤反循环钻进工艺是首选方案。救援钻机可达到的钻进速度为：第四系冲积层中钻进可达10 m/h；在基岩地层中钻进平均 20 m/h，最高可达 30 m/h。

③ 钻孔孔斜控制技术

在钻进工程中，井眼的轨迹监测和控制技术中最关键的是随钻测量技术，这种技术通过钻井液脉冲将测量数据传送至地表，在钻井液中能够稳定、可靠地工作。定向井测量仪器主要分为磁性单点照相测斜仪、磁性多点照相测斜仪、有线随钻测斜仪、无线随钻测斜仪、电子测斜仪和地面记录陀螺仪等，测量精度较好且尺寸较小的是电子测斜仪。美国雪姆公司生产的 T685WS 型车载顶驱钻机利用无磁钻铤、单点照相测斜仪和导向螺杆组成的方位监控系统，使钻进方向沿着预定目标前进，地面透巷准确率 100%。

(2) 快速垂直钻孔装备

为了满足矿山救援需求，大直径快速垂直钻孔装备应具备以下特点：

① 行动迅速。钻机是一台集空气钻进装置、机械传动装置、提升钻塔、液压动力装置为一体的车载设备，到达工作现场后短时准备即可开钻，目前通常采用车载式。

② 钻进高效。通常采用顶驱动力装置及空气潜孔锤冲击钻进与牙轮回转钻进相结合的技术。

③ 钻孔直径大。既可以钻进 190～216 mm 的小直径钻孔，也可经扩孔后形成直径 500 mm 以上的大直径钻孔。可同时满足通风、输送食品、通信联络的小直径钻孔和作为升降人员的救援通道的大直径钻孔的钻进需求。

④ 定位准确。采用先进的钻孔方位控制技术，使钻进方向沿着预定目标前进，实现准确透巷。

⑤ 适应性强。钻机本身具备动力装置，可在高温、严寒、缺水、缺电等严苛矿山救援条件下正常工作。

2012 年，国家安全生产监督管理总局根据智利圣何塞铜矿救援案例的启示，申请 40 亿元人民币建设我国矿山应急救援体系，分两期建设国内区域矿山救援队和国家应急救援队伍，其中针对地质钻孔救援的队伍有 14 家，主要分布在煤炭生产企业和地质矿山相关企业。从国外引进“世界先进、国内领先”的装备，经国际招标选择了德国宝峨公司生产的 RBT90 型拖车钻机和美国雪姆公司生产的 T200 型车载钻机。这两种典型钻机性能参数对比见表 4-2。

表 4-2　国外典型钻机性能参数对比

参数	宝峨 RBT90 型拖车钻机	雪姆 T200 型车载钻机
最大提升力/kN	900	900
动力头加压力/kN	200	180
发动机功率/kW	708.8	559.5
最大钻井直径/mm	1 500	1 200
桅杆高度/m	23.8	22.0
动力头扭矩/(kN·m)	36	30
动力头通径/mm	150	150
整机质量/t	60	45

我国自主研发的车载大直径救援钻机取得了长足的进步，部分设备性能达到了国际先进水平，典型设备有中煤科工西安研究院(集团)有限公司研发的 MDY-60 型车载救援钻机、江苏天明机械集团有限公司研发的 TMC135 型多功能钻机(图 4-33)。

以 TMC135 型多功能钻机为例，该设备为全液压、顶驱式高速成孔车载钻机，采用伸缩

图 4-33　TMC135 型多功能钻机

桅杆技术使钻机具有提升能力大、净空行程长、运输长度短等优点。该钻机配有高、低速两种动力头。低速动力头转速分布合理，扭矩大，可进行大直径救生和通风孔扩孔钻进；高速动力头适合于金刚石绳索取心钻进，主要用于深部地质勘探。其工艺适应性好，适用于泥浆钻进、空气正循环钻进、空气反循环潜孔锤钻进等多种钻进工艺；最大扩孔直径 2 500 mm，最大钻进深度 1 200 m，最大提升力 1 350 kN；配备 12×10 全驱重型军工越野底盘车，越障能力强，适应各种地形及路面条件，最大行驶速度 70 km/h。

4.6.3　载人救援提升技术及装备

智利矿难的成功救援，证明了大直径钻孔配合载人救援提升装备开展矿山救援是一种行之有效的矿山救援技术。但凤凰号提升舱功能相对简单，提升设备为现场集成的，提升过程没有舱体运行数据支撑，不能全面反映被困人员生命体征。对此国内外对载人救援提升技术及装备开展了系统性研究，开发出了稳定性更高、动态性能更好的载人救援提升装备。国内外典型载人救援提升装备如表 4-3 所示。

表 4-3　国内外典型载人救援提升装备

序号	设备型号	国家	制造商	舱体直径/mm	提升高度/m	单次载人数	特色功能
1	凤凰号	智利	智利海军	700	≥700	单层单人	供氧系统、音视频通信系统、逃生设备
2	STG 201001	德国	西马格公司	750	1 200	双层 4 人	全数字操控
				1 100		双层 10 人	
3	FULTONS 1400	南非	Winches & Winders 公司	1 300	3 000	双层 8 人	通信系统、车载备用电源
4	SYLRC-550M	中国	三一重装	550	1 020	单层单人	钢索断裂防坠落保护
5	JT-40Y	中国	石煤机		500	单层单人	监测通信、应急供氧、紧急处置
6	ZMK5200QJY40	中国	西安研究院	550	1 000	单层单人	

(1) 载人救援提升关键技术

① 提升速度及提升舱位置监控技术

提升舱在大直径钻孔内的提升速度和具体位置是提升操作的关键数据,需要进行可靠准确监控,通常采用光电编码技术实现。在提升机滚筒上安装光电编码器,通过绝对式光电编码器可以实时监测钢丝绳绳速和提升舱的位置,可设定救援舱到达指定深度报警,当救援舱接近井口或接近井底时提前向操作人员报警,减速慢行确保安全,实现自动缓冲和停止功能。

② 钢丝绳无损检测技术

载人救援提升通常采用单绳提升,除在设计上对钢丝绳直径和强度保留足够的安全系数外,还有必要在钢丝绳运行过程中对其进行快速实时检测,以提前发现钢丝绳的缺陷或疲劳损伤。通常采用小型车载钢丝绳无损检测仪,实现运行过程中的快速检测。滚筒钢丝绳出绳后首先通过一个钢丝绳探伤传感器,传感器与主机相连,当钢丝绳出现断股或者其他损伤情况时可以实时报警。钢丝绳无损检测仪采用永磁、漏磁原理。通过提取已施加磁载的钢丝绳上弱磁能势分布差异信息,完成定位、定性、定量识别钢丝绳中的任何缺陷,如断丝、磨损、锈蚀等都会引起漏磁量和磁通量的变化,从而被霍尔传感器捕捉,转变为电信号,输出直观的模拟信号,如图 4-34 所示。

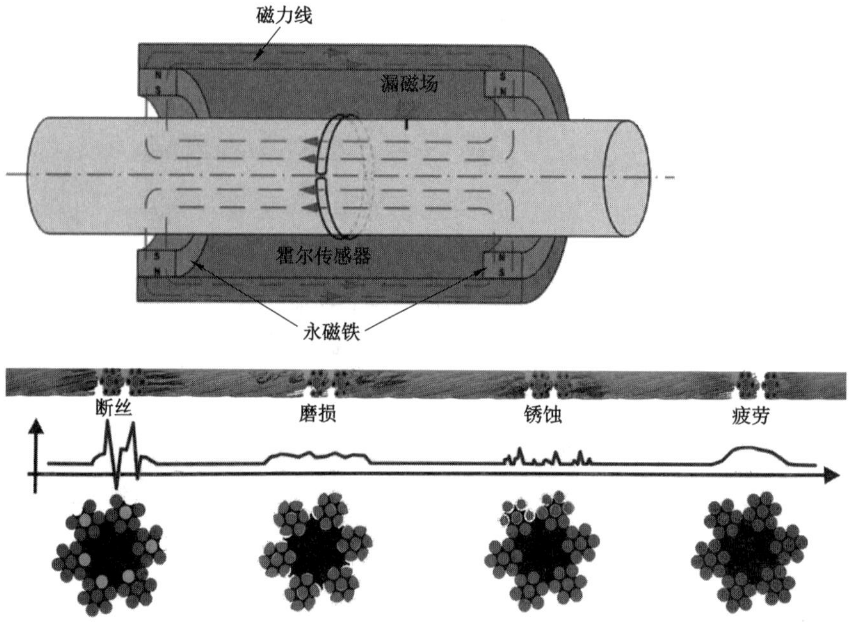

图 4-34 钢丝绳无损检测原理及常见缺陷

此外,为了防止特殊情况下提升舱在钻孔内发生卡滞时,提升机拉力过大导致的钢丝绳突然破断,在提升舱上安装轴传感器监测钢丝绳张力,超过设定拉力自动报警停止,确保安全。

③ 不旋转钢丝绳内置铠装电缆信号传输技术

救援提升过程中,舱内被救援人员的实时状态及与地面救援人员的有效沟通对救援工作的成功实施至关重要。以目前的技术水平，由于无线信号在岩层中的快速衰减，尚没有一种满足救援需求的无线透地通信技术。为实现提升舱内音视频通话，需要采用有线方式进行井上下通信，钢丝绳内置铠装电缆可准确高效进行信号传输。

常规钢丝绳由于断面结构和生产工艺因素悬吊重物时通常会发生旋转，不能用于提升舱提升。钢丝绳机械卷绕编织而成，局部钢丝突出会对电缆产生挤压，钢丝绳受拉力而产生弹性伸长也会造成电缆的拉伸，钢丝绳的缠绕、弯曲亦会对电缆产生挤压，采取必要措施消除或减弱上述问题的影响是保证信号传输系统可靠运行的关键。

多层股不旋转钢丝绳通过增加钢丝绳最外层股的数目，来减小外层股的直径，降低外层绳的旋转力矩，同时增加内层绳的旋转力矩，内层和外层的旋转力矩相反，从而实现力矩抵消后的平衡。对常用的圆股钢丝绳绳股进行进一步处理，对绳股进行拉拔，使得绳股表面更为光滑，股与股、丝与丝之间的接触面积加大，从而减小摩擦应力和挤压应力对钢丝早期破坏的影响，进而提高钢丝绳结构的稳定性以及钢丝绳的破断拉力。不旋转钢丝绳使用安全、可靠、受力均匀、运行平稳，使用时不易发生断丝。即使断丝，也不翘起，仍伏在原位，不至于划伤滚筒，不影响其他钢丝的正常工作。

在多层股不旋转钢丝绳中心内置铠装电缆，其直径同钢丝绳直径按合理比例设计，采用专用工装模具卷绕编织制作；铠装网材质和结构优化设计，保护电缆，屏蔽干扰；调整电缆内部电线布置方式，避免局部挤压和拉伸。

外部使用环境优化设计减少磨损，提升系统绳槽理论上卷绕层数可以无限制，但两端存在爬绳现象，应通过优化设计减少卷绕层数，解决四层（受力层）以内爬绳问题。排绳器利用机床丝杠原理，保持钢丝绳出入绳角度在合理的范围内，改善因出入绳角度大带来的钢丝绳间相互摩擦问题。

④ 触底安全保障技术

为防止提升舱下降速度过快，到达井底后引起倾翻造成危险，需要采取技术措施，变救生舱硬触底为软触底。通常有三种技术手段：

a. 提升舱底部安装基于超声波的近地传感器。舱体接近井底时，传感器传递信号，控制舱体下降速度，达到接近井底自动减速的效果。

b. 提升舱底部安装触底开关。提升舱底部接触井底时，触底开关传递信号，钢丝绳停止下降，保证提升舱直立，同时钢丝绳处于绷紧状态，防止钢丝绳过度释放引起提升舱倾翻。

c. 提升舱底部安装液压触底缓冲装置。合理设计液压缸压力，在提升舱触底后实现缓慢平稳落地。

⑤ 提升舱被卡缓降逃生技术

由于地层的复杂性，孔壁不可能完全光滑，同时钻孔可能发生变形，护孔套管可以将这种变形发生的概率降至很低，但作为救援装备，仍需对此类极端情况有充分的准备。常用解决方案是，提升舱配置缓降逃生器，同时舱体设计为两截，底部可以在舱内人员的操作下自动脱落。缓降逃生器是一种用于地面高层建筑缓降逃生的装置，其原理是通过缓降绳索带动主机内的行星轮减速机构运转与摩擦轮毂内的摩擦块产生摩擦作用，保证使用者自动、匀速、安全缓降至井下原位。

(2) 典型车载救援提升系统

煤炭科学技术研究院有限公司研发了一款车载救援提升系统，系统功能和性能指标具有典型性和先进性。系统已经成功在神东大柳塔煤矿开展了工业性试验，如图 4-35 所示。

图 4-35　车载救援提升系统

车载救援提升舱是一种煤矿快速响应救援装备，主要用于对煤矿井下被困人员进行快速救援，该设备额定提升力 15 kN，最大提升高度 600 m。救援舱外径 550 mm，适用于直径不小于 660 mm 的钻孔救援提升。

车载救援提升舱主要由汽车底盘、动力系统、底架大梁及支腿系统、转台总成、臂架、起升机构、液压系统、提升舱、操作控制系统等部分组成。

① 汽车底盘

汽车底盘以能够适应矿区道路条件，满足车载装备及救援需求为主。采用中国重汽 ZZ1317N4667E1B 型载货汽车二类底盘，驱动形式为 8×4，整车总长度 11.6 m，发动机功率 276 kW，最小转弯半径 14 m，接近角 12.5°，离去角 18°，国Ⅴ排放标准，如图 4-36 所示。

② 动力系统

采用柴油机和电动机双动力系统，两个系统相互独立，可单独为整个系统提供动力，保证野外或偏远地区救援现场不具备电力供应条件下救援提升舱的正常工作。

柴油动力系统采用东风康明斯 QSB6.7-C130 型柴油机，6 汽缸，额定功率 97 kW，总排量 6.7 L，符合欧Ⅲ认证标准。

电动机系统采用上海力超 Y-280S-4 型电动机，额定功率 75 kW，配备外接电源接口，方便救援现场具备电力供应条件下的快速连接。

③ 底架大梁及支腿系统

底架大梁及支腿系统中底架大梁为整车主要的受力支承部件，大梁采用多箱形结构，强度高，抗扭能力强；支腿采用 H 形支腿，可同时操作，也可单独调整，如图 4-37 所示。

④ 转台总成

转台总成包含回转机构、转台焊接体、起升机构、发动机总成、液压系统、操作台、电动泵站总成、机罩等。由回转支承把转台连接到底架大梁上，通过液压马达和回转减速机驱动转台回转，转台主体结构为双腹板倒 Π 形结构，操作控制台放置在转台上，如图 4-38 所示。

图 4-36　ZZ1317N4667E1B 型载货汽车二类底盘

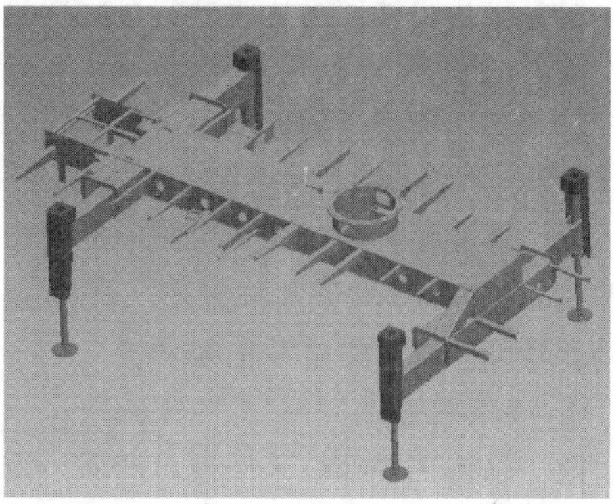

图 4-37　底架大梁及支腿系统设计图

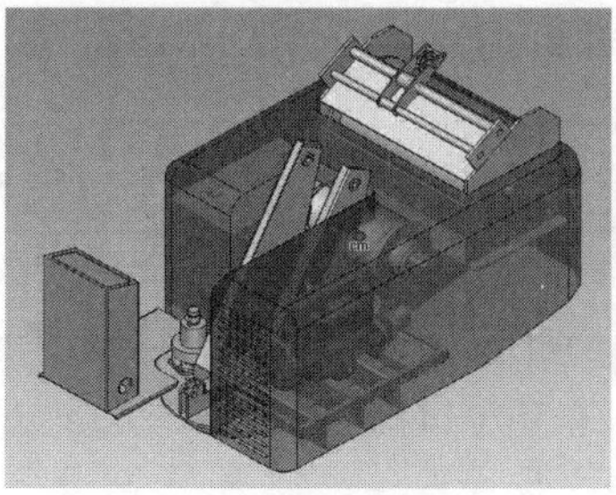

(a) 设计图

(b) 实物图

图 4-38　转台总成

⑤ 臂架

伸缩吊臂使用液压缸起降和伸缩，可方便灵活调整伸缩长度和变幅角度，以保证在不同工况现场都能快速准确地对正井口，实施救援。臂架由基本臂和伸缩臂、伸缩臂液压缸组成。臂架截面为四边形，由高强度钢板折弯成槽形对焊而成，如图 4-39 所示。

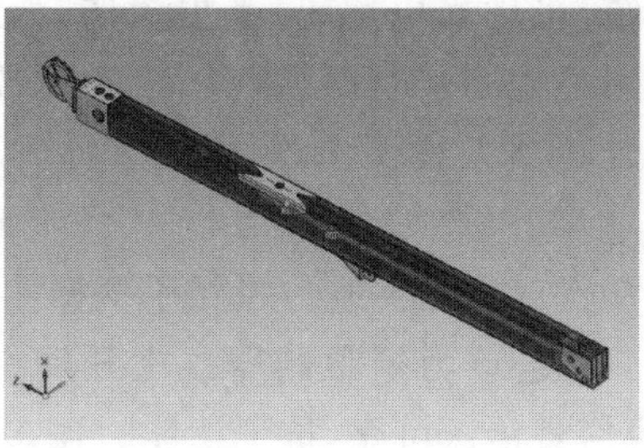

(a) 设计图

(b) 实物图

图 4-39　臂架

起重臂采用箱形截面伸缩臂，伸缩臂行程不超过 5 m，由液压缸驱动变幅，变幅角度 0°～78°。

⑥ 起升机构

起升机构由液压马达驱动行星减速机带动卷筒转动，为保证钢丝绳在卷筒上均匀排列，在出绳方向设置排绳器。行星减速机和卷扬制动器内置。在卷筒上设置安全制动器。卷筒转动必须马达压力达到设定压力，两路制动器油路才能打开制动器。起升钢丝绳内置铠装电缆。

为了保证提升舱在提升过程中不发生旋转，同时能够实现舱内音视频通话，采用专用定制非旋转钢丝绳，型号为28WX7-20RVSP4×1.5，内置电缆型号为RVSP4×1.5(用于提升舱内音视频系统的供电及信号传输)。

⑦ 液压系统

液压系统主要部件采用进口产品。液压泵及主阀均采用丹麦丹佛斯产品，液压泵采用NP3NN/063RN07SAP型齿轮泵，主阀采用PVG32-4M型电磁比例阀；变幅、伸缩平衡阀采用意大利OM液压阀，回转阀组采用意大利Oil control阀；卷扬马达采用德国力士乐A6V107马达。

液压系统压力21 MPa，流量120 L/min，起升机构油路压力18 MPa。

⑧ 提升舱

救援舱舱体外径550 mm、内径540 mm，分上部设备舱和下部载人舱，两舱由螺栓连接。载人舱有效净高1 950 mm，可容纳一人。舱体底部安装触底开关，超声波传感器测量离井底5 m处开始缓慢触底；舱周围设置滚轮，防止提升舱倾翻；舱体底部设置液压缓冲器，可缓慢降至井底；设置孔口万向轮，防止钢丝绳与井口磕碰；钢网滑移式开关门，减小开关门占用空间，保证舱内空气流通。

设备舱安装音视频监控系统，地面操作人员可以通过显示屏实时观察舱内人员状况，并能够与舱内人员进行双向语音通话；系统可存储救援过程视频和音频通话，进行资料留存。舱内配备环境监测设备，能够对舱内甲烷、一氧化碳、二氧化碳和氧气含量进行监测报警，使舱内人员及时掌握舱内空气质量；配备应急供氧装置，供紧急情况下使用；配备缓降器，在提升舱出现被卡等紧急情况时，舱内人员可以配合下舱脱离机构重新下降至井下原地。提升舱及其部分装置如图4-40和图4-41所示。

⑨ 操作控制系统

车载救援提升舱配套先进的监测控制系统，采用光电编码、无损探伤、无线遥控等先进技术，实现控制系统智能化，可实时监测钢丝绳绳速，设定深度报警，自动缓冲和停止，自动监测载荷及预警，实时监测钢丝绳磨损情况，远距离无线操作等，保证了提升舱安全可靠运行。钢丝绳无损检测实物图如图4-42所示。

上车操作控制系统采用机械手柄和遥控操作双操作系统。机械手柄操作系统主操作台安装在转台上，能够随转台转动，基于CQA01型起重力矩限制器二次开发完成；遥控操作系统采用瑞典SCANRECO无线遥控器，无线信号传送可靠，抗干扰能力强，通过跳频技术，保证在433～434 MHz波段无干扰自由操作，遥控距离50 m。两系统采用互锁设计，均装配急停开关，可立刻停止起重机械的所有动作和功能。车载机械手柄操作台和操作系统控制器如图4-43和图4-44所示。

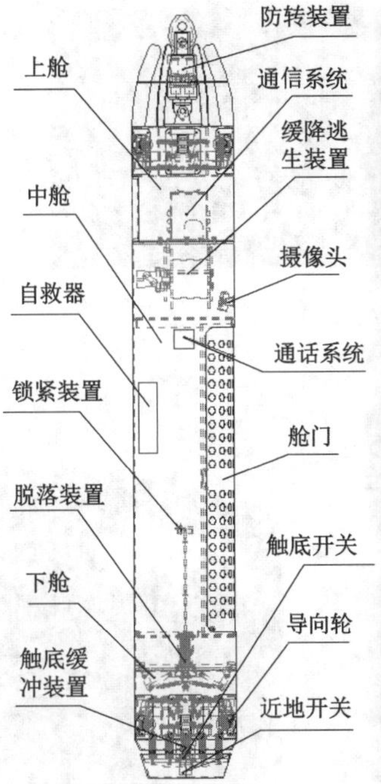

(a) 设计图

(b) 实物图

图 4-40　提升舱

(a) 音视频监控系统及缓降逃生装置

(b) 下舱脱离机构

图 4-41　提升舱部分装置

图 4-42　钢丝绳无损检测实物图

图 4-43　车载机械手柄操作台

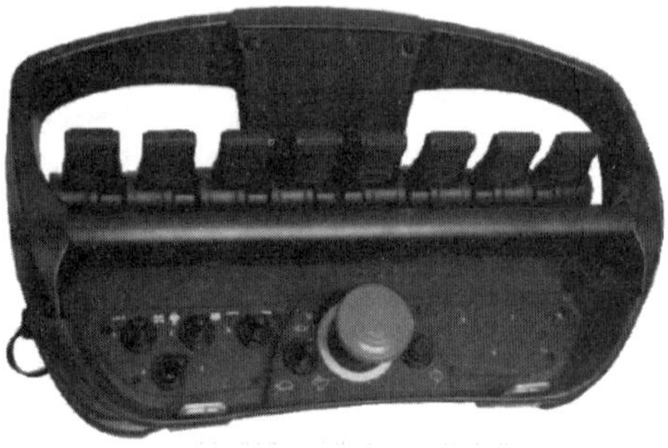

图 4-44　操作系统控制器

4.7　本章小结

由于矿山对应急救援方面的特殊要求，因此将智能矿山应急系统建设单独列出。本章主要内容涉及紧急避险系统建设、矿山应急救援信息化、救护人员个体防护装备、灾区环境侦测技术与装备、矿山应急通信技术与装备、大直径钻孔救援逃生技术与装备。这些装备都是目前较为先进的智能应急救援装备，本章进行了集中展示，为实际智能矿山建设提供应急救援支持。

第 5 章　智能煤矿机器人

智能煤矿机器人是智能矿山建设的重要组成部分，可以代替人工在危险和恶劣环境下进行作业。智能煤矿机器人的发展和应用，可以促进煤炭行业的自动化和智能化转型升级，提高生产效率和安全性，降低成本和人力风险。同时，还需要不断加强技术研发和管理创新，推动智能煤矿机器人的广泛应用和普及。

5.1　煤矿机器人分类及发展现状

煤矿机器人作为特种机器人的一种，是煤矿运营管理体系的重要组成部分，也是未来智能矿山基础性的支撑和保障设备，在煤炭生产、安全预警、灾难救援以及日常维护等方面将发挥关键性作用。一方面，煤矿机器人能够进入危险、逼仄等环境内完成工作，避免井下人员直接暴露于危险环境；另一方面，煤矿机器人还能够完成煤矿机电设备的定期巡检、故障排查等工作，从而提高巡检效率和效果，从根本上减少煤矿的巡检人员数量，符合国家对煤矿"减人、少人"的发展要求。随着机器人成熟度的提升及政策的不断推出，机器替人效果逐步显现，需求愈发旺盛，单体智能化及集群发展必将进一步助推煤矿智能化建设。

但煤矿机器人在我国发展的时间并不长，实际上基本到 21 世纪我国才正式开展煤矿机器人的研究。井下机器人的研发起步于煤矿救援探测机器人，在国家"863 计划"的支持下中国矿业大学率先研发了第 1 台煤矿救援探测机器人；随后哈尔滨工业大学联合唐山开诚电控设备集团有限公司研制的煤矿救援探测机器人在煤矿井下得到应用；在此基础上，唐山开诚电控设备集团有限公司又先后研制出可用于煤矿井下透水事故抢险探测的水下机器人和钻孔探测机器人。随着全国煤矿安全生产形势的日趋好转，煤矿事故救援由被动救援转向主动预防，各类煤矿巡检类机器人成为研发热点，目前已实现井下皮带机(带式输送机)和机电硐室的日常巡检。要实现煤矿本质安全，各类煤矿作业类机器人的研发被提上日程，当前无人掘进机器人系统、智能化采煤工作面机器人系统、煤矿智能运输和钻锚机器人系统的日渐成熟，为建成无人(少人)矿井提供了重要装备保障。未来随着能源资源开采向着深海、深空等外延空间展开，预计海底采矿机器人和太空采矿机器人将成为新的研发方向。综上，煤矿机器人发展历程可用图 5-1 表示。

随着技术的不断发展，机器人单体智能化水平显著提升，单体向集群化发展趋势明显，但煤矿机器人领域依然存在很多问题阻碍其向更高级别发展，主要有以下 5 点：煤矿机器人关键技术难以突破；煤矿机器人应用场景种类繁多，单一类别机器人难以满足复杂环境使用要求；煤矿机器人关键技术单元研发受限；煤矿机器人可靠性测试评估难以形成；煤矿机器人生产制造未形成产业链，服务专业化程度低。以上问题制约了煤矿机器人恶劣服役工况

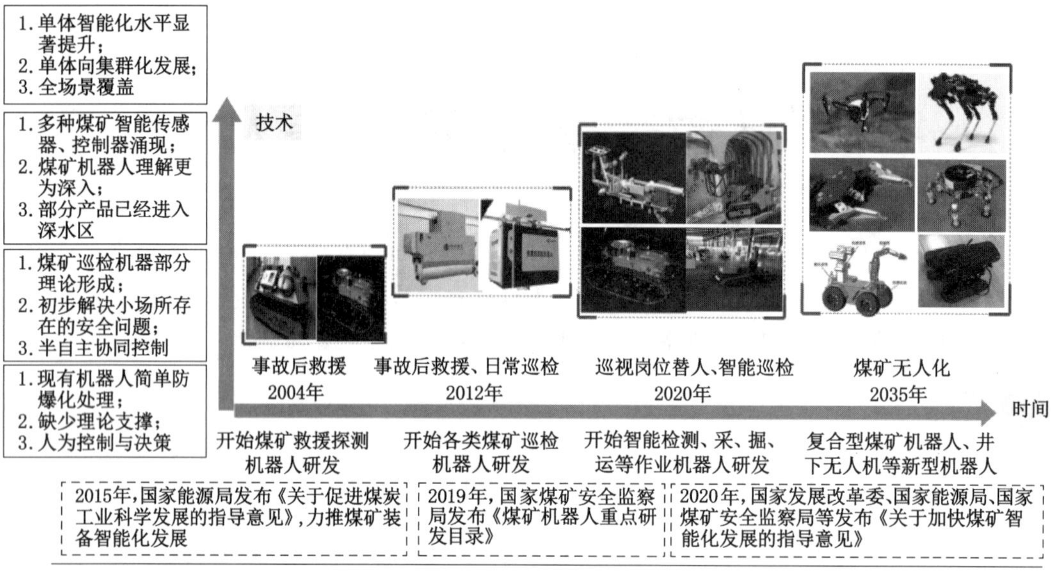

图 5-1　煤矿机器人发展历程

下的属地化长效性应用，亟须全面调动学科及供应链资源，推动煤矿机器人产学研用一体化发展。

5.1.1　煤矿机器人分类

近年来，随着煤矿智能化建设需求愈发旺盛，煤矿机器人作为异军突起的存在而备受人们瞩目，其频繁出现于各种国家扶持政策之中，也极大点燃了人们对煤矿机器人的热情。我国煤矿机器人应用场景范围持续扩展，市场进入蓄势待发的重要时期。2015 年，国家能源局发布《关于促进煤炭工业科学发展的指导意见》，力推煤矿装备智能化发展；2019 年，国家煤矿安全监察局发布《煤矿机器人重点研发目录》，聚焦关键岗位、危险岗位，重点研发应用掘进、采煤、运输、安控和救援 5 类、38 种煤矿机器人，如图 5-2 所示，首次系统全面、科学合理地阐述了煤矿机器人的定义及分类，规范了行业发展，推动了行业进步；2020 年，国家发展改革委、国家能源局、国家煤矿安全监察局等发布《关于加快煤矿智能化发展的指导意见》，加快推进煤炭行业供给侧结构性改革，推动智能化技术与煤炭产业融合发展，提升煤矿智能化水平。

以下摘自《煤矿机器人重点研发目录》5 大类、38 种煤矿机器人介绍。

5.1.1.1　安控类机器人

安控类机器人指面向煤矿特殊任务及环境，具备安全监控能力，可对潜在风险进行预测及评估的机器人。

包括应用在皮带机、变电所、水泵房、回风巷道、煤仓、选煤厂等各场景的巡检机器人、监测机器人和排水机器人等，可以最大限度地避免相关设备的不安全状态，防止恶性事故的发生或在事故发生后尽可能减少损失，保护生产装置稳定运行及人身安全。

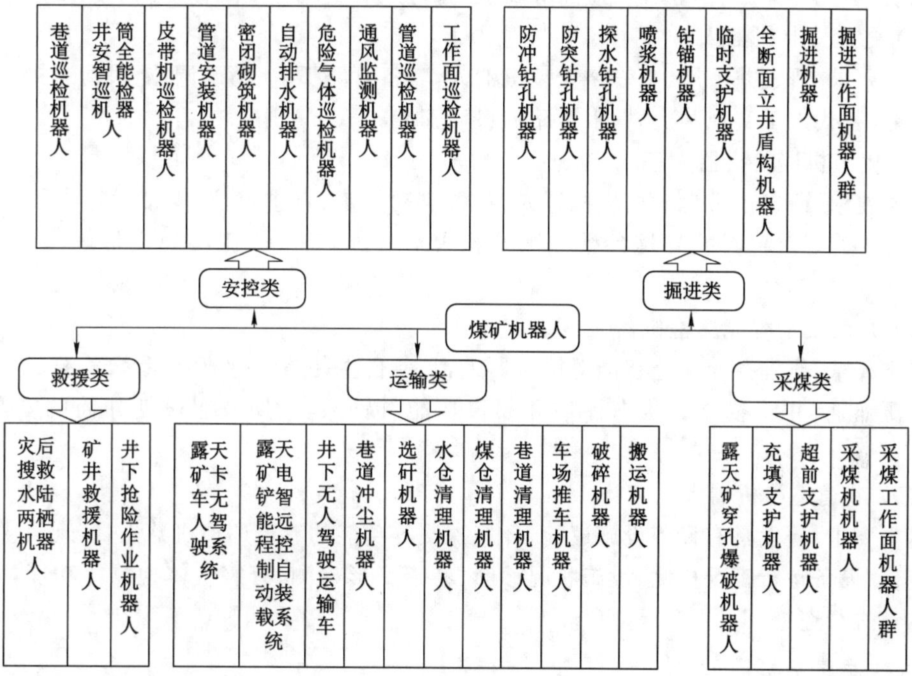

图 5-2 煤矿机器人分类体系

(1) 工作面巡检机器人

基本要求:研发适用于井下采煤工作面作业环境巡检机器人,具备自主移动、定位、图像采集、智能感知、预警、人机交互等功能,实现煤壁、片帮、大块煤、有害气体、温度、粉尘、设备状态等监测。

(2) 管道巡检机器人

基本要求:研发瓦斯、风、水等管道巡检机器人,具备气体测定、管壁检测、缺陷定位、清淤、除垢及封堵等功能,为管道维护、检修及更换提供依据。

(3) 通风监测机器人

基本要求:研发基于巷道断面变化观测的回风巷通风状况监测机器人,具备围岩断面变形判识、积水探测、通风参数采集、智能分析及危险预警等功能,为巷道维护和通风系统调整提供依据。

(4) 危险气体巡检机器人

基本要求:研发井下环境中危险气体巡检机器人,具备复杂巷道自主行走、定位、危险气体浓度与浓度分布检测、环境温度感知、数据处理与预警及人机交互等功能,替代人工巡回检测。

(5) 自动排水机器人

基本要求:研发井下巷道排水机器人,具备复杂地形泵体自主或遥控行走、精准对接、快速接管、自动排水与追水、远程干预等功能,实现巷道涌水的快速排水。

(6) 密闭砌筑机器人

基本要求:研发井下巷道密闭砌筑机器人,具备自动或遥控行走、精确定位、快速掏槽、自动砌筑、填充与抹面、作业环境监测等功能，替代人工实现井下掏槽及砌筑施工。

(7) 管道安装机器人

基本要求：研发井下风、水管路安装机器人，具备管路抓取、精确调位、快速连接、遥控操作等功能，替代人工实现井下风、水管路的自动安装。

(8) 皮带机巡检机器人

基本要求：研发皮带自动巡检机器人，具备自动行走、自主定位、皮带运行参数检测、温度与烟雾感知、煤流监测、环境参数监测及预警等功能，替代人工实现皮带运输的智能化监测。

(9) 井筒安全智能巡检机器人

基本要求：研发井筒安全智能巡检机器人，具备自主井壁爬行、环境参数检测、支护缺陷与危险源识别、井壁裂纹等状态评估和预警功能，提升建设期及服役期井筒的安全保障能力。

(10) 巷道巡检机器人

基本要求：研发具有设备设施巡检、环境探测等功能的巷道巡检机器人，实现自主移动、精确定位、设备运行工况检测、设施状况诊断、巷道变形检测、有害气体检测等功能，替代人工对巷道进行巡检。

5.1.1.2 掘进类机器人

掘进类机器人指专门用于矿山掘进作业的机器人系统，结合了先进的信息化、网络化和智能化技术，可提高掘进效率、安全性和自动化水平。目前，掘进类机器人包括如下类型。

(1) 掘进工作面机器人群

基本要求：研发基于信息化、网络化和智能化技术的矿井掘进工作面机器人群，具备井巷掘进作业设备机群自主决策控制功能，实现工作面掘进、临时支护、钻锚、运输等多机器人高效协同，一键启动、自动掘进。

(2) 掘进机器人

基本要求：研发能够自主决策、智能控制的掘进机器人，具备定位导航、纠偏、多参数感知、状态监测与故障预判、远程干预等功能，实现掘进机高精度定向、位姿调整、自适应截割及掘进环境可视化。

(3) 全断面立井盾构机器人

基本要求：研发面向煤矿建井工程的全断面立井盾构机器人，具备自主掘砌与迈步、矿井围岩与环境感知、模板与撑靴等设备状态监测及自动调控等功能，实现立井全断面机器人化掘进。

(4) 临时支护机器人

基本要求：研发掘进巷道围岩状态智能感知、自主移动定位临时支护机器人，具备支撑力自适应控制、支护姿态自适应调控、多架协同及远程干预等功能，确保掘进巷道临时支护及时可靠，提高掘进效率及安全性。

(5) 钻锚机器人

基本要求：研发由锚杆机、锚杆仓及智能控制系统组成的钻锚机器人，实现锚杆间排距自动定位、机单元自动或遥控行走、钻孔、锚固剂填装、锚杆装卸、锚杆锁紧等功能，满足井下巷道的快速支护要求。

(6) 喷浆机器人

基本要求：研发集成行走、扫描、泵送、配料、搅拌及喷射等工序的喷浆机器人，具备巷道复杂作业区域的快速扫描、空间建模、网架识别、喷射区域智能划分、臂架运动智能控制及喷射路径智能规划等功能，实现井下巷道喷浆支护自动作业。

(7) 探水钻孔机器人

基本要求：研发自主或遥控移机、精确定位及自动装卸钻杆的探水钻孔机器人，具备自动调整钻姿、智能钻孔规划、钻孔定位、自动纠偏钻进、孔口防喷、钻屑参数与钻孔水情实时监测及遥控作业功能，提高探水钻孔施工的精度。

(8) 防突钻孔机器人

基本要求：研发自主或遥控移机、精确定位及自动装卸钻杆的防突钻孔机器人，具备自动调整钻姿、智能钻孔规划、钻孔定位、钻进速度与瓦斯压力自适应、钻孔轨迹与孔口环境瓦斯浓度实时监测、自动防喷孔及遥控作业功能，提高防突钻孔施工安全性。

(9) 防冲钻孔机器人

基本要求：研发自动上下钻杆、遥控操作的防冲钻孔机器人，具备自主或遥控移机、精确定位、自动调整钻姿、智能钻孔规划、钻孔定位、自适应钻进、钻屑参数与地压实时监测及遥控作业功能，实现高地应力环境下大孔径防冲钻孔施工自动化。

5.1.1.3　采煤类机器人

采煤类机器人指专门设计用于煤矿开采的机器人系统，旨在提高采煤效率、减少人力投入以及增强作业安全性。目前，采煤类机器人主要包括以下种类。

(1) 采煤工作面机器人群

基本要求：研发适合煤矿复杂地质与环境条件的采煤工作面机器人群，具备采煤工作面设备机群自主决策控制、煤岩界面的自主识别等功能，实现工作面采煤机、刮板输送机、液压支架、转载机及超前支架等设备自主运行、多机协同联动作业。

(2) 采煤机机器人

基本要求：研发能够自主决策、智能控制的采煤机机器人，具备精准定位、采高检测、姿态监测、远程通信控制、煤岩识别、状态监测与故障预判、可视化远程干预等功能，实现采煤机自主行走、自适应截割及高效连续运行。

(3) 超前支护机器人

基本要求：研发巷道围岩智能感知、自主移动超前支护机器人，具备支撑力自适应调整、支护姿态控制、多机协同及远程干预等功能，确保采煤工作面推采过程中巷道稳定，提高开采效率及安全性。

(4) 充填支护机器人

基本要求：研发用于工作面充填区支护与充填一体化的机器人，具备输料和充填过程实时监控、充填率自动判别及充填体形态自动识别等功能，实现可靠支护条件下的自主充填作业，确保充填率和质量符合要求。

(5) 露天矿穿孔爆破机器人

基本要求：研发适用于露天开采的穿孔爆破机器人，具备爆破系统三维模拟、孔位自动定位、孔深自动检测、穿孔过程远程控制与监测等功能，实现露天矿爆破作业无人化。

5.1.1.4 运输类机器人

运输类机器人包括应用在井下巷道、煤仓、水仓、选煤厂等各场景的搬运机器人、巷道清理机器人、煤仓清理机器人、水仓清淤机器人、巷道冲尘机器人和选矸机器人等，可以完成各类辅助作业，减轻工人劳动强度，提升工作效率。

(1) 搬运机器人

基本要求：研发矿用物料自动识别、抓取、搬运和码放机器人，具备物料识别定位、路径规划、自主移动、安全避障及远程干预等功能，实现生产物料的按时、按需搬运，提高搬运效率。

(2) 破碎机器人

基本要求：研发工作面大块煤岩体破碎或人工构筑物破除机器人，具备机动能力、破碎目标自动辨识、定位、闭锁、破碎及效果评判等功能，实现精准、高效破碎作业。

(3) 车场推车机器人

基本要求：研发车场推车作业机器人，具备矿车位置及数量识别、运行方向判断、自主规划摘挂钩及推车动作、安全闭锁确认等功能，实现车辆的摘挂钩分离及推车作业机器人化。

(4) 巷道清理机器人

基本要求：研发具有刷帮、起底、破碎、铲装功能的巷道清理机器人，实现自主或遥控移机、巷道变形快速检测、精确定位作业位置、变形巷道修复及评测等功能，提升巷道清理工作效率。

(5) 煤仓清理机器人

基本要求：研发储煤筒仓自动化清理、疏通机器人，具备蓬煤、粘壁、冻煤趋势预判及目标识别、清理等功能，安全有效地替代人工解决落煤不畅和煤仓阻塞难题。

(6) 水仓清理机器人

基本要求：研发水仓煤泥自动挖掘、脱水、运输机器人，具备煤泥自动清挖、自动输送、固液分离、煤泥块装运等功能，实现水仓煤泥及时、高效清理。

(7) 选矸机器人

基本要求：研发运输过程中矸石及其他非煤杂物智能分拣机器人，具备目标破碎、自动识别、精确定位、快速选拣、分类投放等功能，实现煤矸高效分离。

(8) 巷道冲尘机器人

基本要求：研发巷道冲洗降尘机器人，具备自主行进、巷道煤尘量自动检测、自主规划冲洗作业流程、自适应设定冲尘参数及环境监测等功能，替代人工对巷道进行自动冲洗。

(9) 井下无人驾驶运输车

基本要求：研发煤矿井下无人驾驶运输车，具备精确定位、安全探测、自主感知、主动避障、自动错车、风门联动等功能，实现井下运输车无人化驾驶。

(10) 露天矿电铲智能远程控制自动装载系统

基本要求：研发露天矿电铲智能远程控制自动装载系统，具备矿区环境感知与三维重现、无线通信与远程监控、自动装车对位、移动铲位、故障智能识别与报警等功能，实现露天电铲作业智能化与无人化。

(11) 露天矿卡车无人驾驶系统

基本要求：研发适用于露天煤矿的运输卡车无人驾驶系统，具备远程无线通信、GPS定位、自主行走、导航避障、装载自动识别等功能,实现矿用卡车的无人驾驶和卡车车队的智能调度。

5.1.1.5　救援类机器人

救援类机器人是指可替代救援人员进入煤矿灾害区域进行环境探测和救援任务的煤矿救援机器人。

(1) 井下抢险作业机器人

基本要求:研发巷道塌方、堵塞等狭小空间快速抢险救援作业机器人,具备自主行走、精确定位、井下环境识别、挖掘、钻扩、运送、远程遥控等功能,实现抢险作业无人化。

(2) 矿井救援机器人

基本要求:研发适用于煤矿井下水、火及瓦斯灾后救援机器人,具备自主行走、导航定位、被困人员生命探测、音视频交互、紧急救护物资输送等功能,实现灾后的恶劣环境被困人员自主搜寻。

(3) 灾后搜救水陆两栖机器人

基本要求:研发灾后搜救水陆两栖机器人,具备 GPS 拒止环境下导航定位、陆基自主或遥控巡检、透水事故后水下航行器自动分离、被困人员搜索等功能,实现透水事故后井下快速搜救。

5.1.2　煤矿机器人发展现状

5.1.2.1　国外煤矿机器人发展现状

欧美国家对于煤矿机器人的研究相对较早,20 世纪 80 年代开始,美国相关科研团队就依托计算机技术、远程控制技术,对煤矿环境下机器人运行机理以及结构特性进行了深度研究,研发出矿井支护机器人、凿岩机器人等。以煤矿防爆机器人为例,作为矿井救援的主体,防爆机器人能够完成对事故区域爆炸气体浓度、温度湿度等环境参数的有效采集,为后续救援工作的开展提供方向性引导。以美国 Remotec 公司设计研发的 V2 防爆巡检机器人(图 5-3)为例,为满足井下救援的要求,设计人员在防爆巡检机器人内部安装了全球定位系统、图像采集装置、气体传感器等,并通过远程控制装置在1 500 m 的范围外对 V2 防爆巡检机器人进行遥控。利用 V2 防爆巡检机器人,救援人员能够有效获取事故发生区域的基本情况以及图像信息,无形之中,提升了救援工作的有效性以及救援方案制定的合理性。同时考虑煤矿爆炸可能给防爆巡检机器人带来的损伤,工作人员为保证机器人的防爆属性,采取整体防爆与局部防爆设计相结合的方式,对主要电气设备进行整体防爆设计,对摄像机、气体传感器等则采取局部防爆措施,防爆效果得到显著提升。

图 5-3　V2 防爆巡检机器人

目前,国外煤矿智能化技术和装备在单机性能、可靠性、系统配套性、完整性和标准化等方面处于领先水平。但由于国外开采的煤层地质条件比较简单、稳定,多为露天矿,煤矿开采环境状态的变化超出装备适应能力的情况均为小概率事件,因此智能开采环境和装备自身的状态及变化信息基本上是独立的，并没有将环境的主要信息用于开采过程的控制，两者的融合需求并不是特别迫切。国外针对掘进类机器人、喷浆机器人、采煤机器人、搬运机器人、巷道清理机器人以及无人驾驶车辆等关键技术展开了较为深入的研究，部分机器人已经满足实际的需要，但防爆设计和等级与我国安标还有较大的差距，难以直接应用在我国井下作业环境。救援机器人方面国外技术较为成熟，已有多种履带式、仿生类机器人在爆炸、辐射、火灾等环境下进行应用。且国外在智能感知元器件、控制器方面处于领先地位，包括激光雷达、超宽带定位、惯导、超声波传感、光电编码、毫米波雷达、微光环境视觉、粉尘烟雾可穿透红外视觉等。

5.1.2.2　国内煤矿机器人发展现状

近年来，国有大型煤炭企业、煤机制造企业、相关科研机构相继在煤矿机器人领域投入资金积极进行研发与应用。“十三五”以来，随着“矿山安全生产物联网关键技术与装备研发”等多项研究内容和关键技术涉及煤矿机器人的国家重点研发计划立项实施，各类煤矿机器人及其相关技术得到了大力推进。但煤矿机器人减人换人作业是一个系统工程，总体而言，国内煤矿机器人研发应用仍处于起步阶段，目前尚未研发出成熟的煤矿机器人成套技术与装备，无法真正实现井下多工种、全安全岗位的无人(少人)化总体目标。由于煤矿井下环境的复杂性和特殊性，相关科研成果距离现场大面积推广应用还有一段距离，关键技术还需要进一步集中力量研发攻关，成套装备性能及运行可靠性还需要依托产、学、研、用协同创新机制的努力进一步提升。

我国安控类机器人中绝大部分巡检类机器人现已较为成熟，运动机构覆盖绝大部分场景，能够进行环境感知和遥操作，可实现短距离自主巡检与人工决策，可靠性大幅提升，相较国外的井工矿定点监测更加灵活和智能化。采煤、掘进、运输三类中，如采煤机、掘进机等重型装备处于国际领先水平，其余搬运机器人、巷道清理机器人等作业类机器人应用虽还未成熟，其作业单元仅适用于良好环境作业工况，能够进行环境感知，需要人工操作，不能实现自主作业，但现在正在应用的产品已经能够满足我国井下防爆和安标的硬性要求，因此，在该项指标上强于国外产品。救援类机器人多为履带式，可满足防爆、环境感知和遥操作要求，技术水平略低于国外；在仿生类机器人领域，负重等级和运动性能方面略低于国外产品，且不能达到防爆要求。五大类煤矿机器人如图 5-4 所示。

(a) 安控类——巡检机器人　(b) 掘进类——喷浆机器人　(c) 采煤类——爆破机器人

图 5-4　五大类煤矿机器人

(d) 运输类——破碎机器人

(e) 救援类——矿井救援机器人

图 5-4(续)

煤矿机器人在国内的应用环境与国外截然不同，我国在煤矿机器人领域已另辟蹊径走出一条符合我国煤矿场景特点的道路。虽然在多个种类上煤矿机器人领域已取得国际领先的成绩，但煤矿井下应用场景依然没有实现全覆盖，在控制器、传感器等核心元器件方面依然与国外有着一定的差距，而这些元器件是煤矿机器人实现智能化的必要零部件。因此，应加强对制约煤矿机器人向更多应用场景进军的关键技术的研发及关键传感器件的研制。

5.2　煤矿机器人应用解析

煤矿灾害重、风险大、下井人员多、危险岗位多，研发应用煤矿机器人有利于减少井下作业人数、降低安全风险、提高生产效率、减轻矿工劳动强度，有利于解决煤矿招工难等问题。研发应用机器人能够从根本上化解煤矿安全风险，推动煤炭行业实现高质量发展，是煤矿安全生产的需要，是新时代煤炭生产领域的一场“革命”。自原国家煤矿安全监察局大力推动煤矿机器人研发应用工作以来，煤炭行业、科研机构和制造企业基本形成了研发应用机器人、加快发展智能装备的共识，研发应用的自觉性进一步增强，这对推动煤炭开采技术革命、实现煤炭工业高质量发展、保障国家能源安全供应具有重要意义。

从整体上看，煤矿企业对《煤矿机器人重点研发目录》发布的 38 种机器人均有应用需求，但由于前期研究基础、当前技术水平和井下作业环境的不同，各类煤矿机器人的研发进程略有差异。通过调研，大体可以将煤矿机器人研发应用进展分为 3 个层次：第一层次为安控类机器人，包括皮带巡检、变电所巡检、工作面巡检等固定场所安控类机器人应用已基本成熟，且拥有较多应用场景，在张家峁、巴拉素、大柳塔、潘集、王坡等煤矿企业已开展较多巡检机器人现场应用；第二层次为大型辅助作业类机器人智能化改造，诸如抓管机器人、巷道修复机器人、选矸机器人等基于矿用大型装备本体、外加各类感知单元及控制单元，实现智能化升级改造；第三层次为不成熟机器人或称之为即将研发的机器人，主要针对救援类机器人或其他特殊场景难以快速研制对应机器人，当前主要开展了科研性质的技术探索，在未来 3～5 年将拥有较显著应用。

5.2.1 安控类机器人成熟应用

5.2.1.1 安控类机器人类别

安控类机器人发展较早,技术复杂度相对较低、技术成熟度相对较高,且已进行了大量应用。诸如神南矿区、榆神矿区、榆横矿区等的多家煤矿企业应用皮带机、变电所、选煤厂等场景巡检机器人,主要替代瓦检员等相关巡检人员,从而降低了劳动强度,提升了巡检效率及巡检精度。

安控类机器人种类如表 5-1 所示。

表 5-1 安控类机器人种类

序号	应用场景	机器人名称	实现方式
1	皮带机	皮带机巡检机器人	挂轨式(工字钢、圆钢、角钢)
			牵引式(钢丝绳)
2	变电所	变电所巡检机器人	挂轨式
			轮式
			履带式
3	水泵房	水泵房巡检机器人	挂轨式
			轮式
			履带式
4	煤仓	煤仓巡检机器人	挂轨式
5	选煤厂	选煤厂巡检机器人	四足式
			轮腿式
6	电缆沟	电缆沟巡检机器人	仿生蛇形
			履带式
7	巷道	巷道巡检机器人	轮式
			履带式
8	回风巷	回风巷巡检机器人	钢丝绳牵引式
9	巷道积水处	排水机器人	轮式
10	露天矿、井下	飞行机器人	旋翼

5.2.1.2 安控类机器人产品特点

① 行走方式多样。安控类机器人能够适用于多场景、不同地质结构、不同检测距离的巡检和监测,可提供挂轨式、轮式、履带式、仿生式、轮腿式解决方案,因地施策,灵活选择解决方案。

② 采用模块化设计。安控类机器人每一部分都具有独立功能,具有一致的几何连接接口和一致的输入、输出接口的单元;相同种类的模块在产品族中可以重用和互换;相关模块的排列组合就可以形成最终的产品,可灵活组装,快速实现不同功能要求。

③ 采用高安全性矿用零件,确保机器人具有高可靠性。打造主控箱防爆单元、无线通

信防爆单元、高密度电池防爆单元和智能感知防爆单元，实现矿用关键零部件的全防爆处理，确保机器人在井下运行时的高可靠性。

④ 可实现巡检频次科学规划以及保证采集数据样本量具有参考性。机器人的自行走功能和长续航能力保证机器人能够完全配合巡检工艺、巡检频次要求，实现更加科学的巡检模式；机器人完成巡检后即可生成各类数据，并能够存储大量数据样本，便于分析决策。

⑤ 可提供上位机软件，实现精准数据分析和远程控制管理。可根据现场实际情况进行上位机软件设计，实现传感仪表层、数据采集层、PC 终端层、驱动机构层、动作执行层的层层联动，并具备在线监测、数据查询、报表生成与统计分析等功能，实现精准的数据分析和远程控制管理。

5.2.1.3　安控类机器人应用解决方案

机器人本体设计、机器人供电解决方案、机器人智能监测解决方案及通信和控制解决方案，通过信息采集单元（红外避障传感器、图像采集装置、气体检测传感器、温湿度传感器、噪声采集装置等）、无线信息传输模块等实现全自动化。传感器采集的信息以友好的人机交互界面进行呈现，上位机将获得的数据进行特征处理（数据存储、特征提取），若判别带式输送机发生故障，即显示相关告警信息（故障类型、故障位置），实现故障报警、报表生成等效果。机器人整体架构解决方案如图 5-5 所示。

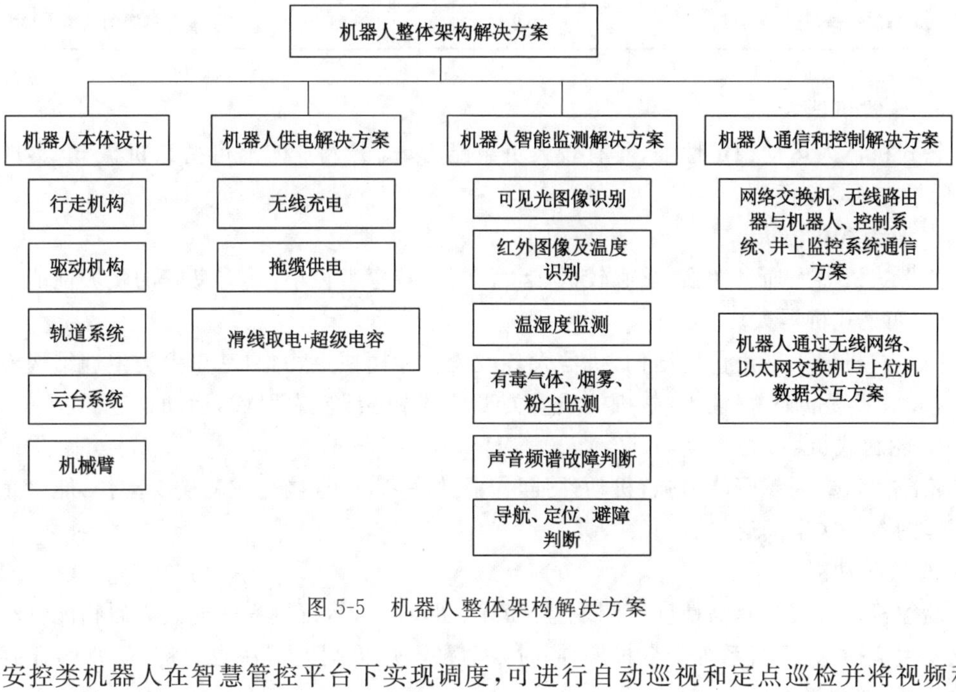

图 5-5　机器人整体架构解决方案

安控类机器人在智慧管控平台下实现调度，可进行自动巡视和定点巡检并将视频和检测数据实时传输到本地工作站中。前端部署智能巡检机器人；后端部署智慧管控平台，远程访问本地工作站上的各类视频和检测数据，根据用户角色、权限以及隶属机构等进行实时预警、示警及处警。软件平台还可以对各类数据进行统一的存储和记录，便于数据的汇总分析及决策。

(1) 功能详述

① 自行走功能

机器人按行走方式可分为挂轨式、轮式、履带式、四足式、轮腿式等类型，都具备自主行走功能。机器人供电解决方案可分为三种，分别为无线充电、拖缆供电、滑线取电＋超级电容。其中，无线充电方式在轨道一侧安装固定充电桩，机器人行走至充电桩有效范围内即可进行充电，此方式不需要机器人停机充电，可保证机器人运行时间，大大提升工作效率；拖缆供电方式可靠性强，在短距离工作时可优先选择。机器人通信方式为：电池管理系统及运动控制系统使用CAN数据总线及RS485数据总线；与上位机通信一般使用以太网总线，使用TCP/IP协议，在TCP上层自定义通信协议。

a. 挂轨式机器人。

挂轨式机器人在轨道上实现自行走。根据形状不同，轨道可分为工字钢/角钢轨道、圆钢轨道和钢丝绳轨道。三种不同轨道适用于不同巡检场合，用户可根据实际情况予以选择，如表5-2所示。

表5-2 挂轨式机器人三种轨道形式

工字钢/角钢轨道	圆钢轨道	钢丝绳轨道
大负重，适用于中、短距离巡检	适用于中、长距离巡检	适用于中、长距离巡检
可升降，空降探测能力强	轨道及施工成本低	轨道及施工成本低
轨道稳定性高，负载能力强	可连续越障	可适应一定的巷道变形

b. 轮式机器人。

轮式机器人运动稳定性强，具有较大负载能力，机器人本体上可搭载机械臂，实现远距离、狭小空间巡检探测。

c. 履带式机器人。

履带式机器人通过性强、重心较低、运行平稳，转弯半径小，具有良好的爬坡性能。

d. 四足式机器人。

四足式机器人采用仿生结构，机器人各肢段尺寸模拟生物狗，基于犬类生理结构模拟各种步态，腿部质量轻、惯性小，整机的质量关于身体中心线左右对称，运动稳定。

e. 轮腿式机器人。

轮腿式机器人越野能力强，机动性强，作业效率高，可直接完成爬楼梯动作，能够完成选煤厂等的多层次空间巡检。

② 避障功能

巡检机器人安装有高精度探测装置（激光、超声波），运行过程中遇到障碍物能自动停车防止发生碰撞，并进行系统安全报警，同时闪动警示灯提醒人员注意，待障碍物移开后继续巡检任务，如图5-6所示。

③ 环境智能感知功能

基于携带的环境监测模块，包括温湿度传感器、红外温度传感器、声音传感器、烟雾传感器、危险气体传感器等，巡检机器人能够监测巡检现场的气体（O_2、CO、CH_4）浓度、温度、湿度、烟雾粉尘等环境信息。巡检机器人实时采集的环境信息能实时传输到后台管理系统中，从而为操控人员提供现场环境信息。环境感知系统如图5-7所示。

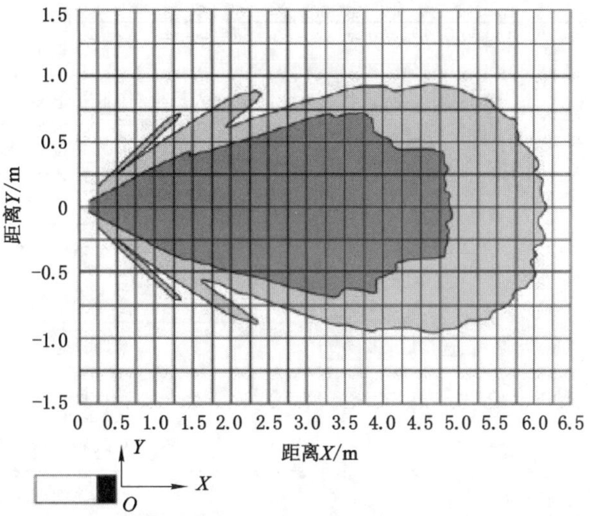

图 5-6　超声波避障覆盖区域

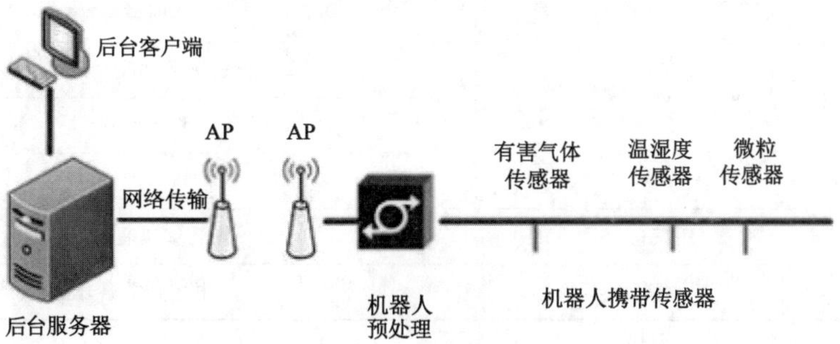

图 5-7　环境感知系统

④ 智能自主决策功能

智能自主决策功能汇总如表 5-3 所示。

表 5-3　智能自主决策功能汇总

序号	场景	图像识别功能
1	皮带巡检	皮带异物检测
		皮带跑偏检测
		皮带撕裂、啃咬、断带检测
		皮带、托辊异常温升检测
		人员检测(非法进入、未戴安全帽等)
		托辊掉落识别

表 5-3(续)

序号	场景	图像识别功能
2	变电所、水泵房、选煤厂	人员检测(非法进入、未戴安全帽等)
		开关位置识别
		仪表读数(电子、模拟)、指示灯状态
		铭牌检测
		设备温度异常检测
		消防设施缺失检测
		设备外观检测
		蝶阀位置检测
		水池液位检测
		液位计检测
		漏水检测
3	回风巷道	实时监控
		仪表读数(电子、指针)
		积水检测
		巷道断面检测
4	煤仓	煤仓壁裂痕、磨损
5	电缆沟	电缆异常温升

a. 皮带异物识别。

通过摄像头获取皮带运行时的视频流数据，利用边缘算子分割图像中的物体，再对分割后物体的轮廓、大小、形态进行分类，识别出异物(如金属件、体积较大的石块等)，在视频流中进行标注，并在系统中进行报警；通过与皮带机速度数据的共享，可实时提示异物的位置，如图 5-8 所示。

(a)

(b)

图 5-8　皮带异物识别

b. 皮带跑偏识别。

巡检机器人通过监测皮带边缘与机架边缘的距离，实现对皮带跑偏的检测，若距离超出设定值，则认定皮带跑偏，机器人系统报警，如图 5-9 所示。

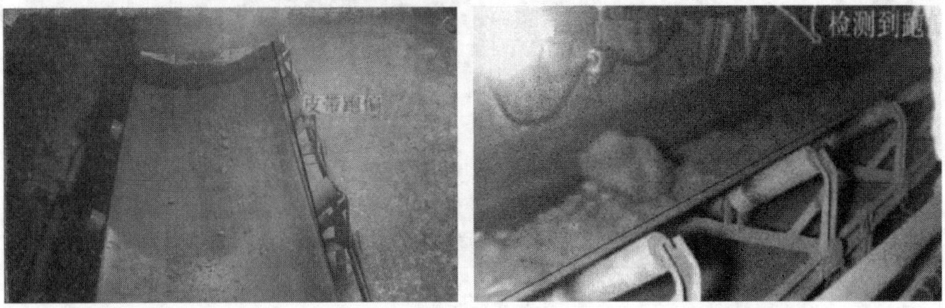

(a)　　　(b)

图 5-9　皮带跑偏识别

c. 托辊识别。

机器人采集皮带机上的托辊图像，记录所有托辊的位置信息。在皮带机工作过程中，机器人每次巡检都采集托辊的图像，与初始采集的图像做对比，判定托辊是否掉落。若发现有托辊掉落的情况，则机器人系统报警，并提供异常位置信息，工作人员进行检修，如图 5-10 所示。

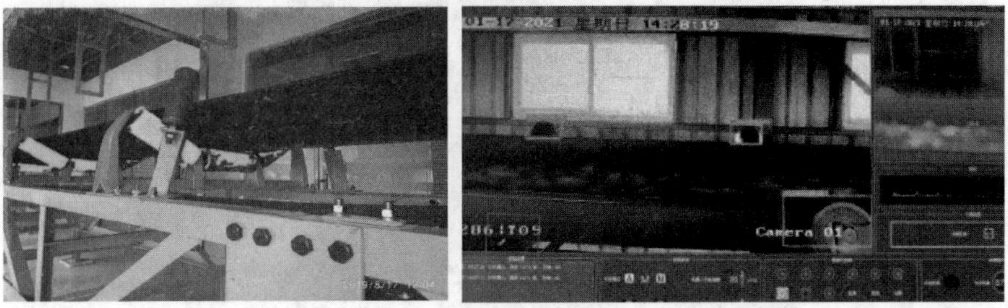

(a)　　　(b)

图 5-10　托辊识别

d. 设备外观检测及轮廓识别。

外观检测：机器人运行到设备前，获取试验图像，先对图像进行预处理，增强图像的特征信息；考虑设备的颜色信息比较突出，将图像转换到 HSV 空间下，提取图像的颜色信息，分别记录设备的 HSV 三通道信息；设定阈值，将三通道信息分别与阈值相比较，若三通道信息超出阈值范围，认为该设备存在破损情况，否则认为设备外观完好。

轮廓识别：同样，机器人运行至设备前，获取试验图像，首先对输入图像做预处理，通用的方法是采用较小的二维高斯模板做平滑滤波处理，去除图像噪声，采用小尺度的模板是为了保证后续轮廓定位的准确性，这是因为大尺度平滑往往会导致平滑过度，从而使边缘模糊，会大大影响后续的边缘检测；其次对平滑后的图像做边缘检测处理，得到初步的边缘响应图像，其中通常会涉及亮度、颜色等可以区分物体与背景的可用梯度特征信息；最后对边缘响应图像做进一步处理，得到更好的边缘响应图像，从而得到可以作为轮廓的边缘图像。设备外观检测与轮廓识别如图 5-11 所示。

(a) (b)

图 5-11 设备外观检测与轮廓识别

e. 电闸及阀门开合识别。

基于图形图像识别技术对单照片多闸阀开度识别的方法，将所有型号的闸阀手柄特征录入程序中，作为参照图片；使用单照片多闸阀开度识别技术对靶定区域进行截图；采用单照片多闸阀开度识别系统对截图进行识别对比；对数据库进行搜索，自动识别并配对符合的闸阀开度，如图 5-12 所示。

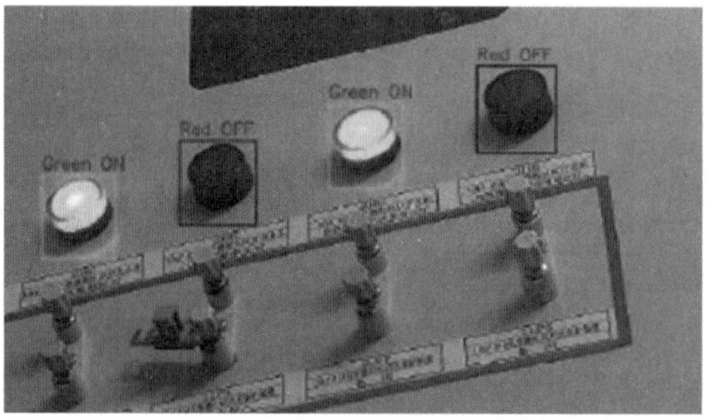

图 5-12 电闸及阀门开合识别结果

f. 人员识别。

通过图像识别算法，可以实现对人员的精确检测、跟踪，实现对人体检测分析识别，实时预警周界区域人员入侵事件。当有可疑人员进入监测范围内时可对其自动识别，即对其抓拍并将图像传输到管理中心，在管理中心输出报警信号。

利用边缘计算器实时分析视频流，通过精密的计算识别准确判定人员是否有违章作业、未佩戴安全帽等行为，巡检机器人会自动发出语音警报，并会自动保存违章时间、地点及相应的照片信息，如图 5-13 所示。

g. 巷道断面扫描。

机器人搭载激光雷达，通过在煤矿巷道内进行定期巡检，扫描其轮廓变化情况，形成巷道三维模型；通过对比不同时间巷道三维模型，当发现有较大形变产生时进行报警，为巷道安全稳定提供保障，如图 5-14 所示。

h. 积水识别。

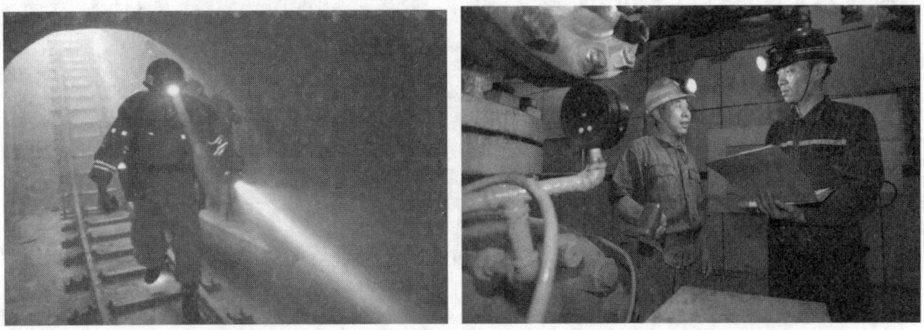

(a) (b)

图 5-13 人员识别

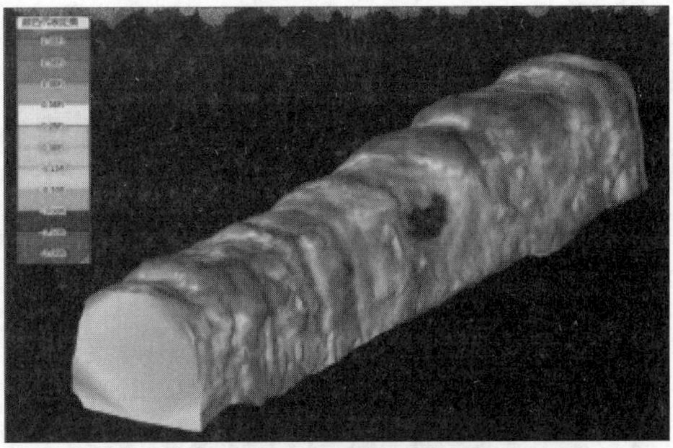

图 5-14 巷道断面扫描

机器人进行视频流的采集，通过视频解码模块将实时视频解码，基于机器图像识别技术的深度学习原理实时分析道路积水，如图 5-15 所示。

图 5-15 积水识别

i. 机器人自主分析功能。

机器人在采集数据后能够对数据进行自主分析，具备对采集到的声音信息进行异常判断，对管道是否漏水进行判断，对人员违规行为作出分析，对设备读数、控制开关、阀门关闭等异常进行报警，对皮带跑偏、撒料、打滑、磨损、异物等信息进行分析并报警等功能。在遇到障碍物时机器人可进行系统安全报警，同时闪动警示灯提醒人员注意，在障碍物移开后继续巡检任务，如图 5-16 所示。

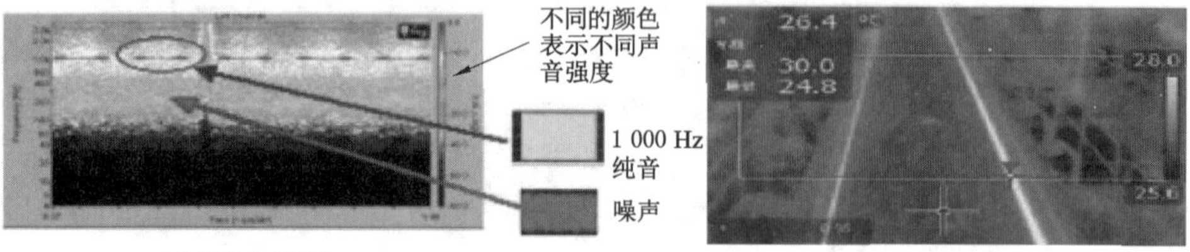

(a) 异常声音采集　　(b) 高温报警

图 5-16　机器人自主分析功能

j. 机器人自检功能。

机器人上电后分别读取内部系统各个子模块状态信息，判断各子模块工作是否正常，并通过语音播放器播报机器人自检状态信息，存在任意异常状态机器人显示器将自动跳转故障页显示故障内容，警示灯将处于闪烁状态，并通过无线路由器将自检信息和故障信息上传至井下防爆计算机调度系统显示，经井下环网系统传至井上监控软件显示，如图 5-17 所示。

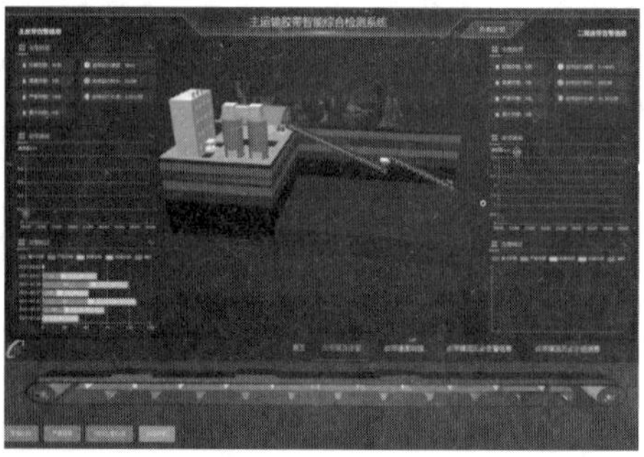

图 5-17　井上监控软件

k. 机器人自主决策功能。

目前已有的机器人决策技术可以分为两类：反应式和审慎式。它们都具备感知外部状态变化的感应器和实施行为的效应器。因此，针对高维环境状态空间下的机器人决策问题，设计并实现了一种基于强化学习的机器人决策学习算法。针对机器人决策问题，基于强化学习的思想对其进行了抽象，机器人通过与环境持续的交互进行自主决策。针对环境状态空间探索过程中存在的盲目性和重复性问题，采用一种基于示例数据的环境状态空间探索算法，实现决策精简。AI 深度学习如图 5-18 所示。

(2) 典型应用案例

① 淮南顾桥煤矿变电所巡检机器人应用案例

淮南顾桥煤矿井下变电所长度 88 m，其中低压柜区域 32 m、高压柜区域 56 m；变电所低压侧宽 4.3 m(其中行人侧宽 1.47 m)，高压侧宽 7.2 m(其中行人侧宽 2.3 m)；配电开关 85 台，其中低压 38 台、高压 45 台、移动变压器 2 台；每台设备均分配独立的 IP 地址；充电器和交换机位于变电所尾部，安置于支架上，能够提供 127 V 电源。地面材质为绝缘胶皮盖

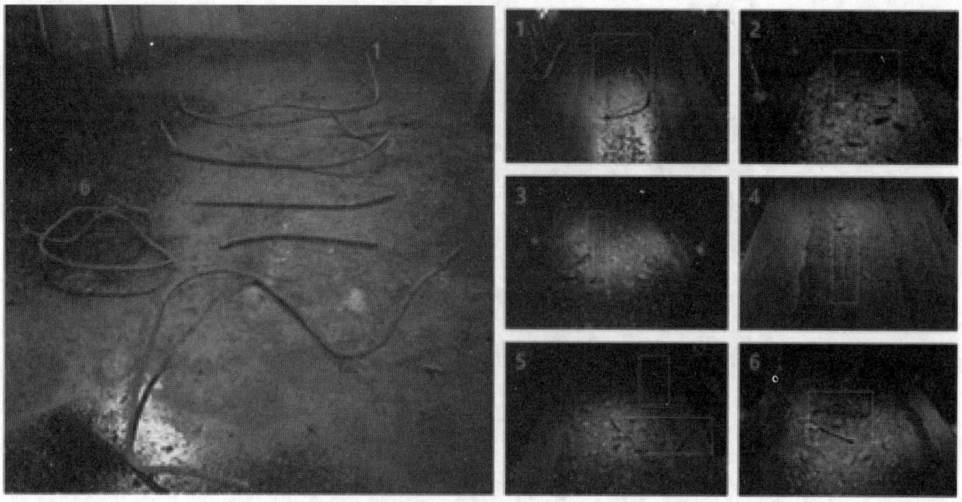

(a) (b)

图 5-18 AI 深度学习

板。受到时间影响和地面平整度影响,盖板有破裂和不平情况。变电所日常巡检工作仍由人工完成。

根据变电所的实际特点,中煤科工集团沈阳研究院有限公司设计机器人巡检路线如图 5-19 所示,采用 L 形巡检路线,从一侧电气设备旁边通过,完成该侧电气设备的巡检,之后到达另一侧电气设备,进而完成两侧电气设备的巡检任务,如图 5-19 所示。

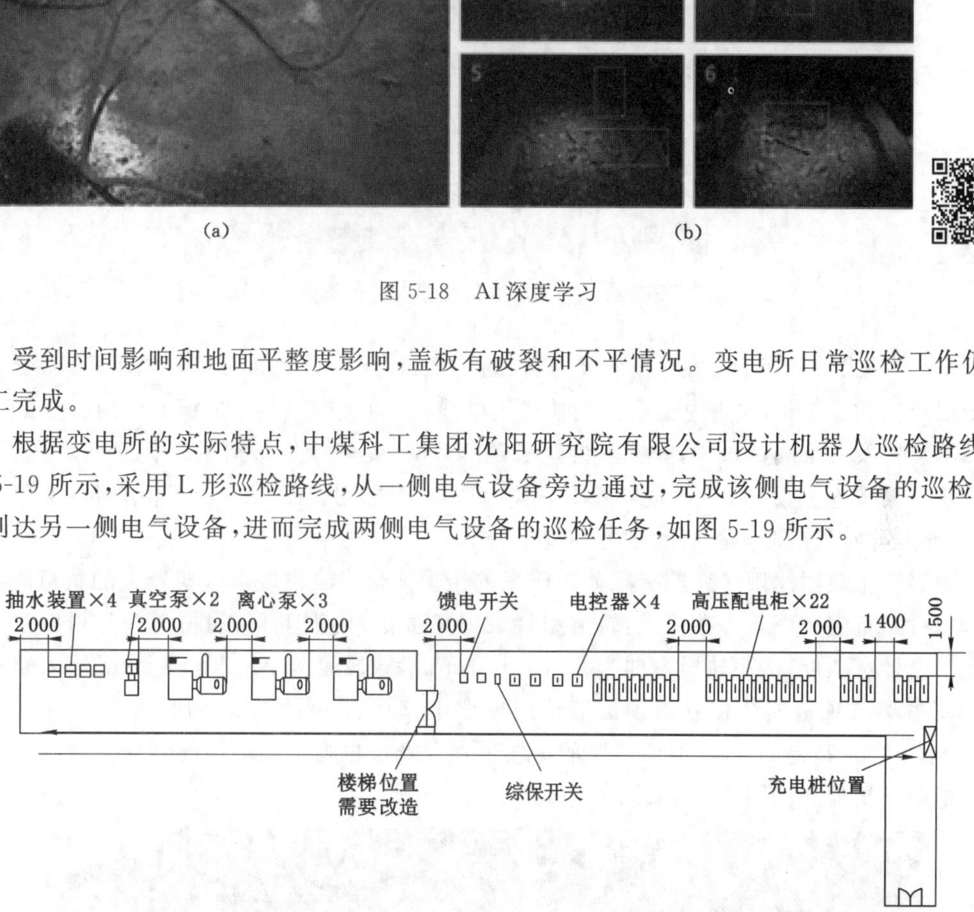

图 5-19 变电所巡检轨迹规划

变电所巡检机器人搭载红外热像仪、多参数气体传感器、拾音器、可见光摄像仪等多种智能传感器,实现实时采集、存储、传输现场的图像、声音、温度、烟雾、甲烷浓度等数据,通过数据分析,判断设备故障及故障位置,完全替代人工巡检,从而降低风险,提升井下中央变电所的智能化管理水平。机器人现场作业如图 5-20 所示,实现了变电所内环境、人员监控,实现了所有配电柜显示状态及数据的有效识别,实现了与机电设备的智能联动,并进行后台数据储存和分析。

② 蒙大煤矿主运皮带巷道钢丝绳牵引自发电巡检机器人应用案例

蒙大煤矿主运皮带巷道为矩形平巷,巷道宽约 4.6 m、高约 4 m,皮带宽度 2.04 m、高度

图 5-20 变电所巡检机器人现场作业

1.6 m。$4^{\#}$联络巷至$7^{\#}$联络巷施工段，全长约 300 m，行人侧上部布置有风水管路，管路距皮带架距离约 1.7 m，皮带内侧巷上悬挂矿用电缆，空间狭小。巷道顶板安设两组全断面防尘喷雾装置及一组隔爆水棚，隔爆水棚全长约 30 m。受限于皮带机的工作空间，工人进行皮带机日常安全监测时，劳动危险系数高、强度大，而采用传感器等定点检查时，覆盖不全面，会导致异常发生时不能有效进行预警报警。

中煤科工集团沈阳研究院有限公司研发的钢丝绳牵引自发电巡检机器人的轨道能够防锈、防腐蚀，且满足以下参数要求：轨道型材采用高强度 H 型钢，可以拼接，并且可以根据现场地形设计弯曲度；最小轨道弯曲半径 $R=1.5$ m；承载质量为 200 kg 以上；机器人轨道通过专用吊架或锁链安装在巷道顶部墙体或横梁上，轨道吊架的安装间距为直轨 2 m 安装 1 套，弯轨 1 m 安装 1 套，弯道中需要的弯轨可在现场根据弯道实际情况制作。钢丝绳牵引自发电巡检机器人如图 5-21 所示。

(a)

(b)

图 5-21 钢丝绳牵引自发电巡检机器人

钢丝绳牵引自发电巡检机器人应用于蒙大煤矿主运巷道皮带机系统。针对皮带机的使用工况和巡检要求，研究突破电源模块自管理及自灭弧技术、防爆升降云台技术等关键技术，完成钢丝绳自行走巡检机器人状态感知及智能控制系统、充电管理系统、通信系统等分系统开发。现场应用表明，该机器人可以代替巡检人员对皮带机进行有效巡检，能够及时发现皮带机运行过程中可能出现的各种问题，从而避免事故的扩大，大大缩短皮带机的非正常停机时间。

③ 上湾选煤厂仿生四足式巡检机器人应用案例

上湾选煤厂共有 120 余台工作设备，每班设有 6 名岗位工，岗位工主要负责岗位区域范围内的设备巡检、卫生清扫及质量标准化等工作。目前主要存在以下问题：岗位工工作内容繁杂，巡检工作只是其中一项，经常会发生因忙于其他工作而未及时发现设备故障的问题，例如，开车前的准备工作不足、正常运行过程中巡检不到位、停车后的检查工作不完整（如漏检漏查的情况），从而使安全工作存在很大的隐患；岗位工的巡检标准受个人经验、情绪、精神状态、能力等多方面因素的影响，所以巡检质量参差不齐。

中煤科工集团沈阳研究院有限公司研制的仿生四足式巡检机器人，除包含仿生四足式巡检机器人机械本体外，还载有多线三维激光雷达、多参数（甲烷浓度、一氧化碳浓度、二氧化碳浓度、氧气浓度、粉尘浓度、环境温湿度）传感器、测温型双光谱摄像头、烟雾传感器、拾音器等多个检测模块。

该机器人具有如下功能：a. 机器视觉。在机器人的可视范围内能够读取识别配电柜仪表、指示灯状态、配电柜读数，识别设备故障灯。b. 温度检测功能。红外温度传感器能快速检测设备温度，实现设备、管路、关键部件的温度状态识别、分析、判断，以及高低温异常及时报警。c. 环境气体检测功能。搭载环境气体传感器，检测到危险气体超标及时报警。d. 机器人定位导航技术。能够智能自主规划路径导航到区域任意指定点，根据激光地图匹配达到自身位置和检测设备的高精度定位，可准确定位机柜、机柜内部设备。e. 自主避障和绕障。通过激光扫描和四周的超声波阵列，能够对意外障碍（人员、临时堆放的物品）进行实时避障，感应到障碍物规划新路线运行。f. 数据查询功能。机器人巡检实时状态、历史记录、异常记录等信息，通过上位机可以进行查询。仿生四足式巡检机器人如图 5-22 所示。

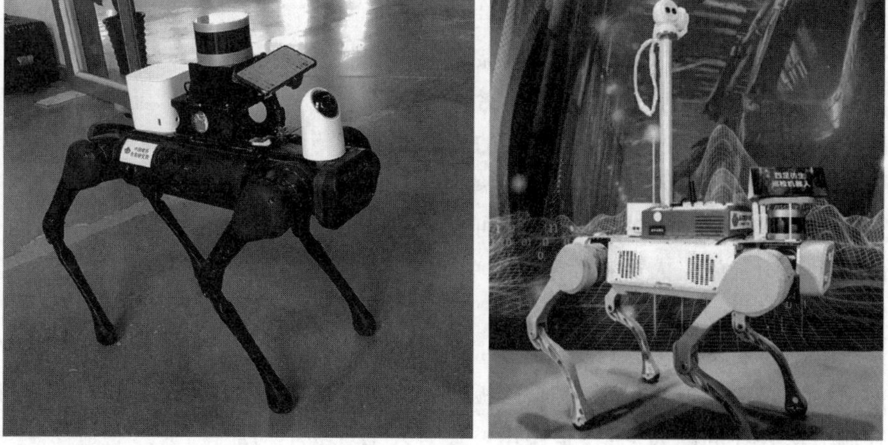

(a)　　　　　　　　　　(b)

图 5-22　仿生四足式巡检机器人

仿生四足式巡检机器人的引入，加快了上湾选煤厂智能化升级改造进程，实现了岗位无人化。仿生四足式巡检机器人通过程序设定及拾音器、热成像仪等进行数据采集、设备运行状态分析，标准统一，可以大大提高巡检工作的质量及效率，成功地解决人工巡检方式强度大、效率低、危险性高、可靠性差的难题，为管理部门提供准确有效的决策信息。

综上所述，安控类机器人目前应用较为成熟，且已能够实现机器人替人巡检作业功能，是煤矿井下机器人替人案例的最真实体现。未来针对细分场景，仍需提升场景需求下的功能及设计水平。

5.2.2 作业类机器人智能化升级改造

作业类机器人主要通过搬运、喷浆、管路安装、巷道修复等作业，实现无人重载搬运、清洁、矸石分选等功能，但其整体仍处于初级水平，各项关键技术仍未攻克，尚缺少井下重负荷作业单元及配套作业机器人行走底盘。但作业类机器人是真正解决危重场合作业人群危险系数高、劳动强度大等显著难题的方式。当前由于研发进度受限，矿方多以抓管机、喷浆机、巷道修复机等大型作业装备智能化改造为需求，采用远程遥控或者半自主作业方式，实现减人增效目的。

(1) 神南矿区某煤矿巷道喷浆机器人应用案例

巷道支护是煤矿建设的重要工程，是关系各大生产系统的一个重要环节，直接影响煤矿的安全、生产、经济等。而喷浆质量的好坏，是决定整个巷道安全与寿命的关键所在。神南矿区某煤矿采用人工半机械化喷浆，受作业条件以及工人自我保护意识、身体状况、情绪、责任心问题等因素的影响，喷浆作业存在几个严重的问题：一是喷口不能保障某些工艺要求（如喷嘴相对壁面要保持垂直、等距的姿态），造成喷层不够密实牢固。因此，喷层质量不能达到最佳状态，而且混凝土回弹大，浪费严重。二是工人处在由喷浆造成的粉尘包围之中，极易得硅肺病，而且速凝剂的腐蚀性对人的皮肤损伤严重。三是作业效率低下，不能与凿岩台车等机械化生产设备相匹配，成为阻碍作业速度提高的瓶颈问题。

中煤科工集团沈阳研究院有限公司研制的智能喷浆机器人系统，主要包括自动取料上料一体机、推链式混凝土喷射机和智能移动喷浆作业机械臂等，实现集自主取料、上料、泵送、喷涂、行走于一体的全自主喷浆，具有巷道断面检测、喷浆轨迹智能规划、智能喷浆作业、喷涂质量识别等功能，可有效代替人工喷浆作业，如图 5-23 所示。

机器人代替传统人工喷浆作业，在有效减轻工人劳动强度的同时，可保证喷浆质量。全新设计取料喷射机，喷浆过程中所产生的粉尘浓度（传统工艺大于 150 mg/m^3）降低约 40%，减轻了井下的环境污染。物料回弹率（传统工艺回弹率 35%～50%）降低，从而极大地降低了喷浆成本。喷浆机器人的应用，可有效减员 2～3 人，节约了人员成本。此外，喷浆机器人的应用避免了施工人员在喷浆过程中处于高粉尘、高腐蚀性环境中，保证了施工人员的身体健康。

(2) 神南矿区某煤矿巷道修复机器人应用案例

神南矿区某煤矿巷道易出现破损、顶板脱落、边帮起鼓等现象。现有巷道修复机控制系统以及控制方法存在问题如下：一是操作模式为人工现场手动操作，通过巷道修复设备上的液压阀操作手柄进行操作。开挖密封槽时，操作人员距离开槽点较近，开凿下来的煤块或岩石极易崩出伤人，存在较大安全隐患。同时粉尘较大，环境差，不利于工人身体健康。二是

(a)　　　　　　　　　　　　(b)

图 5-23　智能喷浆机器人系统

在开挖密封槽时，需要多次调整设备的位置及姿态，才能完成一个密封槽，侧壁铣挖作业相对容易，但是上壁的铣挖作业很难操作。三是由于在狭小的空间人工操作设备，设备姿态调节困难，铣挖出的密封槽为不规则形状，不是规则的矩形，从而会增加后续施工的难度，影响密闭墙施工质量。

中煤科工集团沈阳研究院有限公司将巷道修复机进行智能化改造后，可实现遥控式巷道作业。机器人启动后，先进行开机自检，自检项目包括各路传感器、控制系统的原始状态；自检成功后，无线遥控器发送控制指令，若为远程控制则进入遥控行走子程序，否则进入本地控制模式；在本地控制模式里选择手动或自动控制模式，若选择手动控制模式则进入手动行走子程序，否则进入自动控制模式。其中，自动控制模式里，控制器对烟雾传感器、温湿度传感器和多参数传感器进行数据采集及巷道环境监控，对倾角传感器进行数据采集及车体姿态监控，对超声波传感器、红外传感器进行数据采集并完成巷道修复机周围的障碍检测；激光雷达和高清摄像仪扫描巷道修复机器人在巷道中的位置数据，在工控机里进行数据分析处理并将计算结果传输给控制器。巷道修复机如图 5-24 所示。

(a)　　　　　　　　　　　　(b)

图 5-24　巷道修复机

根据矿井开采经验和矿压分布规律，当矿井开拓延深到 800 m 左右时，巷道在地应力的影响下稳定性会变得越来越差，尤其是矿区内岩层节理裂隙发育、岩层呈破碎状态时，经过变形后，巷道断面将会发生变化，行人、运输、供排水、井下通风等都会受到影响，严重时会涉及矿山的安全生产。巷道修复机器人的成功应用，使得该煤矿每年巷道失修率减少了10%以上，不仅降低了煤矿安全风险，而且节约了人工成本。

(3) 神南矿区某煤矿抓管机器人应用案例

现阶段井下管道的常规安装方法是人力和辅助设备相结合的传统方法，先把起吊架固定在梭车、矿车上，用手拉葫芦起吊管道。该方法存在如下缺点：现场施工环境恶劣，顶板及巷帮不稳定，装车后水管捆绑不牢固；卸车时人员配合不当；水管安装时未清理，水管内部有杂物；等等。上述潜在危险源往往会导致裂层掉落，砸伤工人。同时，水管掉落易造成水管断裂或产生裂口，存在射伤人员的风险，对现场工作人员的人身安全会造成极大损害，并产生连锁的经济损失和应急性停产等后果。

中煤科工集团沈阳研究院有限公司研制的抓管机器人主要基于抓管机进行智能化改造，主要包括抓管机部分改造、管路识别、管路抓取路径规划等。通过分析现有的矿用液压抓管机整体结构，根据设备实际工作环境状况提出了总体改进方式和技术指标。对抓管机的机械系统、液压系统、电气系统进行必要的改造，实现煤矿巷道内的不同规格尺寸的管路识别、抓取、举升控制等全过程的作业。在管道抓取检测方面，提出了一种管路识别方法，该方法采用深度学习模型对管路抓取区域进行特征提取及检测；为了达到较好的判别检测效果，在原始深度学习模型基础上进行改进，训练出管路识别的模型文件，达到准确识别管路的目的。基于视觉的规划方法，根据抓管机器人关节的状态和视觉反馈对轨迹进行修正，提高抓管机器人的绝对定位精度。由于存在累积误差，抓管机器人的抓管装置采用视觉传感器对轨迹偏差进行补偿和纠正，如图 5-25 所示。

图 5-25　抓管机改造系统

采用巷道抓管机器人代替人工作业，提高了煤矿生产安全性，不仅从根本上改变了工人的工作方式，缩短了工人工作时间，降低了工人劳动强度，而且减少了生产安全事故，同时提高了巷道抓管数据可视化和利用程度，增加了数据的附加值，实现了生产过程精细化管理，节约了生产成本，实现了减人增效。智能抓管机器人施工过程中仅需 2～3 名施工人员，相比手动控制抓管机可有效减员 2～3 人，从而可有效防止人为操作烦琐和视觉盲区导致的施工事故，如图 5-26 和图 5-27 所示。

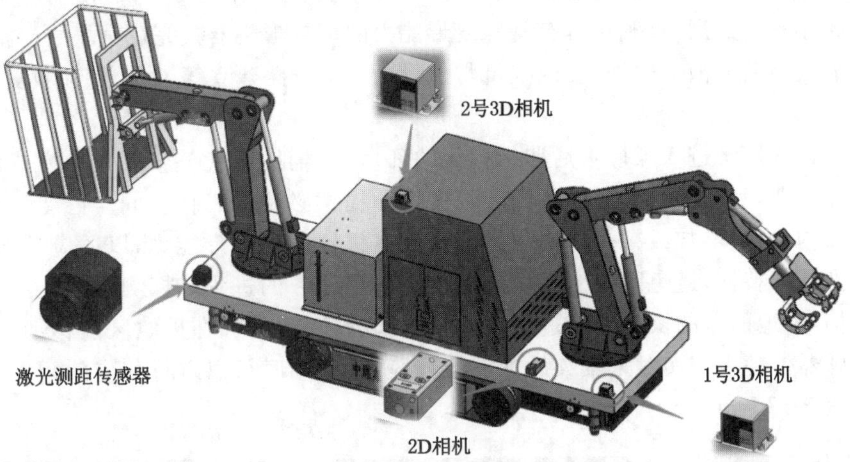

图 5-26　巷道抓管机器人

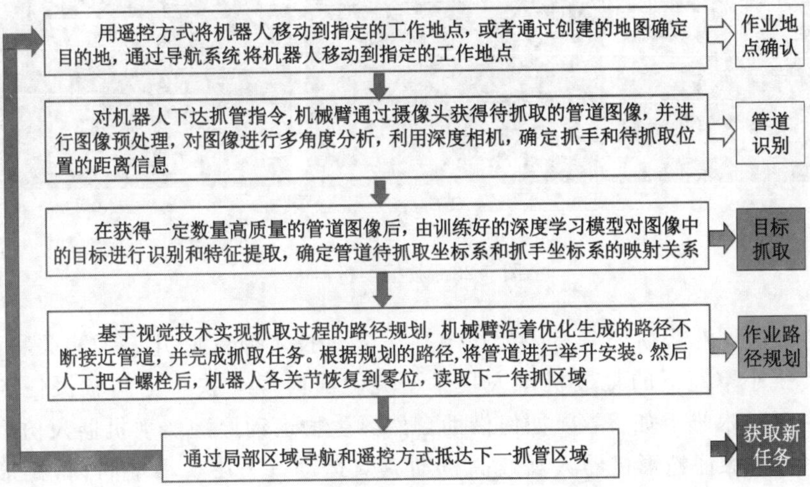

图 5-27　巷道抓管机器人任务执行流程

5.2.3　救援类等机器人研发

救援类机器人是指可替代救援人员进入煤矿灾害区域进行环境探测和救援任务的煤矿救援机器人。救援机器人主要受材料、续航、轻量化等技术约束，产品研发缓慢。目前，集中研发的多为灾后煤矿救援机器人群，通过自主协同作业，实现灾后场景的巡检、探测、作业及救援等功能。

在救援第一步起缝过程中，以煤矿救援狭窄环境下人工救援通道建立为依据，设计开发了煤矿救援狭窄空间起缝救援机器人，有效攻克煤矿救援环境起缝机器人的本体机构设计、环境适应技术以及遥操作控制等关键技术。在救援的第二步中，针对灾害现场煤矿井下危险及狭小的环境，研制了面向狭窄空间的模块化仿生蛇形机器人装备，攻克了机器人模块化结构设计、仿生高效高机动运动控制技术、狭小空间自适应通过技术、井下环境信息的识别与自主决策技术以及幸存者生命体征感知探测技术、机器人模块化通信技术等关键技术。当顶撑装置布置完成后，可利用具有特殊变形能力的可变形机器人完成全场景巡检任务，完成幸存者氧气与营养液的输送、被困人员与外界的通信链路建立等工作，保证救援工作的进一步开展。

起缝机器人用于进入煤矿灾后非结构化的环境中，辅助或代替救援人员完成煤矿起缝和空间顶撑作业，为救援人员和设备开展救援作业提供必要的工作空间。可变形机器人采用模块化结构，通过增加或减少模块数量可以改变机器人的变形能力，以适应不同的环境，同时便于携带和替换，避免因单个模块的损坏而耽误任务的进程。探测机器人主要采用仿生蛇形机构，由地面上的操作者通过上位机进行远程控制，能够在采空区内移动，并利用所搭载的传感器代替人工实时采集灾后区域的环境数据，同时可以进行相应的预警。救援类机器人如图 5-28 所示。

(a)

(b)

(c)

图 5-28　救援类机器人

中煤科工集团沈阳研究院有限公司与神东煤炭技术研究院开展了相关科研合作，旨在进行煤矿狭小空间下的救援机器人技术研究。面向煤矿狭小空间救援任务的仿生蛇形机器人主要技术难点如下：① 如何借助自然界生物运动原理实现机器人仿生模块化结构设计；② 如何保证蛇形机器人高效高机动有效运动；③ 在狭小空间内，蛇形机器人如何实现自适应安全通过；④ 基于多传感器信息融合的煤矿火情探测与自主决策技术；⑤ 复杂场景下机器人通信距离受限问题。面向煤矿狭窄空间的起缝救援机器人主要技术难点如下：① 如何针对煤矿狭窄环境，实现新型机器人行走机构与起缝器的研制；② 如何在煤矿狭小环境约束下，实现救援机器人设计参数的优化；③ 如何实现机器人的自主起缝。

项目组拟通过攻关仿生机器人结构、控制及感知等关键技术，以及复杂光照环境下的视觉环境建模及场景理解方法、自主起缝控制方法等，研制灾后救援机器人群，从而有效减少煤矿灾后救援人员的数量，降低侦检过程中作业人员潜在的危险。此外，可有效提高救援效率，快速建立救援通道，方便后续救援人员深入现场执行救援任务，降低被困人员的伤亡率。仿生蛇形机器人研发方案和关键技术分别如图 5-29 和图 5-30 所示。

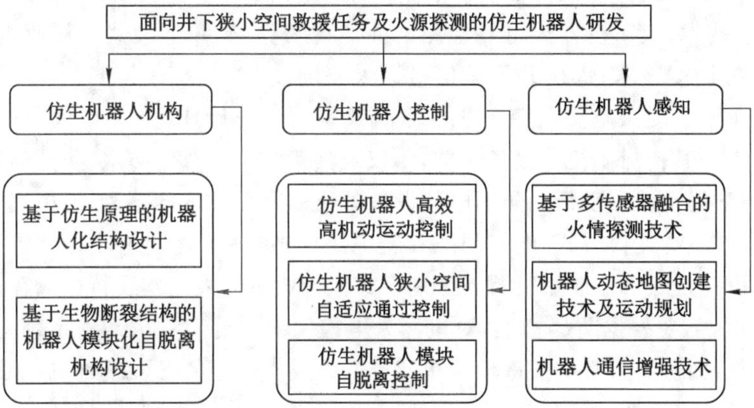

图 5-29　仿生蛇形机器人研发方案

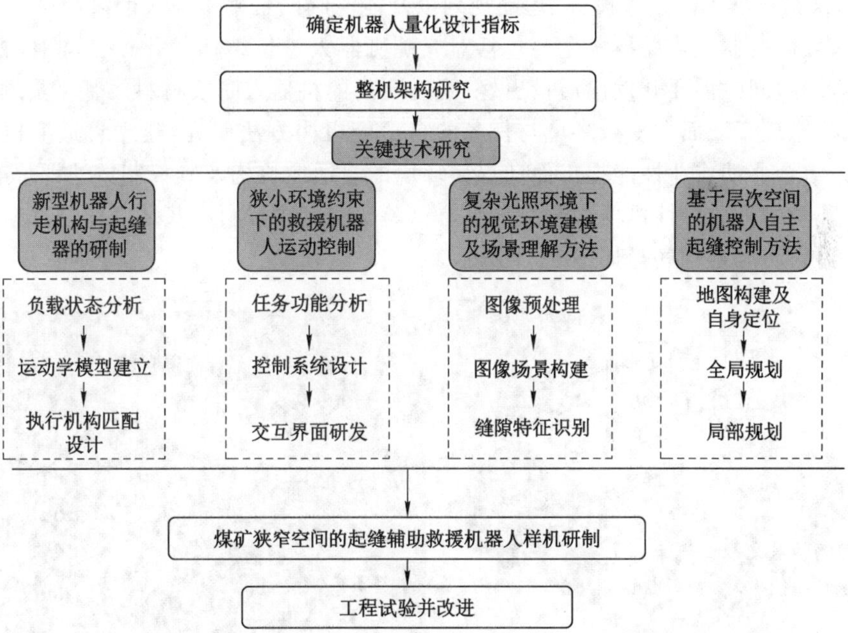

图 5-30　仿生蛇形机器人关键技术

5.3　煤矿机器人关键技术剖析

煤矿机器人总体目标在于积极推进煤矿的机械化、自动化和智能化建设，从而推动机械化换人、自动化减人和智能装备替代高危岗位作业。为服务国家能源安全战略，有效遏制煤矿重特大事故，聚焦煤矿巡检、作业、救援机器人相关的重大科学问题和关键技术难题，可将煤矿机器人关键技术分为以下十项：防爆及井下受限空间约束下机器人防爆一体化设计理论；煤矿机器人井下充电技术；封闭环境下机器人精准定位导航技术；煤矿机器人驱动单元的高效高机动技术；大粉尘、低光照、高潮湿环境下，机器人可靠感知技术；煤矿机器人高可靠、抗干扰通信技术；煤矿机器人可靠性测试评估技术；煤矿井下大载荷作业机械臂技术；机器人群协同指挥调度技术；煤矿井下救援机器人关键技术。

（1）防爆及井下受限空间约束下机器人防爆一体化设计理论

煤矿机器人与其他煤矿机电设备一样，不仅要具备防尘、防潮、防水、防高温以及抗腐蚀等特性，还要具备防爆特性。现行的防爆电气设备国家标准 GB 3836 系列，对电气设备允许表面温度、电气设备与电缆连接方式、电气间隙和爬电距离、防爆电气设备外壳材质等方面具有明确规定。防爆设计是煤矿作业型机器人区别于其他行业机器人的本质特征。在进行煤矿机器人设计和制造时，需要根据防爆标准，对机器人电控系统、能源系统、动力系统、感知系统进行必要的防爆处理，而机器人某些关键模块单元难以做成本安型的，这使得机器人因机构整体隔爆质量和尺寸极大地增加，进而影响机器人的运动能力、负载能力以及续航能力。以中煤科工集团沈阳研究院有限公司承担设计的国内首台用于井下变电所巡检的 AGV（automated guided vehicle，自动导引车）为例，正常 AGV 的质量可控制在 200 kg 以内，防爆 AGV 的质量超过 1 500 kg，这给机器人的结构设计、运动规划以及能源续航带来了极大的挑战。

因此，煤矿机器人防爆技术主要包括对煤矿机器人进行结构优化设计和对防爆结构进行轻量化设计，同时需要开发出质量更轻、强度更高的机器人防爆材料。基于柔顺、可重构、软体等机构原理开展面向复杂环境与任务的自适应机构方法研究，建立自适应机构的智能控制方法；综合移动作业性能提出面向煤矿环境的自适应机构及其控制方法评价准则，开展面向煤矿环境的高适应性机器人开发与综合试验研究。中煤科工集团沈阳研究院有限公司研制的机器人防爆结构底盘如图 5-31 所示。

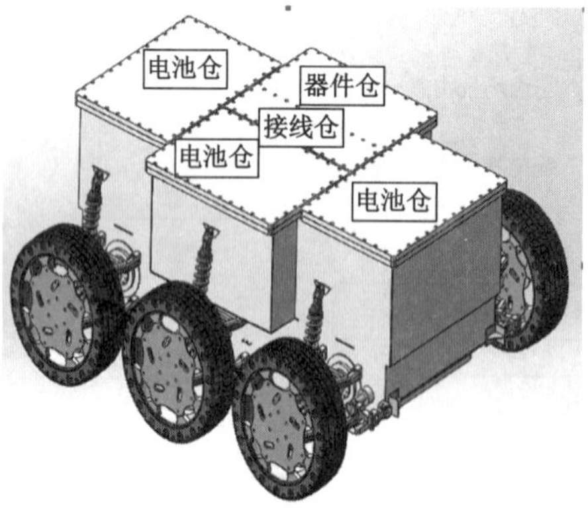

(a)

(b)

图 5-31　防爆结构底盘

（2）煤矿机器人井下充电技术

传统井下作业设备，往往采用拖缆式供电方式，这种模式对于需要自主行走、自动空间识别、自主完成作业的井下移动机器人而言存在诸多弊端。首先，井下机器人自主行走时，需要考虑线缆的位置、长度以及可弯转的角度，这导致机器人有效工作空间受限。其次，对于长行程的井下机器人，拖缆会产生输电压下降，从而影响井下机器人各功能单元正常动作，降低作业精度，甚至无法完成作业。最后，拖缆具有一定质量，这相当于增加了机器人运动负载，会影响机器人自身运动性能。因此，摆脱电缆束缚，使用移动电源对机器人整体进行供电，是目前井下机器人设计急需面对的问题。

井下移动机器人充电技术主要包括以下几点：① 井下存在危险气体，采用大功率电源需要进行防爆设计；② 考虑各种情况下的充电安全，优化井下复杂环境下的动力电池成组技术及管理系统设计，实现充放电过程的智能管理和安全监控；③ 完善煤矿机器人井下专用充电硐室设计，研发煤矿机器人井下专用充电桩和智能充电系统，实现煤矿机器人的安全高效能源供给。以上这些都是煤矿机器人井下充电技术亟待解决的关键技术。

因此，下一步重点攻克煤矿机器人井下作业安全、高效的能源供给和驱动以及轻量化防爆设计技术，开展机器人防爆设计、能量管理、充电安全、动力驱动等方面的研究；突破基于新型防爆结构设计理论和超轻隔爆材料的煤矿机器人防爆技术，研发煤矿机器人井下专用充电桩和智能充电系统；进一步提高煤矿机器人动力系统能效，并针对移动式煤矿机器人开展混合动力驱动等技术研究，实现煤矿机器人的安全高效驱动。煤矿机器人充电部分如图 5-32 所示。

图 5-32　煤矿机器人充电部分

(3) 封闭环境下机器人精准定位导航技术

井下机器人实现精准定位导航是完成作业要求的重要保障。煤矿巷道、采掘工作面等作业区域具有典型的半结构化或非结构化环境特征，且 GPS 技术无法直接应用于井下，亟须构建适用于煤矿机器人的自主定位系统方案，以解决井下机器人精确定位、姿态感知等问题。如何快速突破惯导、激光、超声波、UWB 和视觉等多信息融合的井下机器人精准感知与定位技术，是实现井下机器人局部自主的关键。以选煤厂巡检四足式机器人为例，作业空间包括楼梯、栅栏围挡、坡面以及障碍物，部分场景下的环境特征点较少，难以利用单一激光方式建图。利用二维激光在面对菱形栅栏围挡建图时，极易出现漏建的现象；三维激光负重、散热以及功耗则会缩短机器人续航时间及降低其运动稳定性。此时，借助视觉传感器完成环境的场景识别，将极大地提高机器人精准定位的能力。

未来将以煤矿井下移动机器人作为研究对象，针对煤矿复杂场景中的巡检、探查等移动机器人在长期自主环境下适应问题，开展大范围复杂场景三维建模和多层次环境地图构建方法、移动机器人自主场景理解及导航自主环境适应技术研究，实现复杂环境下机器人的自主定位、动态避障、路径规划与智能运行等功能，并在煤矿长距离航道或者突发事件场所进行应用验证。中煤科工集团沈阳研究院有限公司的 SLAM 技术巷道建图如图 5-33 所示。

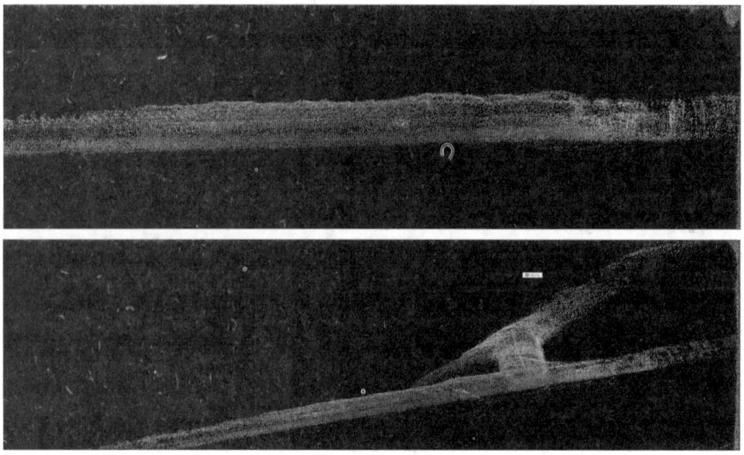

图 5-33 SLAM 技术巷道建图

（4）煤矿机器人驱动单元的高效高机动技术

相比其他环境，井下作业环境较为恶劣，存在空间狭小、障碍物多、非结构化地形多等问题。尤其对于作业型机器人而言，作业环境使其存在运动学与动力学建模困难、内外部非线性扰动强、部分系统状态难于测量、多自由度耦合及欠驱动等诸多难题，从而导致机器人系统的性能、适应性、稳定性、鲁棒性的控制面临巨大困难，使得机器人能耗过高、速度效率低下、运动稳定性变差。对于井下环境，单一的驱动方式难以满足复杂任务的要求，复合式驱动（如轮履式、轮腿式、双摆臂式、仿生式等）关键技术的突破将有效提高机器人的作业能力。

因此，下一步将针对煤矿特殊场景下巡检任务的要求，借助生物优异的行走、转向、跳跃能力，从材料、结构、驱动、传感、建模和控制等方面深入开展研究，揭示生物高效机动运动-感知-控制-驱动的耦合作用机理，结合新型防爆材料、高效驱动与传感器技术，逐步构建新型机器人仿生防爆驱动机构设计优化、建模和控制的理论与方法。中煤科工集团沈阳研究院有限公司研发的高效驱动及能源匹配技术如图 5-34 所示。

（5）大粉尘、低光照、高潮湿环境下，机器人可靠感知技术

对于煤矿机器人而言，视觉传感器、测距传感器、激光雷达等的感知精度极为重要，而煤矿井下粉尘、潮湿的环境将在传感器的表面形成煤泥，这会对测距传感器、激光雷达以及视觉传感器产生较大影响，且这些煤泥较难清理，因此需要传感器本体具备清尘结构。对于视觉传感器而言，井下的低照度将影响其成像效果，暗光也将导致噪声点的增加，使得后续图像处理、图像识别的效果变差，因此如何借助多传感器信息融合技术，降低单一感知方式的局限性，同时减少环境对传感器精度的影响，是亟待解决的关键技术问题。

下一步重点工作是针对煤矿机器人在井下复杂环境下高效自主运动以及环境精准感知的要求，重点开展高精准传感器及高性能数据处理控制板本安化研究；解决关键元件缺少防爆认证、传感器的防护等级与井下环境不相匹配且不能满足安全要求等问题，以及部分关键单元体积、质量较大而导致受限空间下防爆轻量化设计与现有关键元器件矛盾对立的问题，

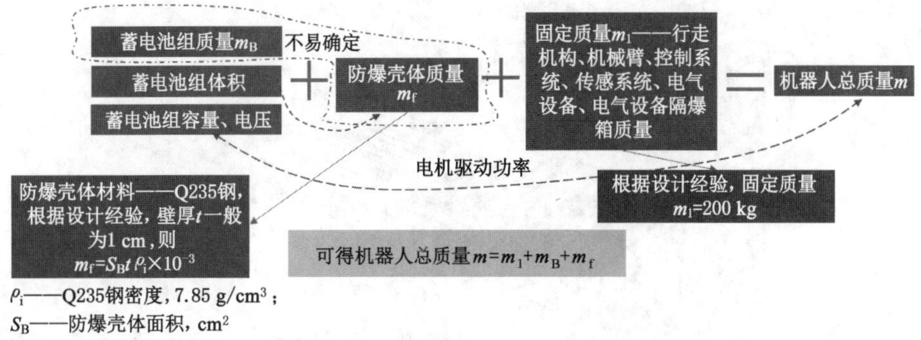

图 5-34　高效驱动及能源匹配技术

进一步提高传感器工作稳定性；重点攻克矿用传感器的新材料与新工艺以及智能化、微小型化、网络化等技术难点。中煤科工集团沈阳研究院有限公司研制的指示灯图像识别技术如图 5-35 所示。

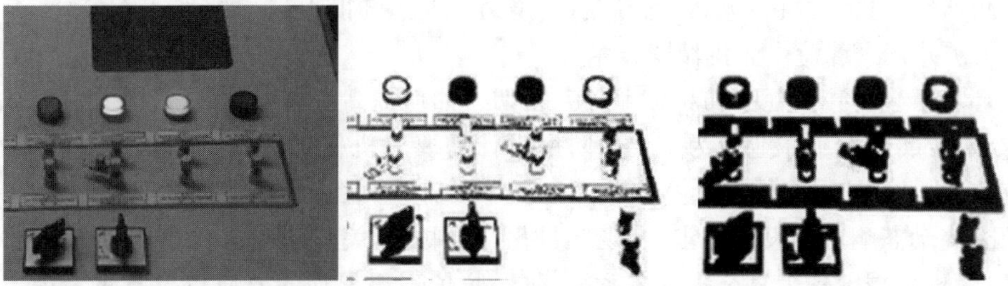

图 5-35　指示灯图像识别技术

(6) 煤矿机器人高可靠、抗干扰通信技术

煤矿井下有线通信可靠性高，但限制了机器人等智能移动装备的布置和活动区域，而受到巷道走向变化的影响和巷道壁复杂反射的干扰，井下无线通信的有效传输距离有限。因此，构建具备自组网能力的分布式通信平台，攻克非视距、多径条件下无线传感器网络的自组网络拓扑优化技术，解决煤矿受限环境下的多源无线通信信号的抗干扰问题，是亟待解决的关键技术问题之一。

(7) 煤矿机器人可靠性测试评估技术

煤矿机器人面临的异常复杂的工况条件，对其可靠性提出了严苛的要求，高可靠性才能适应井下无人化作业的需求。完整的煤矿机器人可靠性测试评估平台一般包括以下几个部分：机器人本体测试平台，用于测试机器人运动速度、转向半径、越障能力以及抗倾翻性能等；机器人防爆能力测试平台，主要用于测试机器人在不同场景下的防爆安全性；机器人特种能力测试平台，包括跨越泥浆地、沙地、泥浆泵房等；机器人作业能力测试平台，针对机器人的实际用途进行能力评估等。此外，制定煤矿机器人可靠性测试、评价标准也是极为重要的。井下防爆机器人测试评估平台如图 5-36 所示。

针对煤矿特殊场景对机器人运动、导航以及感知性能等方面的影响，建立统一的机器人软硬件系统和综合型复杂极端环境的应用试验平台，系统评价机器人任务环境感知能力，优

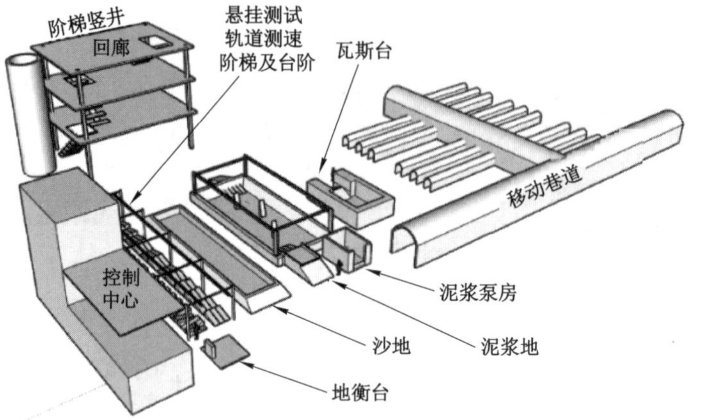

图 5-36　井下防爆机器人测试评估平台

化机器人的运动规划；建立统一的测试和评价标准体系，开展所研制各类型煤矿机器人全方位性能评价研究，进而对机器人运动、导航、环境适应及感知能力进行测评。

(8) 煤矿井下大载荷作业机械臂技术

矿井环境下多种作业任务与机械臂关系密切。如何提高机械臂的负载能力并使其满足防爆要求，对于实际井下作业较为重要。防爆设计需要对机械臂上所有电机、码盘、传感器等器件实施，由此带来的负载会直接影响下一关节设计，因此防爆机械臂关节必须满足一体化、轻量化、高动态响应的设计要求，实现轻量化、高刚度及关节动力学和控制之间的协同作用。此外，考虑机械臂作为复杂多刚体系统，防爆防护逐层累加的效应也要着重考虑，应通过传动系统惯量匹配、传动链刚度设计及零部件选型与动力学优化设计，研究机、驱、控、感一体化关节集成设计与优化。液压型机械臂具有较好的负载能力并方便后续进行防爆设计，如何提高其动态响应速度以及末端作业精度，是待解决的关键技术问题之一。

针对井下受限空间重负荷机械臂对机器人本体体积轮廓、负载自重比、灵巧性、高精度和高刚度的严苛要求，开展任务需求及机械臂构型分析研究，选取和构造机械臂构型的评价准则，并基于优化设计手段进行机械臂构型参数的优化设计。机械臂在井下受限空间运行决定机械臂不能是笨重的结构而是轻量化的设计，这与重负荷所要求的高强度和高刚度的设计形成了矛盾。针对此矛盾，研究机械臂本体结构零部件的刚度分配设计方法，通过对零部件刚度的分配，实现对零部件所用材料的合理优化分配，在提高刚度和基频的同时大幅降低整臂的质量。机械臂在井下半结构化甚至非结构化的环境下工作，要求具有对未知环境的适应能力，即机械臂应具备能判断物体或人接近和碰撞力的传感器或其他手段。此外，还需要设定机械臂与外界交互的基本规则，且机器人应具有与外界交互的基本知识。基于多传感器信息研究机械臂与周围环境的力交互方法，以保证机械臂与环境的安全性；从机器人行为角度考虑动态避障问题，研究机械臂在线轨迹规划方法，以实现对工作空间内潜在危险的规避；进一步研究机械臂在与外界环境发生碰撞的场景下对碰撞位置和力的准确识别与反应。防爆机械臂如图 5-37 所示。

(9) 机器人群协同指挥调度技术

机器人群与协同指挥系统结合的新机制新理论研究还较为薄弱。如何将多机器人与煤

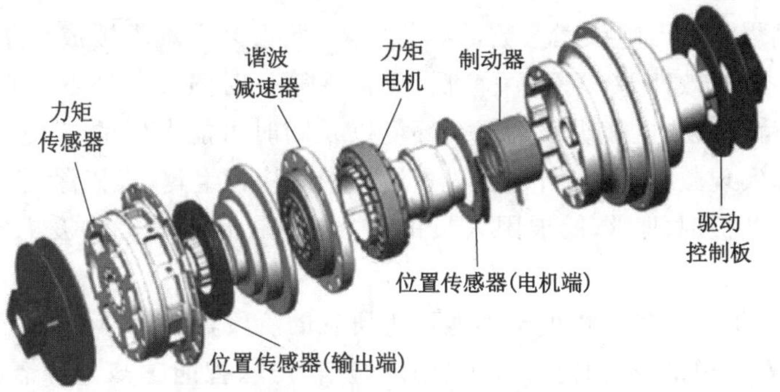

图 5-37　防爆机械臂

矿现场指挥调度系统有机结合，既实现多机器人的规模化应用，又提高对煤矿任务执行过程中的监测监控和高效应对能力，现有的研究相对有限，缺少统一、完整的基础理论研究。机器人群多场景多任务的协同规划研究仍处于探索阶段。目前多机器人协同技术重点研究同一种机器人的路径搜索、跟踪、跟随等内容，较少研究异构机器人的群体任务分配，没有突出多机器人在任务执行过程中的相互协作。

如何将较为成熟的机器人指挥系统与煤矿机器人特征有效结合，打造针对煤矿多场景下的机器人群协同调度指挥与管理平台，对其中的关键问题进行研究，重点攻克机器人群的体系化建设和整合、协同监控与预警、基础数据汇集与分类管理，实现风险分析、预测预警、辅助决策、仿真模拟、智能决策调度，同时将多个机器人获取的数据信息进行整合，完成数据挖掘、分类、一体化决策，实施煤矿机器人系统的运维管理，实现机器人群数据通信的标准化，提高机器人群平台的交互性以及高机器人群的作业效率，并借助数字孪生系统，实现管理人员信息获取的立体化，是煤矿机器人需解决的关键技术问题之一。

以煤矿机器人群作业为研究背景，重点研究煤矿机器人群在高效调度系统中的关键技术应用，综合机器人管理理论、系统控制理论、传感器技术、人工智能等相关理论与技术，为机器人群协同作业与指挥调度系统设计合理的总体架构，发挥机器人群的信息集成优势，实现机器人协同任务规划，提高机器人的信息获取能力与任务执行力度，增强调度系统整体的态势感知水平与任务处理能力。中煤科工集团沈阳研究院有限公司研发的机器人集群调度指挥平台如图 5-38 所示。

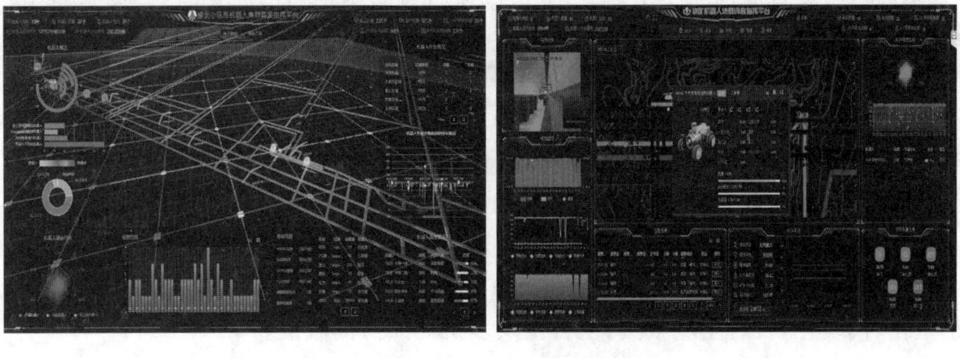

图 5-38　机器人集群调度指挥平台

(10) 煤矿井下救援机器人关键技术

近年来,我国煤矿百万吨死亡人数虽不断下降,但重大灾难救援成功率仍相对较低,且仍以人工搜救为主,时效性差。事故发生后,如何在第一时间开展井下搜救,同时适应灾后设备错乱、顶板冒落堆积、电缆纵横等复杂环境以及随时可能发生的二次事故,并克服通信信号中断等问题,实现救援环境的快速侦检,通信网络快速组建,人机深度交互,提高救援效率,避免耽误最佳救援时机,降低被困人员的伤亡率,是目前煤矿救援机器人面临的重大挑战。

我国煤矿救援机器人目前仍处于功能样机研发的阶段,距离实际应用还有较远的距离。煤矿机器人防爆安全理论、动力能源技术、稳定通信方式、智能感知与险情识别技术以及群协同控制技术等技术与理论难以快速突破,都极大地限制了我国煤矿救援机器人的发展。未来,该类型机器人将由单一作业救援机器人逐步转向救援机器人作业群,通过多机器人协同决策、协同作业,实现从通信中继、搜索探查到救援作业的救援体系架构的完整建立。

针对井下突发的自然灾害或人为因素造成的重大安全事故,其中部分人员被困的问题,应尽快研发适用于煤矿井下环境的灾后救援机器人群,重点攻克以下关键技术:① 解决高温、高粉尘、高湿度等恶劣煤矿灾害环境中的机器人应急通信问题,突破通信盲区及传输稳定性问题。② 解决狭小密闭空间下机器人高效高机动运动问题,保证机器人化应急探查及人员搜寻。③ 解决外界强干扰条件下机器人精准感知问题,实现机器人对被困人员的精准定位。④ 解决复杂救援环境下机器人大载荷搬运约束问题,保证机器人对被困伤员的可靠搬运及转运。⑤ 解决救援机器人队列协作与协同决策问题,实现救援机器人协同作业高效可靠。

5.4 煤矿机器人发展趋势

随着我国煤矿机器人技术的不断提高,煤矿机器人如何进一步发展显得尤为重要。中煤科工集团沈阳研究院有限公司基于煤矿机器人市场调研及研发实践,初步将 5 大类 38 种机器人归结为巡检类机器人、作业类机器人、救援类机器人三大类,同时进行了初级、中级、高级的水平等级初步划分。

巡检类机器人初级水平:运动机构仅适用于良好环境;环境感知、遥操作;短距离自主巡检。中级水平:运动机构覆盖绝大部分场景;自主分析与人工决策;可靠性大幅提升;人机协同下长距离长时巡检。高级水平:运动机构覆盖所有场景;融合分析、自决策、自诊断;长时间、长距离全域自主协同巡检。

作业类机器人初级水平:作业单元仅适用于良好环境作业工况;环境感知、人工操作。中级水平:作业单元覆盖绝大部分场景;半自主行走;静态对象全自主作业,动态对象人机协同作业。高级水平:作业单元覆盖所有场景;自主行走、自主作业、自主充电、自主维护、自主决策、协同作业;面向动态对象的感知决策作业一体化。

救援类机器人初级水平:满足防爆要求;环境感知、遥操作;履带式。中级水平:变结构、仿生、轻量化;满足防爆要求;自主分析与人工决策;人机协同救援。高级水平:水陆两栖、飞行、小型化、模块化、长时全域救援;全自主及多机器人协同救援。

5 大类 38 种机器人等级初步划分如图 5-39 所示。

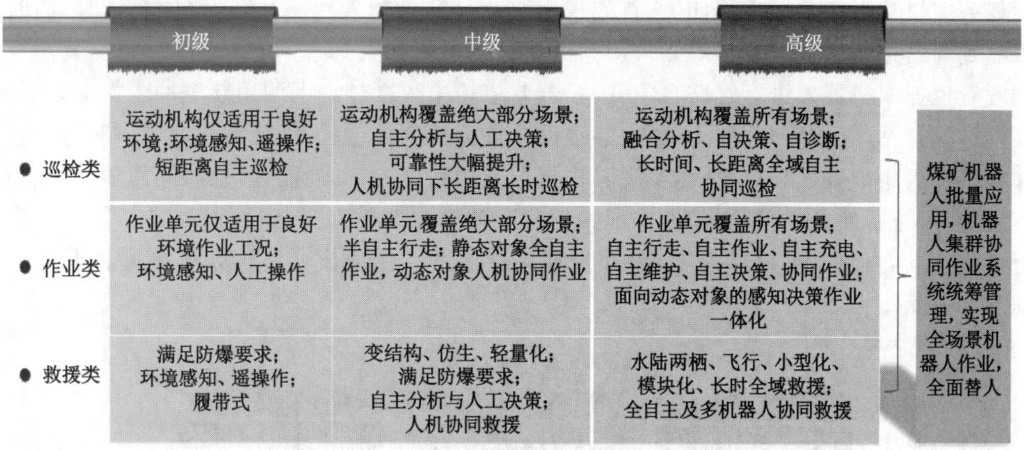

图 5-39　5 大类 38 种机器人等级初步划分

综上所述,巡检类机器人当前正处于中级阶段,作业类及救援类机器人处于初级阶段。目前,国内相关科研机构已经开发出部分煤矿机器人样机,但在潮湿、多水、高粉尘浓度的非结构性环境下,与国外先进的煤矿机器人相比,这些机器人防爆性能设计、续航能力、可靠性、适用性等方面都还有一定差距。因此,当前煤矿机器人发展趋势即在提升本身智能化水平的同时,向集群作业方向发展,且性能要求更加可靠。

5.4.1　由单体向集群发展

为了满足煤矿复杂任务要求,煤矿机器人将由传统单体机器人逐步向机器人群发展。井下管道机器人安运维协同作业群就是一个协同作业的典型代表。管道运输机器人负责在井上接收管道后,进行全自主移动及安全避障,接近管道安装位置,利用管道识别定位、管道顶撑、管道位姿调整等功能,将管道转移到安装机器人工作空间内。煤矿井下风、水管道安装机器人利用多机械臂协同控制技术,将工作空间内的管道抓取、精确调位、快速连接,最终借助自主或半自主技术,实现管道与法兰盘的固定。管道巡检机器人定期开展巡检工作,遇到堵塞情况自动清淤。该机器人作业群可实现管道系统运输、安装、巡检、维护全流程的智能化,减少安装工人的数量及降低工作强度。煤矿安运维管道机器人作业群如图 5-40 所示。

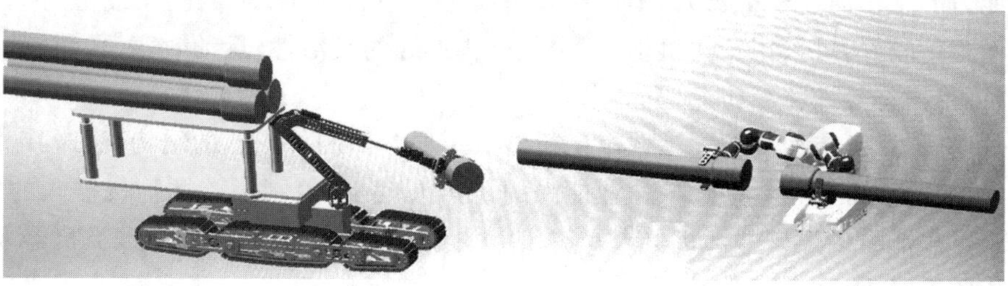

图 5-40　煤矿安运维管道机器人作业群

与此类似，煤矿巷道作业机器人群借助多种类巷道作业机器人个体，共同完成复杂的救援任务。机器人群救援流程如下：首先采用快速打钻机器人检测瓦斯、地质变化等，同时若监测到巷道边帮或地面变形等则采用巷道清理机器人进行修复，若有巷道管路安装需求则调度管道抓取机器人进行管路自主安装，若巷道粉尘浓度过大则调用巷道冲尘机器人，最终实现快速打钻、管道安装、巷道清理、巷道冲尘等流程全自主化、智能化作业。同时基于巷道作业机器人集群调度指挥系统，实现异构机器人的数据上传、性能评估、协同作业、调度指挥等功能，可进行使命任务预仿真，实现井下巷道与机器人模型交互；可根据实际作业效果进行模型驱动，再自主生成作业要求，并规划作业流程。巷道作业机器人群协同作业流程如图 5-41 所示。

图 5-41　巷道作业机器人群协同作业流程

5.4.2　由单一应用场景向多应用场景发展

煤矿存在的部分应用场景较为简单，适合单体作业型机器人的使用。目前，面向煤矿作业任务的机器人，应用场景更加宽泛，作业人员难以针对某一特殊场景选择最为合适的机器人，通常此类场景环境特点存在较大差异，导致机器人驱动能力及作业方式差别较大。环境空间受限、地面环境复杂、作业距离大以及巡检任务较为简单的皮带机巡检机器人，易采用固定吊轨式驱动方式；面对崎岖的井下地形、更为复杂的巡检任务，要求较大的负载能力及高越障能力的工作面巡检机器人，则更易采用履带式巡检机构；对于机电泵房的巡检任务，由于地面条件较好，可采用轮式机构，利用该机构更好的灵活性、运动效率、平稳性以及零半径转向，可更为有效地完成作业任务。

通过调研发现，市面上的大多数煤矿机器人主要参考国外成熟的结构，而对其关键技术研究较浅，从而使得真正具备煤矿作业能力的机器人较少，限制了该类型机器人的发展，而具有稳定可靠能力的煤矿井下机器人具有巨大的潜在市场。煤矿安控救援类机器人发展方向展望如图 5-42 所示。

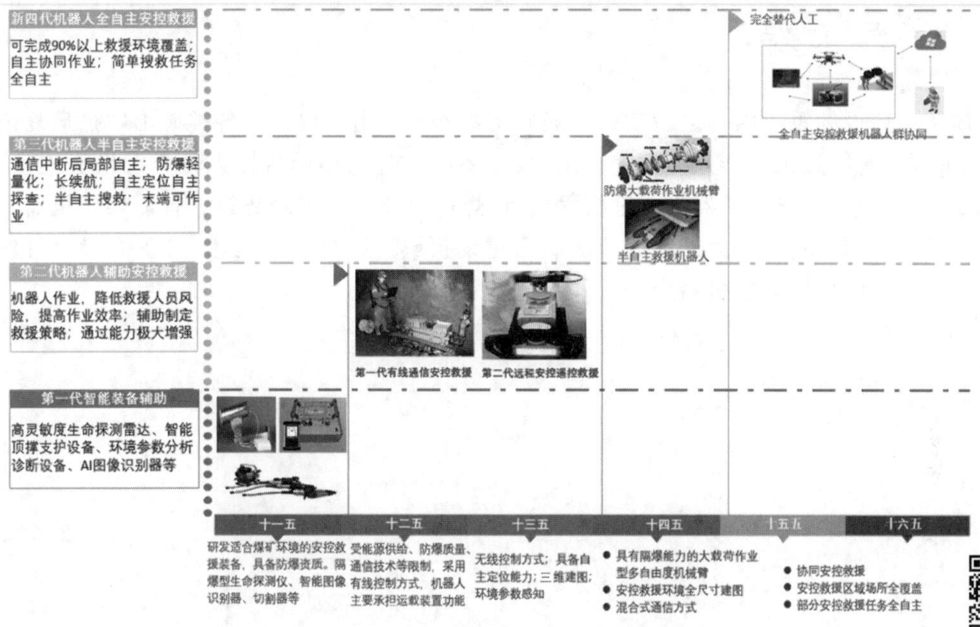

图 5-42　煤矿安控救援类机器人发展方向

5.4.3　机器人系列化元器件向符合《煤矿安全规程》要求发展

煤矿企业对机器人自主作业能力越发关注，而机器人的自主作业依赖各种传感器精准感知能力。通过调研发现，目前矿用传感器主要针对传统煤机设备，其防爆功能对机器人影响较大。此外，某些关键传感器如激光雷达、超声波以及二维码识别器等尚未取得防爆认证；一些高速数据存储和处理控制难以应用于回风巷道和工作面开采环境，这直接影响煤矿机器人的自主性和探测能力；机器人常用的伺服电机、升降云台、机械臂、控制器等设备均存在功率密度低、系列化程度低等问题。随着煤矿机器人市场发展逐渐成熟，围绕煤矿机器人元器件的市场将具有广阔的需求及前景。

5.4.4　煤矿机器人产业相关配套服务建设向成熟化发展

相比传统机器人，煤矿机器人专业性更强，对操控人员的要求更高，煤矿工作场景及任务变化都将使得机器人任务执行能力降低甚至无法使用，因此较好的配套服务可有效扩大机器人的使用范围及延长其使用周期，机器人功能调整及系统升级都将成为需求方购买机器人重点考虑的因素。针对煤矿特殊的应用场景，机器人配件要做到可更换、可升级、可维护，应用需要专业人员支持，此类工作需要机器人企业后期相关配套服务的不断支持与技术支撑。此外，后续配套服务费用也是机器人生产企业关注的焦点。因此，高效、精准、可靠和及时的配套服务将是煤矿类机器人的发展方向。

引领新时代煤炭产业技术革命，实现传统能源行业跨越式发展，将百万矿工从煤矿一线的繁重劳动和恶劣环境中解放出来，责任重大，任务艰巨，使命光荣，需要科技工作者和广大从业人员凝心聚力，贡献智慧，共创辉煌。

5.6 本章小结

智能矿山建设的重要内容之一就是智能矿用机器人。由于煤矿在各类矿山中是最复杂的，因此本章以智能煤矿机器人为例进行阐述，主要内容包括煤矿机器人分类及发展现状、煤矿机器人应用解析、煤矿机器人关键技术剖析、煤矿机器人发展趋势等。智能煤矿机器人是目前最活跃、成长最快、潜力最大的智能矿山建设领域。通过本章概述，希望能展示目前和未来一个阶段的矿用智能机器人。

第 6 章　智能储装系统

智能矿山储装系统是智能矿山建设的重要组成部分，采用先进的技术和方法，实现散装物料的快速定量装车、装船以及提升机电控、储运装等领域的科技创新、工程设计、技术咨询、设备成套、设计-采购-施工总承包、运营服务。智能矿山储装系统提高了现有储运装系统成套装备的性能和智能化水平，提升了生产效率，促进了煤矿安全生产及节能环保。

6.1　智能储装系统概述

储装系统的功能是调节产运，一般工艺流程如下：运煤车辆进站后进行称重、卸车；经输送设备将煤炭运输到储煤棚内；存储在储煤棚内的不同品种的煤炭由底部给料装置进入转运带式输送机，之后通过混配设备进行配煤；最后将煤炭转运至快速装车系统装车外运。

传统煤炭储装系统存在环境污染严重、能力不足、效率不高、自动化程度低等问题。将物联网、5G、大数据、云计算、人工智能等技术引入其中，实现生产过程控制智能化、经营管理信息化，构建高效、节能、环保的煤炭智能储装系统。系统基于采集到的数据，利用机器学习的方法，实现生产参数和指标的自适应调整，减少生产过程中人为因素的干扰；建立储装设备的故障诊断及预测模型，实时掌握设备的运行状态，减少设备故障时间，切实保证安全生产；通过大数据分析，优化生产组织及管理流程，实现管控信息化、智能化。智能储装系统提升了我国储装系统成套装备的性能和智能化水平，提高了生产效率，加快了煤矿安全生产及节能环保的步伐。

智能储装系统总体架构（图 6-1）包括基础设施层、智能生产管控层、智能分析决策层、多维展示层。基础设施层通过多种数据采集结合存储设备获得现场数据，并通过网络将其传输给智能生产管控层。智能生产管控层将从 PLC、传感器、MES 等获得的数据接入大数据平台，建立统一的数据规范及标准，达到信息互联互通，进而实现整个系统的智能化管控。智能分析决策层通过建立的智能化模型，实现对生产、安全、质量等进行智能分析预警及决策。多维展示层通过网络将采集到的数据以可视化的形式推送到各种网络终端。

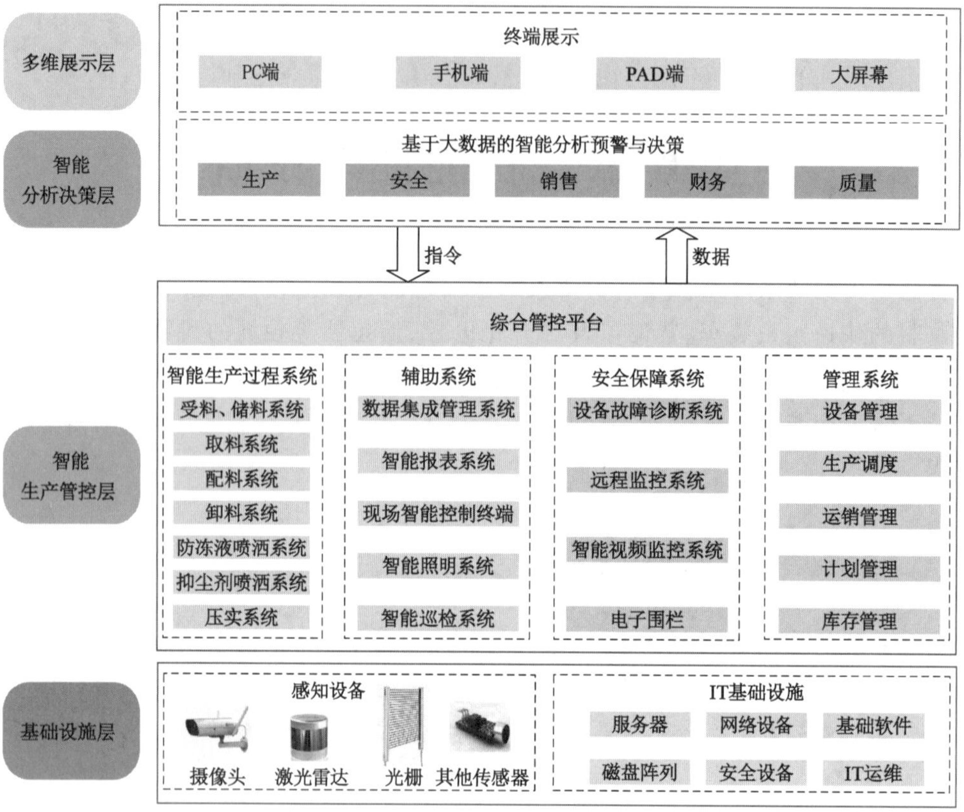

图 6-1　智能储装系统总体架构

6.2　智能储装系统工艺

结合智能储装系统的特点，在煤矿传统储装系统的基础上，充分分析常规储装系统的工艺布置方法，对比各种工艺方案的优缺点，确定最优智能储装系统的工艺方案。

6.2.1　系统工艺流程

储装系统主要工艺流程如图 6-2 所示。整个流程主要由汽车卸煤—受煤车间受煤—皮带输送—储煤堆(场)储煤、配煤—外运装车等关键环节组成。根据工艺流程，储装系统可分为受煤子系统、输煤子系统、配煤子系统和装车子系统。

6.2.2　受煤子系统

受煤子系统一般包括以下三种形式：受煤坑受煤、地表刮板输送机受煤、以汽车直接进入储煤棚内卸煤的方式受煤。通过对以上三种受煤形式进行分析比较，提出适合智能化煤炭储装系统的受煤工艺方案。

(1) 受煤坑受煤

受煤坑一般为地下漏斗结构，汽车直接将煤卸入受煤坑。受煤坑下部设链式给煤机，链

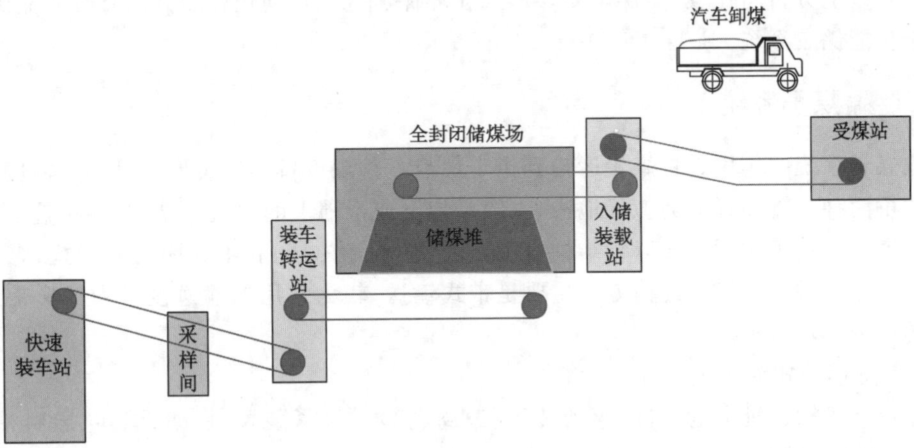

图 6-2　储装系统工艺流程

式给煤机将煤给入下方的受煤带式输送机，带式输送机将煤运走。

受煤坑受煤形式能实现多品种煤同时卸载，回煤皮带分时运输，系统简化。这种方式需设置回煤地道，皮带与卸煤汽车同时工作。受煤坑具有缓冲能力，能够减少推土机辅助工作量。

(2) 地表刮板输送机受煤

在卸车场地地面布置一台重型刮板输送机，重型刮板输送机分水平段和爬坡段。水平段为受料段，设多个卸车位，汽车可以直接将煤卸到刮板表面，也可以卸在刮板附近区域，再由推土机将煤推到刮板上面。爬坡段长度一般可达几十米，爬坡角度一般在 10°以内。刮板输送机机头部可连接破碎机或转载机。

(3) 以汽车直接进入储煤棚内卸煤的方式受煤

这种受煤形式，汽车直接开到储煤棚内进行卸车，卸储合一，卸煤方式分为平面卸煤、旋转堆存两种。汽车从储煤棚一侧进入卸车，卸空后由储煤棚另一侧出仓。

受煤形式技术对比如表 6-1 所示。

表 6-1　受煤形式技术对比表

序号	受煤形式	优　点	缺　点
1	受煤坑受煤	缓冲能力大；可实现多品种煤同时卸载；卸储合一；槽下回煤皮带分时运输，系统简化；实现自动给料，辅助作业量少，自动化程度高；储煤场空间利用率高	地下工程量较大，施工工期较长
2	地表刮板输送机受煤	设备可在地面布置，不需要地下建筑，便于安装检修	功率较大，运行费用较高；辅助作业量较大；投资高
3	以汽车直接进入储煤棚内卸煤的方式受煤	污染较小；系统简单、灵活；设备投资少	自动化程度低，储煤场空间利用率低

综合以上分析与比较，受煤坑受煤形式在环保、节能、自动化程度方面具有明显优势，更适合于智能储装系统。

6.2.3 输煤子系统

输煤子系统的作用是将煤炭运输到指定地点。输煤设备的安装形式可分为输煤廊道与输煤栈桥两种。输煤廊道类似于地沟，一般是地下或半地下的混凝土结构，煤炭输运设备安装于廊道内。输煤栈桥一般以钢结构为主，架空设置，有封闭和不封闭两种形式，煤炭输送设备安装在栈桥上。煤炭运输方式主要是带式输送，较为常用的输送设备为槽形带式输送机和圆形带式输送机。

(1) 槽形带式输送机

槽形带式输送机由输送带、驱动装置、滚筒、托辊、拉紧装置、机架、漏斗、导料槽、清扫器、卸料器等主要部件组成，如图 6-3 所示，以输送带作为牵引构件和承载构件，利用托辊支撑，依靠传动滚筒与输送带之间摩擦力传递牵引力。槽形带式输送机可用于水平输送，也可用于倾斜输送，但倾角有一定限制。在通常情况下，倾斜向上运输的倾角不大于 18°。当槽形带式输送机倾角超过 4°时，为防止重载停机时发生逆向传动事故，一般都要设置制动装置。

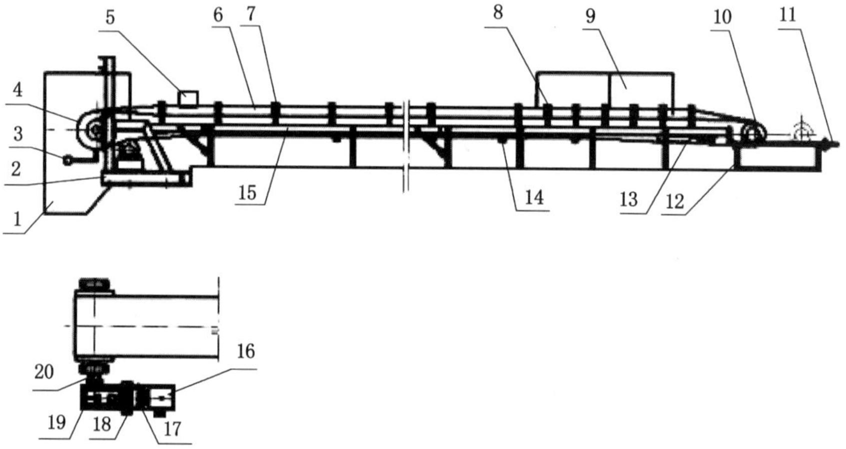

1—头部漏斗；2—机架；3—头部清扫器；4—传动滚筒；5—安全保护装置；6—输送带；7—承载托辊；8—缓冲托辊；9—导料槽；10—改向滚筒；11—螺旋拉紧装置；12—尾架；13—空段清扫器；14—回程托辊；15—中间架；16—电动机；17—液力偶合器；18—制动器；19—减速器；20—联轴器。

图 6-3 槽形带式输送机组成示意图

槽形带式输送机具有如下特点：输送连续均匀，运行平稳可靠，生产效率高；结构简单，工作过程中噪声小；运行费用低，维修方便，易于实现自动控制及远程操作。

(2) 圆管带式输送机

圆管带式输送机是在槽形带式输送机基础上发展起来的一类特种带式输送机，采用数个（通常为 6 个）托辊组成正多边形托辊组以强制输送带形成圆管状，密闭地连续输送各种粉状、粒状和块状等松散物料。圆管带式输送机的组成如图 6-4 所示。圆管带式输送机能实现大倾角输送。普通槽形带式输送机输送角度只能达到 18°左右；而圆管带式输送机由于输送带将物料围包在管内输送增大了物料与输送带之间的摩擦力，输送角度进一步提高，最大可达到 30°。

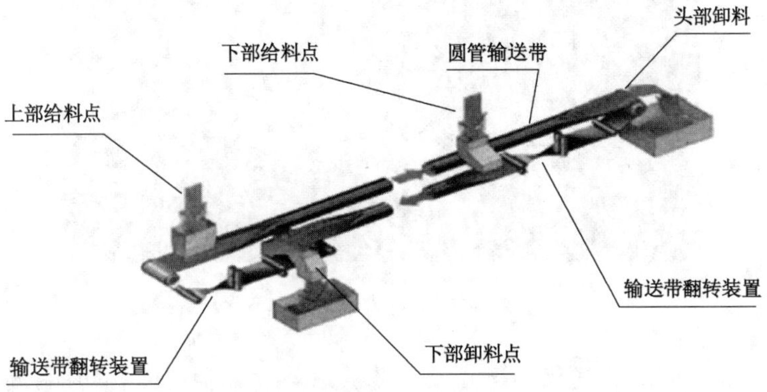

图 6-4　圆管带式输送机组成示意图

圆管带式输送机的特点如下：实现承载段和回程段封闭输送，避免了漏料、撒料等现象，不会对环境造成污染，能防止外部杂物混入输送物料以及物料遭受雨淋或日晒等损害；实现小半径三维空间转弯，不用设置中间转运站，特别适合于空间比较狭小或者有障碍物等复杂环境下的输送线路建设。

圆管带式输送机特别适用于长距离输送，能够适应高低不平的地形；槽形带式输送机在物料的短距离或中距离输送转载中应用广泛，特别适合于工业场地内的物料输送。一般情况下，选择封闭栈桥内带式输送机的设计方案作为智能储装系统的输煤方式。

6.2.4　储煤子系统

储煤子系统的作用是对煤炭进行储存。目前，大型煤炭储装系统对于储煤子系统一般有两方面的需求：一是全封闭、环保无污染；二是根据来煤种类，储煤设施能实现多煤种分开堆放，并能分品种装车。

全封闭储煤系统的工艺设备方案主要有全封闭条形储煤场、全封闭圆形储煤场和圆形筒仓。本小节通过对以上几种储煤工艺设备方案的分析比较，提出适合绿色高效智能化煤炭储装系统的储煤工艺设备方案。

(1) 全封闭条形储煤场

全封闭条形储煤场外形如图 6-5 所示，其结构是在露天储煤场的基础上增加封闭设施，以符合国家对环境保护的要求，同时减小气候影响对煤炭造成的损失。长条形结构可支持多种堆取料工艺，可以布设大型堆取料设备，也可以设置皮带栈桥进行多点卸料配合推土机取料，或者通过推土机等小型设备完成堆取料工作。

全封闭条形储煤场具有储煤量大、自动化程度高、设备少、投资低等特点。全封闭条形储煤场一般多应用于吞吐量较大的物流中心以及港口、码头等项目。

(2) 全封闭圆形储煤场

全封闭圆形储煤场外形如图 6-6 所示，其建筑结构通常为半球面网壳结构。全封闭圆

图 6-5　全封闭条形储煤场

形储煤场顶端通常与带式输送机相连并设有转载站等设施实现卸料功能，场内多采用回转式堆取料机工艺或落煤塔工艺实现堆煤、取煤功能。

图 6-6　全封闭圆形储煤场

全封闭圆形储煤场储煤量大，可以自动堆煤，自动化程度较高，但回煤率小，增加了推土机、前装机的作业量，运营成本较高。同时，全封闭圆形储煤场占地面积大，设备装机总功率较大，初期投资大。全封闭圆形储煤场多应用于煤矿、选煤厂以及储运中心的储煤系统建设。

(3) 圆形筒仓

圆形筒仓外形如图 6-7 所示。煤炭可通过皮带运至圆形筒仓仓顶，在仓顶通过配仓皮带或刮板均匀分配至圆形筒仓存储。仓底可设装车闸门供汽车装煤外运，也可设给料机通过皮带将煤运至下一道生产工序。

圆形筒仓是一种非常成熟的储煤设施，在煤矿、选煤厂广泛使用。圆形筒仓储煤具有以下特点：工艺简单，占地小，容易管理；密封性能好，环保；自动落料、自动出料，自动化程度高，运营费用低；储煤量大；煤的提升高度大，施工技术要求高；易发生自燃和堵仓现象；装机总功率较大，建设工期长，投资大。

在总储煤量为 15 万 t 的前提下，以上三种储煤设施的技术方案比较见表 6-2。

图 6-7　圆形筒仓

表 6-2　储煤技术方案比较

序号	规格参数	储煤设施		
		全封闭条形储煤场	全封闭圆形储煤场	圆形筒仓
1	储煤场(仓)数量/个	3	3	8
2	配煤功能	强	一般	强
3	环保效果	好	好	很好
4	地下工程量	小	小	大
5	施工周期	短	短	长
6	设备采购周期	短	短	短
7	占地面积	较大	较大	小
8	煤流落差/m	20	30	55
9	辅助回料量	较大	大	无

综合分析与比较不同的储煤工艺设备方案，全封闭条形储煤场采用栈桥式堆煤方式，具有单体容量大、堆煤点灵活、自动化程度高、施工周期短等特点，较其他储煤设施更适用于智能储装系统。

6.2.5　配煤子系统

配煤子系统的作用是将煤炭的发热量和硫分配比到要求值。常用的配煤方法有体积法和质量法。体积法是指将一定体积的一种煤与特定体积的另几种煤混合；质量法是指按照质量将不同的煤配合达到预定的比例。配煤的主要方式有带混式、仓(堆)混式、床混式。

(1) 带混式配煤

带混式配煤在输送带上进行，从两个或多个煤堆上按一定比例取出煤置于一条输送带上，达到配煤目的。这种方式的优点是煤质易于调节。当煤质变化时，只要调节不同煤堆的取煤比例，就可调节配煤煤质。该方式适用于配煤规模大、来煤点多、配煤规模大、用户要求的煤质多变的配煤企业。其缺点是占地面积大，基建投资稍高，配煤精度偏低。

(2) 仓(堆)混式配煤

仓(堆)混式配煤是指将不同种类的煤在混煤仓内混合。这种方式操作简单，但是配煤能力偏小，投资较高。

(3) 床混式配煤

床混式配煤是指在储煤场将不同种类的煤分层均匀堆放在一起，然后由取煤机全断面纵向取煤。堆煤的层数决定混煤的均匀性，层数越多，混煤均匀性越好。床混式配煤系统具有混煤量大，方式简单，不需要特殊设备，均匀性好，可长时间大量混煤等优点。但该方式对煤质变化的反应能力差，必须准确掌握来煤质量，以便改变煤层中各种煤的比例。它适用于来煤煤种少、品种固定，而用户对煤质要求也相对固定的配煤中心。

通常，智能储装系统煤源多样化，来煤量大，为保证输出煤质稳定性和均匀性，宜采取带混式配煤方式。

6.2.6 装车子系统

目前主要的装车工艺系统有以下两种：快速定量装车系统与普通混凝土筒仓简易式装车系统。确定满足绿色高效智能化装车外运需求的装车工艺，需要对现有的两种装车工艺进行对比分析，总结并参考两种装车工艺系统的特点。

(1) 结构形式对比分析

快速定量装车系统采用全钢结构形式，结构性能稳定。缓冲仓和定量仓仓体装有高强度耐磨板，并结合物料的流动特性进行结构设计，不会出现仓口堵料的情况。

普通混凝土筒仓简易式装车系统采用混凝土结构形式，结构性能不够稳定。这种形式的装车系统仅有一个混凝土缓冲仓进行储料，仓体内部一般不衬耐磨材料，从而造成物料在仓内流动性差，易出现仓口堵料情况。

(2) 核心性能对比分析

快速定量装车系统的内部专门设计一个称量仓，并安装一套数字式称重传感器，可以对物料进行精确的称量，称量精度高。系统所有闸门的驱动采用数字液压系统，包括数字化液压缸、伺服比例阀、大流量柱塞泵等，自动化程度高。

普通混凝土筒仓简易式装车系统的内部没有设计称量仓，而是在地面安装一套电子磅。由于溜槽与地面之间存在高度差，装车时需要靠操作人员根据经验确定何时关闭闸门，并实施相关操作，因此这种方式称量精度低，误差大。系统下口闸门一般采用电液或电动推杆设备驱动。电动(液)推杆推力小、速度慢，无法实现连续无级调节，称量精度大大降低。

(3) 装车速度对比分析

快速定量装车系统采用上位机集成控制，自动化程度高。整个装车过程，包括火车进出场的调度、车辆定位、自动称量、自动卸料、自动装车、自动报表等全部过程均实现自动化，车辆协调调度简单，装车速度快。一般在调度合理的情况下，一节火车的装车时间小于 60 s。

普通混凝土筒仓简易式装车系统自动化程度低，装车时间长。

综上分析，智能储装系统一般采用快速定量装车系统的装车工艺，以满足系统高效、装车环保的要求。

6.3　封闭式储存及抑尘技术

6.3.1　封闭式储存

露天储存方式存在如下问题：环境污染较大；煤在露天堆场中日晒雨淋后含水率变化很大，煤焦油流失严重，煤的热效能降低；煤易发生自燃；等等。为了减少煤炭对环境的污染以及受气候影响造成的煤炭损失，封闭式储煤技术得到了广泛的应用。封闭式储煤方式包括封闭式储煤场和储煤仓，其中封闭式储煤场主要包括条形储煤场和圆形储煤场，封闭式储煤仓主要包括槽仓、圆筒仓和方仓。本节针对智能储装系统重点介绍储煤量较大的储煤场储煤。

(1) 全封闭条形储煤场

全封闭条形储煤场分为汽车堆煤和输送机堆煤两种形式。

汽车堆煤方式的全封闭条形储煤场外形如图6-8所示，运煤车直接进入储煤场卸载，不需要设置独立的受煤系统。此种储煤场优点是环节少，设备数量较少，设备运行能耗较低，工程投资较低。但这种储煤场也存在一些缺点：占地面积大；自流回煤率低，为保证装车能力，需推土机、前装机辅助；汽车卸煤不能直接对受煤坑，需推土机、前装机再次平整煤堆；汽车需上煤堆卸煤，从而会将煤压实，造成回煤不通畅，推土机、前装机工作量加大，运营费用高；作业环境恶劣，存在生产安全隐患。煤炭储装系统较少采用此种储存方式。

图6-8　全封闭条形储煤场(汽车堆煤)

输送机堆煤方式的全封闭条形储煤场外形如图6-9所示，自卸卡车在受煤棚内卸煤，卸出的煤炭经缓冲仓下的给煤机给至入储带式输送机，再经布料带式输送机将煤卸至全封闭条形储煤场储存。此种储煤方式的优点：占地面积较小，储煤量大；自动化程度高，可自动堆煤；推土机、前装机作业量小，运营成本低；运煤车在受煤站内卸载，不必进入煤场爬坡作业，安全隐患少，劳动强度低。其缺点是设备台数较多，装机总功率较大，初期投资较汽车堆煤形式的大。

(2) 全封闭圆形储煤场

全封闭圆形储煤场主要组成部分为：中心柱及下部的圆锥形煤斗、堆料机、取料机、电气

图 6-9　全封闭条形储煤场(输送机堆煤)

和控制设备、土建结构及其他相关辅助设施等。汽车来煤在卸煤坑处翻卸,经坑下的给煤机给至入储带式输送机,再由堆取料机上的旋转带式输送机卸入圆形储煤场。储煤场设备为圆形储煤场堆取料机,堆、取料作业可独立进行,互不干涉。若运量较大,则需要在圆形储煤场地面适当位置设置煤斗和活化给料机。

以上三种储煤形式的技术比较见表 6-3。

表 6-3　储煤场优缺点比较

方　　案	优　　点	缺　　点
全封闭条形储煤场(输送机堆煤)	自动化程度较高,可自动堆煤;运行维护安全性高	设备台数较多,装机总功率较大,初期投资较汽车堆煤方案的大
全封闭条形储煤场(汽车堆煤)	环节少,设备数量较少,设备运行功率较低,工程投资较低	自动化程度低,占地面积大,自流回煤率低;需推土机、前装机辅助;汽车需上煤堆卸煤,从而会将煤压实,造成回煤不通畅,推土机、前装机工作量加大,运营费用高;作业环境较恶劣
全封闭圆形储煤场	占地面积较少,自动化程度高;可自动堆煤,不需要推土机、前装机的辅助作业	装机总功率较大,初期投资大;运营成本较高,设备维护和管理技术水平要求高

6.3.2　基于诱导气流分析的综合抑尘技术

喷雾降尘方法能够降低储装过程引起的粉尘污染。喷雾设备的雾滴粒径需要控制在粉尘粒径的 8～10 倍范围内,以便获得最佳的捕尘效果。实际使用中,物料下落引起的诱导气流会对雾滴粒径的大小和分布产生影响,导致捕尘效果不佳。为了提高喷雾降尘方法的捕尘效率,需要掌握诱导气流对雾滴粒径的影响规律,为优化喷雾降尘系统雾化参数及喷头位置提供依据。

6.3.2.1　诱导气流对雾化效果的影响

利用建模分析软件 Hypermesh 等对储装设备及物料进行建模,模拟实际工作时产生的诱导气流对雾滴粒径大小和分布产生的影响。本小节以装车过程为例,根据实际尺寸建立溜槽、车厢的三维几何模型，如图 6-10 所示。采用 CFD tetramesh 对几何模型进行六面体网格划分，然后采用湍流模型，保持 Fluent 默认的松弛因子不变，离散格式为二阶迎风，设置边界条件及参数。

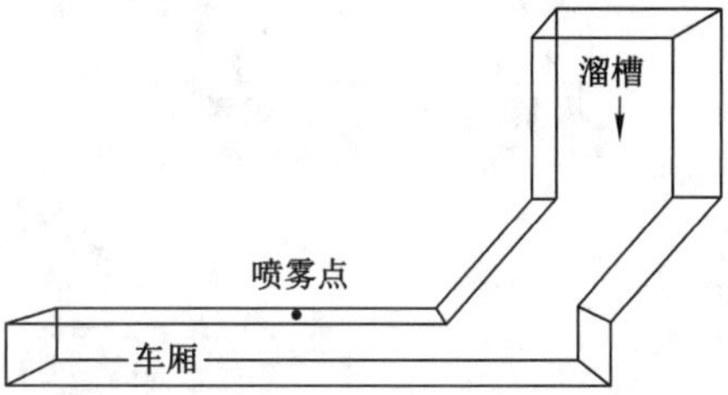

图 6-10　溜槽和车厢结构示意图

对同一个喷嘴采用不同的诱导气流风速，通过数值模拟方法得出诱导气流对雾滴颗粒的影响。经过研究发现：

① 随着诱导气流风速不断增大，雾化场雾滴颗粒偏离喷嘴中心轴线，喷嘴中心轴线位置雾滴颗粒数量逐渐减少，雾滴颗粒向导料槽出口方向飘移明显。

② 在诱导气流的影响下，雾滴粒径总体有所减小，雾滴的体积更加趋于均匀，同时，雾滴颗粒二次破碎的强度有所增加，雾滴粒径分布比较集中，从而增加了雾滴颗粒间相互碰撞、凝结成更大雾滴的可能性。

③ 在喷雾降尘过程中，雾滴颗粒速度越高，其动量越大，越能有效地和粉尘颗粒进行碰撞；若雾滴颗粒速度过小，在运行过程中就容易被诱导气流吹散，起不到降尘作用。

④ 雾化压力的增大致使喷嘴喷射雾滴的破碎程度增大，导致雾滴粒径随雾化压力的增大而减小。受诱导风流和雾化压力的双重影响，雾滴颗粒发生二次破碎的强度增大，从而使雾滴粒径相对风速为零时有所减小，捕尘效果更好。

在无诱导气流扰动的情况下，雾化压力越大，雾化颗粒分布越集中；而在诱导气流和雾化压力的双重耦合作用下，雾化颗粒分布变化不明显。由于装车过程中溜槽角度实时变化不同，产生的诱导气流风速也不相同，在现场应用时，可以针对不同的诱导气流风速选择不同的雾化压力。

6.3.2.2　综合抑尘系统配置

（1）装车站卸料装车喷雾系统配置

装车站卸料装车环节粉尘污染情况较为严重，目前采用高压喷雾降尘系统抑尘，该系统由微米级干雾机、储气罐、干雾箱控制器、水气连接管道、控制系统、电伴热带保温系统等组成，具体数量根据现场情况进行确定。

装车过程中车厢处喷雾降尘设备布置方案如图 6-11 所示，在摆动伸缩溜槽的下部四周分别设置一组喷头，喷头与溜槽平行安装，喷雾过程考虑诱导气流的影响。

（2）储煤场自动旋转喷洒降尘系统配置

自动旋转喷洒降尘系统，由于具有射程远、喷水强度大、控制简单、可快速降尘抑尘等特点，广泛应用于高大空间的降尘。自动旋转喷洒降尘系统由给水管道、自动旋转喷枪、电磁阀、过滤器、闸阀等设备和部件组成。

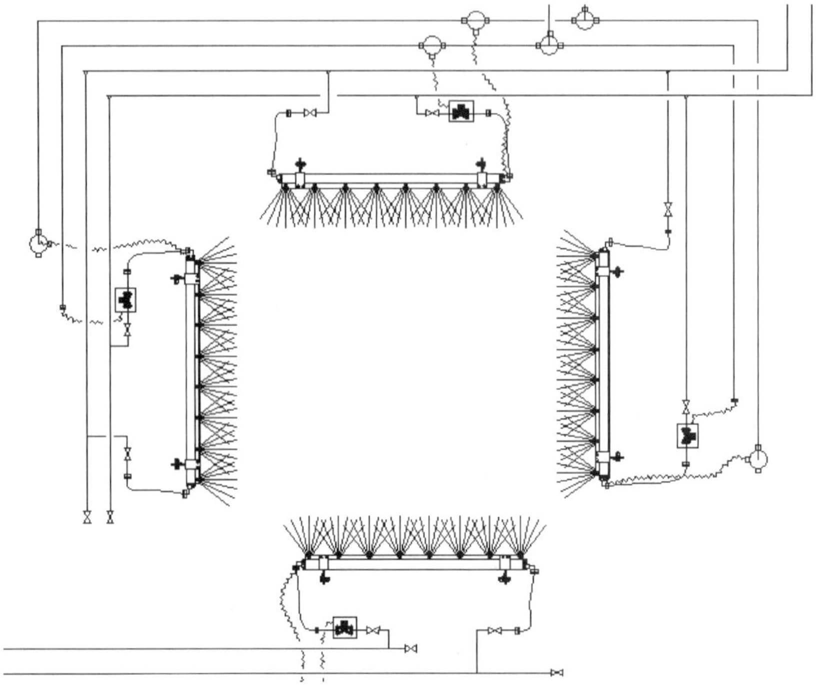

图 6-11　装车过程中车厢处喷雾降尘设备布置方案

生产过程中，当有降尘需要时，打开系统控制器，控制打开喷枪前的电磁阀，水流通过给水管道进入自动旋转喷枪喷出，撞击喷枪出口处的碎水器，形成大量雾化水滴喷出，与场棚内空气中的悬浮颗粒物接触、凝聚并产生重力下沉，从而实现降尘效果；也可在水中加入药剂，使下沉降落的灰尘在物料表面板结，减小因空气流动产生二次扬尘，实现物料的抑尘；同时，喷洒液体可以增加堆场表面物料湿度，达到抑制物料扬尘的目的。自动旋转喷洒降尘系统的应用实景如图 6-12 所示。

(a)　　(b)

图 6-12　自动旋转喷洒降尘系统应用实景

6.4　智能储装系统配煤技术

配煤系统通过配煤生产工艺将几种不同品质的煤掺混在一起，使得混合后的煤质能满足燃烧锅炉对动力煤的使用要求，从而发挥锅炉的最大效率，降低成本。配煤过程中必须做到配方科学，混配均匀，动态调节，才能保证配煤质量。

6.4.1　配煤系统组成及工作原理

配煤系统由检测元器件、在线灰分仪、皮带秤、定量给煤机、执行机构、带式输送机、控制器等构成。智能化配煤过程如图 6-13 所示，系统采用遗传算法等智能算法建立配煤方案，并针对系统反馈控制过程具有大时滞、非线性以及难以建立精确数学模型的特点，结合模糊 PID 等算法完成配煤控制过程。配煤控制系统将设定的发热量（给定值）与实际发热量（测量值）之间的差值即煤质的偏差值作为输入信号，通过对输入信号进行处理后输出控制信号去改变某一个或多个煤种的给煤量，最终使混配煤质达到用户要求。

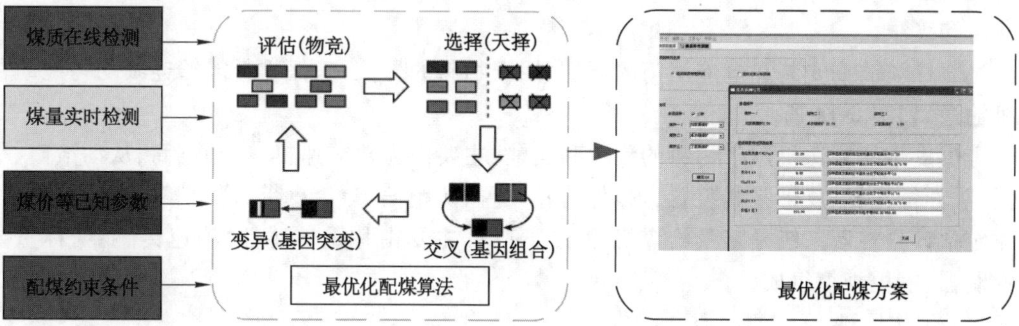

图 6-13　智能化配煤过程示意图

6.4.2　配煤系统主要设备

6.4.2.1　定量给煤机

定量给煤机是按预定程序和设定的给煤量，用输送带连续输送称量固体散状物料的定量给料设备。其计量和控制过程连续且自动进行，不需要操作人员干预即可完成设备启停、计量及流量控制等工作。

智能配煤系统根据煤质需求信息和库存煤煤质信息，提供最优配煤方案，得出不同种类库存煤的给煤量。控制系统根据配煤方案控制参配煤种单位时间内给煤量。定量给煤机按控制系统的指令进行给煤。

(1) 设备组成

定量给煤机主要由储料仓、电液闸门、过斗导料溜槽、定值皮带秤输送机、定值计量控制系统等组成，其结构如图 6-14 所示。

其中，电液闸门安装在储料仓出料口法兰上，主要用于储料仓底部出料口的封闭和开启。正常使用状态下闸门一直处于开启状态，并可通过调节闸门的开启程度控制物料流量。

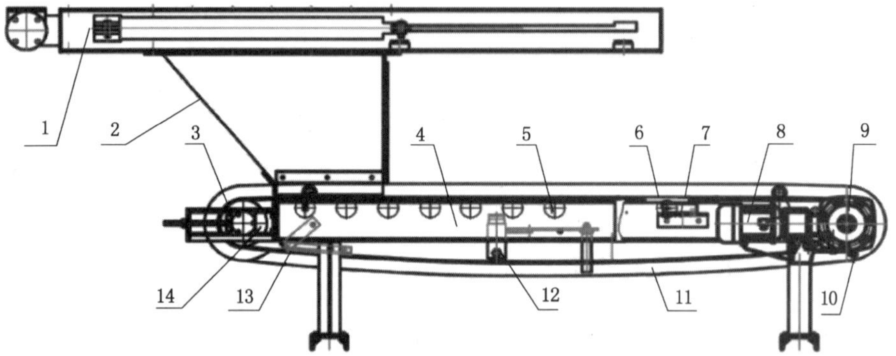

1—电液闸门;2—过斗导料溜槽;3—皮带张紧装置;4—秤架;5—平行托辊;6—计量托辊;
7—传感器装置;8—减速电机;9—主动滚筒;10—外清扫装置;11—皮带;
12—防跑偏装置;13—内清扫装置;14—从动滚筒。

图 6-14 定量给煤机组成

闸门关闭主要是便于输送机的正常调整与维护保养,同时防止物料入仓时对输送机等设备的冲击和飞溅。

过斗导料溜槽安装在电液闸门的下端,用于物料的导流,确保物料能够连续均匀地向输送机输送,如图 6-14 所示。

定值皮带秤输送机用于物料的称重和运输,主要由齿轮减速机、主动滚筒、从动滚筒、平行托辊、计量托辊、皮带张紧装置、内/外清扫装置、防跑偏装置、皮带、秤架等组成。

定值计量控制系统是定量给煤机的核心部分,主要由称重传感器、测速传感器、称重显示控制器、电控柜等组成。

(2) 工作原理

参配煤种通过给煤机皮带给料时,计量托辊对其进行质量检测(载荷信号),同时测速传感器对皮带速度进行检测(速度信号)。载荷信号及速度信号被送入积算器进行处理并得到瞬时流量及累计量。积算器将实测的瞬时流量与设定流量进行比较,并根据比较的结果输出相应的控制信号给变频器来改变主驱动减速电机的转速,从而改变输送皮带带速,使给料量与设定值一致,完成恒定给煤流量的控制。

主动滚筒具有防滑防跑偏功能;从动滚筒采用清扫装置实现自洁功能;皮带采用自动张紧装置,调节可靠、方便,其张力保持恒定,计量准确。定量给煤机具备给煤不足等监测报警功能。

6.4.2.2 无源灰水仪

灰分、水分、发热量是评价煤炭质量的重要指标。能够在线准确地获得输送带上煤流的煤质信息,对煤炭生产、加工与利用具有重要的意义。由于人工采制样劳动强度大,化验结果存在滞后性且受人为因素的影响,采用自动化的在线检验仪器十分必要。在煤炭生产过程中,灰分和水分可以由在线灰水仪测量得到,发热量则可依据煤质经验公式计算得到。

目前,在线灰分检测的方法主要有两类:使用两个放射源的双能光子源法和不使用放射源的天然射线(无源)法。因具有环保与测量性能好的优势,天然射线(无源)法逐渐成为在线灰分检测的发展趋势。在线水分检测方法主要有中子源法、近红外法、微波法等。由于中子源屏蔽防护难度大，近红外光受环境粉尘多以及光照强度变化的影响，中子源法和近红外法难以适应恶劣的工业环境，在煤炭行业的应用较少；而微波法则具有非接触、快速、连续的特点。无源灰水仪采用天然射线（无源）法和微波法实现灰分、水分等煤质参数的在线检测，规避了其他测量方法的缺点与不足，更适合在煤炭行业使用。

(1) 检测原理

无源灰水仪的检测方法主要有两种：天然射线（无源）灰分检测法、微波水分检测法。

天然放射性元素在自然界中普遍存在，煤炭中也存在微量的天然放射性元素，如^{40}K、^{232}U、^{238}Th 等。上述放射性元素主要存在于煤的灰分之中，经大量的煤样测试，煤的灰分越高，其天然放射性元素的含量越高，煤中释放的天然 γ 射线的强度也越高。由此可见，煤中的天然放射性水平与灰分含量具有正相关关系。因此，通过探测单位质量的煤中天然放射性水平即可计算煤中灰分含量。

微波一般是指波长在 1 m 到 1 mm（即频率从 300 MHz 到 300 GHz）范围内的电磁波。微波透射物质时会产生功率的衰减和相位的改变，这些参数的变化主要由所穿透物质的介电常数、介质损耗角正切值决定。水分子是一种极性很强的偶极子，在外电场的作用下，水分子的极化程度远大于其他物质。在一定微波频率范围内，煤炭等含水物料中水的介电常数远大于所含的其他物质的介电常数。水的介电常数远大于煤的介电常数，由此可见，含水煤的等效介电常数与含水率极其相关。因此，通过测量含水煤流在微波场中的介电常数，便能间接测得煤中含水量。

(2) 设备组成

无源灰水仪由安装在带式输送机机架上的天然射线灰分检测单元、微波水分检测单元以及布置在远端监控室的主机组成，主机与现场部分之间由光缆连通。其结构如图 6-15 所示。

天然射线灰分检测单元由用于捕获煤中的天然 γ 射线探测器、用于射线谱线分析的能谱分析仪、用于计量累计产量的负荷称重装置及用于屏蔽宇宙环境干扰的环境辐射屏蔽体等构成；微波水分检测单元由 X 波段微波发射和接收天线、微波信号单元、物料厚度传感器等构成。灰分检测单元与水分检测单元之间以 CAN 总线等通信方式实现数据高速交互，从而实现多参数同步检测的目的。

6.4.2.3　皮带秤

皮带秤主要由称重桥架、测速装置、积分器、转换器等几部分组成，其结构如图 6-16 所示。

称重桥架的作用是传递重力，由承重梁、托辊支架梁、连接梁、两组称重托辊和称重传感器组成。测速装置由测速传感器及传动结构组成，用于带速的测量。积分器通过处理来自称重传感器的重量信号和速度传感器的速度信号（通过转换器），计算出物料的瞬时流量和累计量并显示。转换器将获取的称重传感器检测的载荷信号和速度传感器检测的速度信号进行数字转换，用以提供给积分器处理和显示。

称重传感器输出的 0～30 mV 电压信号，经放大器放大，再经 A/D 转换器转换成数字量送入中央处理器，中央处理器根据公式计算出输送原煤的流量。

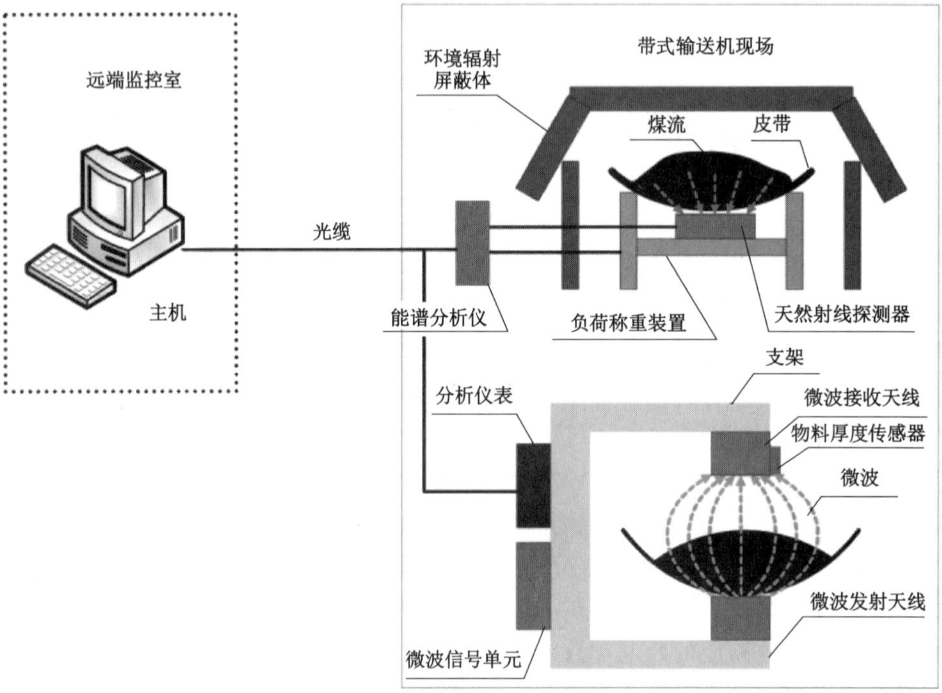

图 6-15　无源灰水仪组成结构

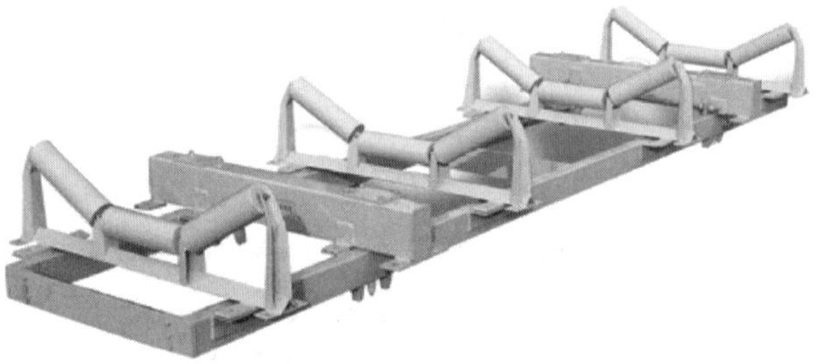

图 6-16　全悬浮式电子皮带秤

6.5　智能无人快速定量装车技术

基于散体物料流动性特征分析，采用多传感器信息融合技术、智能控制算法、专家数据库系统等，在掌握装车过程信息的基础上，建立稳定性高、可靠性高、兼容性强的智能化控制系统，实现从物料上料、高精度定量称量配料到向列车车厢卸料的全工艺流程的智能化装车过程。

智能化装车系统主要包括三个层次，即感知执行层、协同控制层和应用辅助层，其框架流程如图 6-17 所示。感知执行层主要包括高精度称重传感系统、物料检测系统、车辆的跟踪与识别系统和液压精准控制系统等。协同控制层主要用于实现系统中的各个子系统的协作。应用辅助层负责处理和分析来自感知执行层的大量传感器的数据信息，规划卸料和装车流程，并根据车厢动态信息，为控制执行机构的动作提供相应的支持。

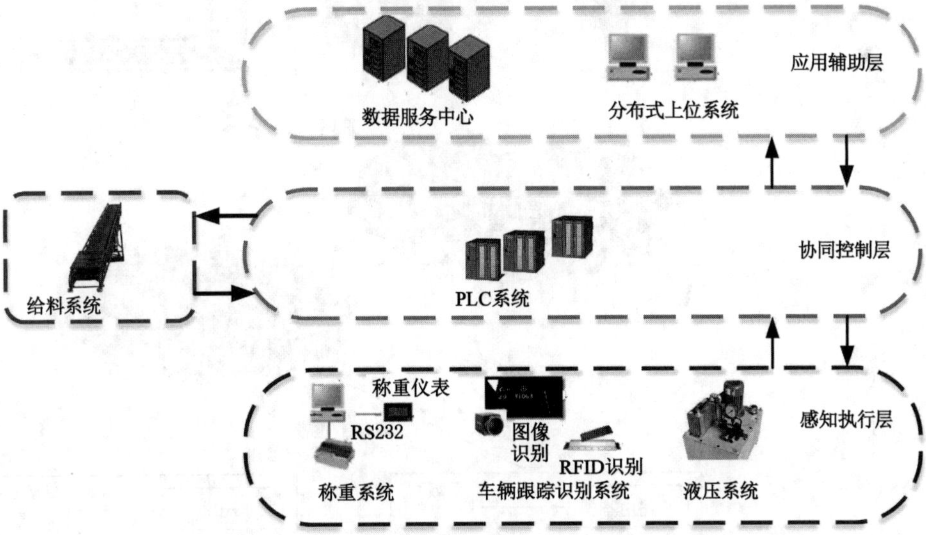

图 6-17　智能化装车系统框架流程

6.6　机电设备远程运维及预测性维护平台

机电设备远程运维及预测性维护平台将“互联网＋”引入集运站设备管理中，以集运站机电设备为核心，利用智能传感器、工业互联网、云计算、人工智能等设备与技术对机电设备进行全运行周期的状态监测，并进行数据管理和分析，为用户提供设备故障预测、故障诊断与分析、设备劣化趋势预测、健康状态评估、运行状态监测、远程专家系统服务、智能巡检、设备管理等一系列设备安全与可靠性管理服务，有效提高设备运行的安全性、经济性及可靠性。

系统采用基于云平台的总体架构，其中云平台架构如图 6-18 所示，利用宽带或 4G 或 5G 网络将 PLC 的设备信息发送至装车站设备云中。装车站设备应用服务也部署在云平台上，从装车站设备云中调取信息，形成所需要的逻辑应用服务，供接入互联网的移动互联设备使用。

系统采用先进的云技术手段，使装车站设备管理高效、准确，实现“五化”管理，即“位置精确化、过程透明化、信息准确化、管理精细化、行为标准化”，降低现场设备管理成本，减少设备安全隐患，提高企业设备管理效能。通过部署在云服务器上的软件，系统能够接入任何互联网设备(台式计算机、手机或平板电脑)，从而实现可随时随地查询设备的基本参数、实时运行数据、运行报警信息等，以及进行工单任务的管理与监视等功能，如图 6-19 和图 6-20 所示。

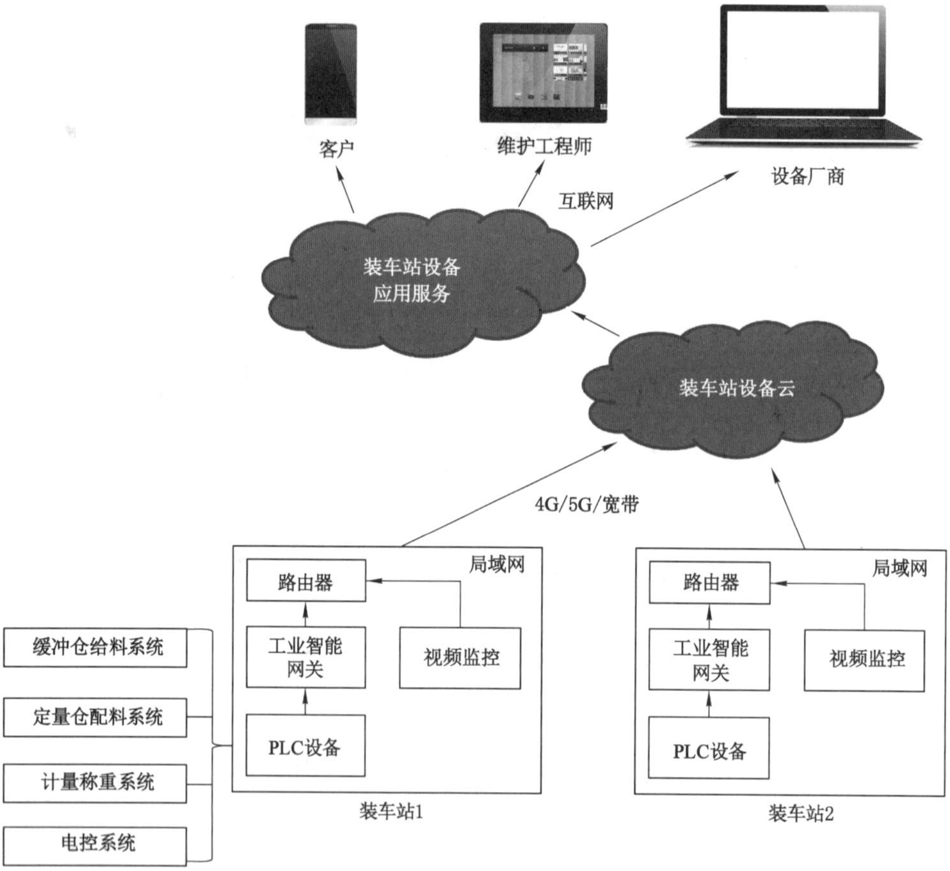

图 6-18　云平台架构

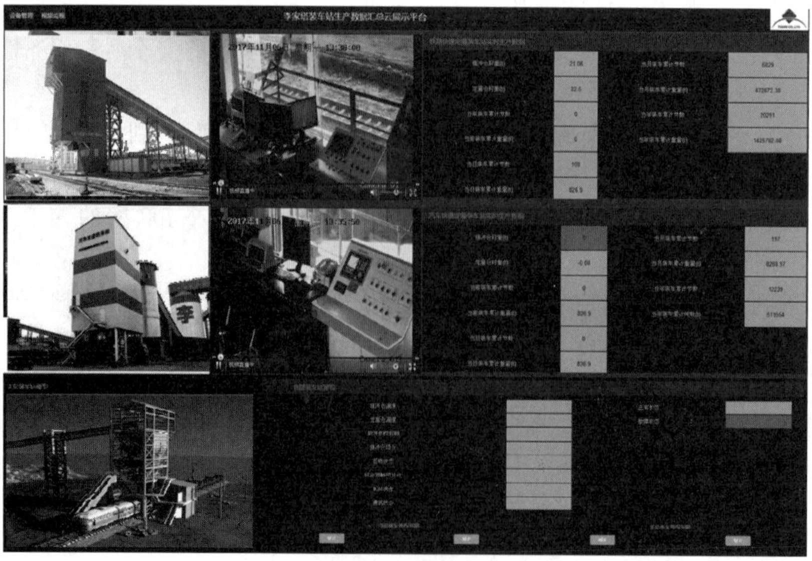

图 6-19　设备云服务用户界面——生产信息

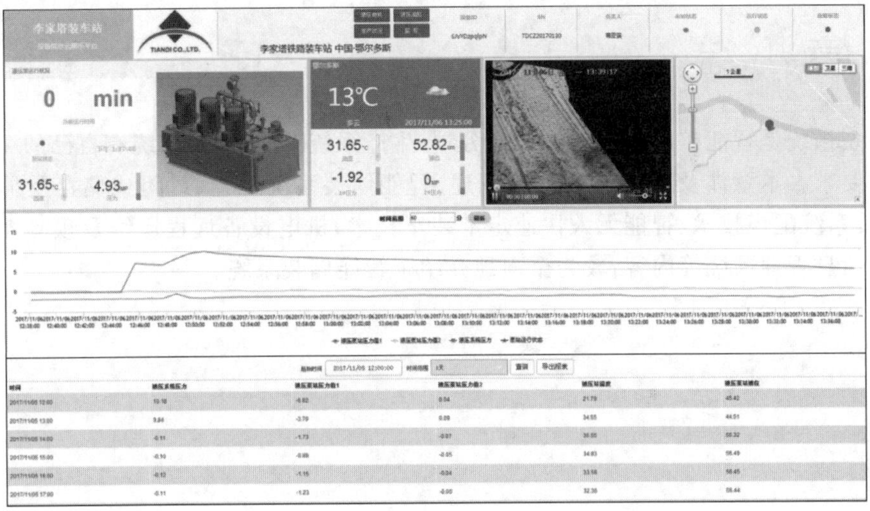

图 6-20　设备云服务用户界面——设备参数

6.7　物流信息管理系统

在建立信息集成平台的基础上，打造智能物流交易综合服务系统，如图 6-21 所示。将互联网化和产业金融一体化作为新时期发展的目标，发挥行业、资源、业务优势，利用互联网和电子商务技术，打造煤炭行业的物流交易综合服务平台，整合煤炭运销的各个环节，服务于煤炭生产、销售企业。综合服务系统汇聚了煤炭行业内生产和销售企业，是一个面向煤炭行业的第三方电子商务平台，利用先进的互联网和物联网技术，结合传统贸易方式，实现煤炭供应链物流全程控制和服务，如图 6-21 所示。

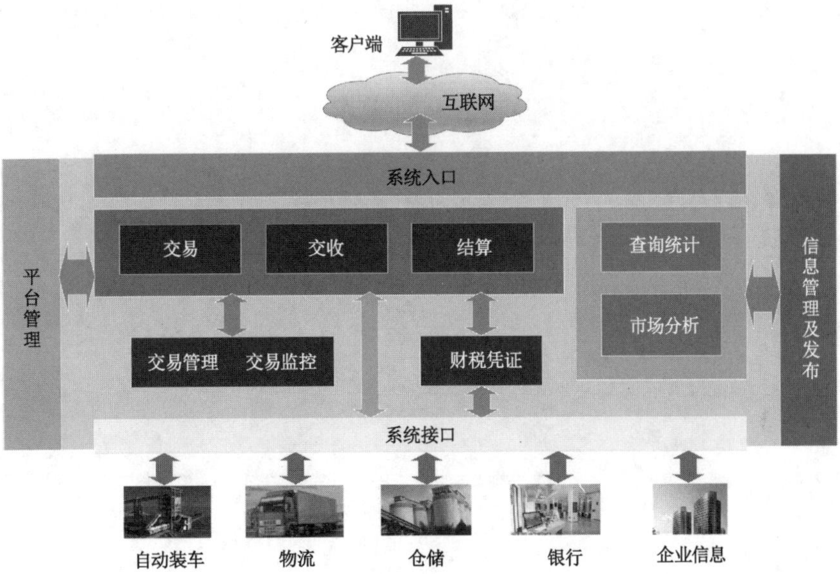

图 6-21　智能物流交易综合服务系统

6.8 本章小结

智能储装系统是智能矿山建设的一大部分，与生产系统不同，储装系统有自己的一套体系和智能化要求。本章涉及智能储装系统概述、智能储装系统工艺、封闭式储存及抑尘技术、智能储装系统配煤技术、智能无人快速定量装车技术、机电设备远程运维及预测性维护平台和物流信息管理系统等内容，较为全面地介绍了智能储装系统。

参考文献

[1] 陈宝强，蒋曙光，孙勤盛，等. 煤矿井下避难硐室钻孔逃生模式应用探讨[J]. 煤炭工程，2014，46(12)：6-9.

[2] 陈益能，杨伟，张铎. 区域性矿山应急救援体系构建研究现状与发展趋势[J]. 中国煤炭，2020，46(5)：57-61.

[3] 丁恩杰，廖玉波，张雷，等. 煤矿信息化建设回顾与展望[J]. 工矿自动化，2020，46(7)：5-11.

[4] 杜兵建，杨涛. 大孔径救援钻孔技术应用[J]. 劳动保护，2018(2)：88-90.

[5] 段晓栋. 人工智能在矿山应急救援中的应用探析[J]. 江西化工，2020(3)：168-169.

[6] 符国权. 国外煤矿井下机器人研究动态[J]. 煤矿机电，1986(5)：23，42.

[7] 葛世荣，朱华. 危险环境下救援机器人技术发展现状与趋势[J]. 煤炭科学技术，2017，45(5)：1-8.

[8] 葛世荣，胡而已，裴文良. 煤矿机器人体系及关键技术[J]. 煤炭学报，2020，45(1)：455-463.

[9] 国家能源局，国家矿山安全监察局. 煤矿智能化建设指南(2021 年版)[Z]. 2021.

[10] 韩安，陈晓晶，贺耀宜，等. 智能矿山综合管控平台建设构思[J]. 工矿自动化，2021，47(8)：7-14.

[11] 郝世俊，莫海涛. 地面大直径应急救援钻孔成孔工艺设计与分析[J]. 煤田地质与勘探，2021，49(1)：277-284.

[12] 侯筱婷. 基于数据仓库、OLAP 和数据挖掘技术的数据分析、展现与预测[D]. 西安：西安电子科技大学，2007.

[13] 胡而已，葛世荣. 煤矿机器人研发进展与趋势分析[J]. 智能矿山，2021，2(1)：59-74.

[14] 黄军利. 国外煤矿应急救援技术装备综述[J]. 煤矿安全，2016，47(9)：233-236.

[15] 井悦. 煤矿安全生产信息化现状及发展方向[J]. 中国煤炭，2008，34(5)：75-77.

[16] 李德，曾庆田，吴东旭，等. 地下矿山通讯技术及实践[J]. 矿业研究与开发，2009，29(2)：69-72.

[17] 李浩荡，佘长超，周永利，等. 我国露天煤矿开采技术综述及展望[J]. 煤炭科学技术，2019，47(10)：24-35.

[18] 李嘉维. 煤层液压钻自动纠偏装置的研究[D]. 淮南：安徽理工大学，2017.

[19] 李炜. 基于 4G 网络的应急通信技术的研究[D]. 北京：北京邮电大学，2017.

[20] 李钊源，金龙哲，李芳玮，等. 煤矿避难硐室提升钻孔系统研究[J]. 中国安全科学学报，2013，23(11)：97-101.

[21] 梁庆华. 矿井探地雷达井下快速超前探测与数据分析[J]. 物探化探计算技术，2011，

33(5):531-535.
[22] 刘宁宁,李磊,崔刚.新型大直径逃生通道通风系统关键参数计算[J].煤炭科学技术,2015,43(4):71-73,95.
[23] 刘绍堂,官云兰.矿山灾害救援钻孔精准定位技术研究[J].河南理工大学学报(自然科学版),2013,32(3):260-264.
[24] 刘莹莹,刘向阳,肖凯军.纳米技术在个体防护装备上的应用[J].现代职业安全,2016(10):106-107.
[25] 马宏伟,聂珍,王川伟,等.煤矿机器人关键共性技术与发展策略[J].智能矿山,2020,1(1):63-70.
[26] 马强.关于加强矿山救护大队救援装备建设的探讨[J].煤炭工程,2013,45(1):27-28.
[27] 乔美中.矿山救护装备与抢险救灾安全关系分析[J].同煤科技,2019(1):37-38,41.
[28] 仇庆林.数字化、信息化、自动化煤矿展望[J].现代企业教育,2009(12):145-146.
[29] 宋元明,刘志军,王万生.快速钻孔技术在煤矿应急救援中的实践[J].中国安全科学学报,2004,14(6):66-68.
[30] 苏学成,樊炳辉,李贻斌,等.试论煤矿机器人的研究与开发[J].机器人,1995,17(2):123-127.
[31] 孙继平,钱晓红.煤矿重特大事故应急救援技术及装备[J].煤炭科学技术,2017,45(1):112-116,153.
[32] 覃海明,吴燕清,肖勇.煤矿井下远程灾区侦测系统研制[J].煤矿安全,2015,46(11):111-113.
[33] 谭章禄,马营营,郝旭光,等.智慧矿山标准发展现状及路径分析[J].煤炭科学技术,2019,47(3):27-34.
[34] 田学起.山东煤矿应急调度通讯系统现状和思考[J].山东煤炭科技,2016(6):143-144,146.
[35] 王成.现代化矿山救护技术装备问题分析[J].科技风,2018(19):116.
[36] 王得印,李小银,黄强,等.电纺技术在个体防护领域中的应用[J].中国个体防护装备,2016(1):15-19.
[37] 王刚,郭德勇,吴建民.高原地区煤矿应急救援人员体能训练分析[J].中国煤炭,2012,38(1):112-116.
[38] 王国法,杜毅博.智慧煤矿与智能化开采技术的发展方向[J].煤炭科学技术,2019,47(1):1-10.
[39] 王国法,刘峰,孟祥军,等.煤矿智能化(初级阶段)研究与实践[J].煤炭科学技术,2019,47(8):1-35.
[40] 王国法,杜毅博,任怀伟,等.智能化煤矿顶层设计研究与实践[J].煤炭学报,2020,45(6):1909-1924.
[41] 王国法,杜毅博.煤矿智能化标准体系框架与建设思路[J].煤炭科学技术,2020,48(1):1-9.
[42] 王国法,庞义辉,刘峰,等.智能化煤矿分类、分级评价指标体系[J].煤炭科学技术,2020,48(3):1-13.

[43] 王国法,任怀伟,赵国瑞,等.煤矿智能化十大“痛点”解析及对策[J].工矿自动化,2021,47(6):1-11.

[44] 王海英.MES构架及与企业信息系统集成研究[D].合肥:合肥工业大学,2006.

[45] 王纪强,吴晨,宋文杰,等.地震救援现场应急通信体系研究[J].地震工程学报,2017,39(增刊):214-219.

[46] 王杰元.区域矿山应急救援新疆队建设探讨[J].矿业安全与环保,2012,39(4):78-80,84.

[47] 王振平,刘媛媛,马砺,等.我国矿山应急救援体系研究探讨[J].煤炭技术,2015,34(1):343-346.

[48] 王志坚.矿山钻孔救援技术的研究与务实思考[J].中国安全生产科学技术,2011,7(1):5-9.

[49] 魏雪,魏向志,魏全德.冲击地压个体防护装备设计与开发[J].能源与环保,2019,41(8):142-145.

[50] 文虎,张铎,郑学召.矿山钻孔救援生命探测技术研究进展及趋势[J].煤矿安全,2017,48(9):85-88.

[51] 吴立新,朱旺喜,张瑞新.数字矿山与我国矿山未来发展[J].科技导报,2004,22(7):29-31,28.

[52] 徐涛.浅谈个体防护装备高新技术纤维材料的发展[J].山东工业技术,2017(9):249.

[53] 杨乐.基于物联网技术的智能仓库管理系统[J].电脑知识与技术,2014,10(23):5508-5512.

[54] 杨涛,杜兵建.山东平邑石膏矿矿难大口径救援钻孔施工技术[J].探矿工程(岩土钻掘工程),2017,44(5):19-23.

[55] 张洪祯,薛世鹏.我国煤矿应急救援技术与装备的现状及发展[J].内蒙古煤炭经济,2020(18):143-144,147.

[56] 张军.基于WiFi技术的矿井无线救灾通讯系统研究[J].矿业安全与环保,2009,36(增刊):11-13.

[57] 张申,丁恩杰,徐钊,等.物联网与感知矿山专题讲座之四:感知矿山物联网与煤炭行业物联网规划建设[J].工矿自动化,2011,37(1):105-108.

[58] 张袁浩,陈杨阳,王小蕾.煤矿机器人应用场景需求分析[J].内蒙古煤炭经济,2019(18):1-3.

[59] 赵普生,胡俊粉.井下被困人员救援技术及装备现状分析[J].煤炭科学技术,2009,37(8):38-41,45.

[60] 赵睿.智能化选煤厂无人值守高低压配电室的探讨[J].中小企业管理与科技(上旬刊),2018(9):174-175.

[61] 赵小虎,丁恩杰,张申,等.物联网与智能矿山[M].北京:科学出版社,2016.

[62] 朱华,由韶泽.新型煤矿救援机器人研发与试验[J].煤炭学报,2020,45(6):2170-2181.

[63] 邹雪梅.基于人员健康度的矿山灾害逃生研究[D].长沙:中南大学,2013.